WWⅡ
戦術入門

田村尚也

イカロス出版

はじめに

本書は、前半では、第二次世界大戦に参戦した主要各国、すなわち日本、アメリカ、ドイツ、ソ連、イギリスの各陸軍の具体的な戦術や編制を中心として、歩兵部隊編、機甲部隊編、砲兵部隊編に分けて解説している。また、後半では、戦術上の原理原則や基礎的な兵術用語の意味など、どちらかというと概念的なものを中心に解説している。

なお、これから述べる編制や戦術などは、あくまでも一般的な代表例であり、国や時期、部隊などの違いによって多くの例外が存在すること、わかりやすさを優先して、専門用語を一般的な表現に変えたり、詳細な説明をあえて端折ったりした部分があることをご了承いただきたい。

※本書は雑誌「歴史群像(学習研究社 刊)」2002年8月号、10月号、12月号、2003年2月号、4月号、6月号、8月号、10月号、12月号、2004年2月号に連載された記事「戦術入門」を、大幅な加筆修正の上で収録したものです。

目次
contents

●主要参考文献

陸戦学会『戦術入門』陸戦学会編集理事会 1990年
偕行社編纂部『赤軍野外教令』偕行社 1937年
陸軍大学校将校集会所『軍隊指揮』干城堂 1936年
参謀本部『佛軍大單位部隊戰術的用法教令』干城堂 1939年
陸軍省『作戦要務令』池田書店 1970年(復刻版)
陸軍省『歩兵操典』日本兵書出版 1940年(縮製)
偕行社編纂部『ソ軍戰鬪法圖解』(『偕行社記事』特号第八百七号附録)偕行社 1941年
セデヤキン著(参謀本部訳)『赤軍讀本』偕行社 1936年
ケネス・マクセイ(菊池晟 訳)『米英機甲部隊』産経新聞 1973年
ヴォルフガング・シュナイダー『パンツァータクティク』大日本絵画 2002年
オスプレイ・ミリタリー・シリーズ『世界の戦車イラストレイテッド』各巻 大日本絵画 2000年～
War Department『FM 100-5,Field Service Regulations,Operations』United States Government Publishing Office 1941年版、1944年版
Steven H. Newton『German Battle Tactics on the Russian Front 1941-1945』Schiffer Publishing Ltd.1994年
Great Britain.Army.Middle East Forces.General Staff Intelligence『Brief notes on the German army in war』G.S.I.(A)G.H.Q.Middle East Force 1942年
W. Victor.Madej編『Russo-German War,June 1941- May 1945 (Supplement) Small Unit Actions,Improvisations and Partisan Warfare』Valor Publishing Company 1986年
U.S.Department of the Army『Russian Combat Methods in World WarⅡ』University Press of the Pacific 2002年
『ミリタリー・クラシックス』各号 イカロス出版
『歴史群像』『歴史群像太平洋戦史シリーズ』『第二次大戦欧州戦史シリーズ』各号 学研
『グランドパワー』各号 デルタ出版／ガリレオ出版
『戦車マガジン』各号 戦車マガジン／デルタ出版
『PANZER』各号 サンデーアート社／アルゴノート
『コマンドマガジン日本版』各号 国際通信社

本文／田村尚也

イラスト／上田信、樋口隆晴、峠タカノリ

イラスト・図版原案／樋口隆晴

図版作成／おぐし篤、田村紀雄

写真／U.S.Army、IWM、Bundesarchiv、Wikimedia Commons、イカロス出版

第一部

歩兵部隊

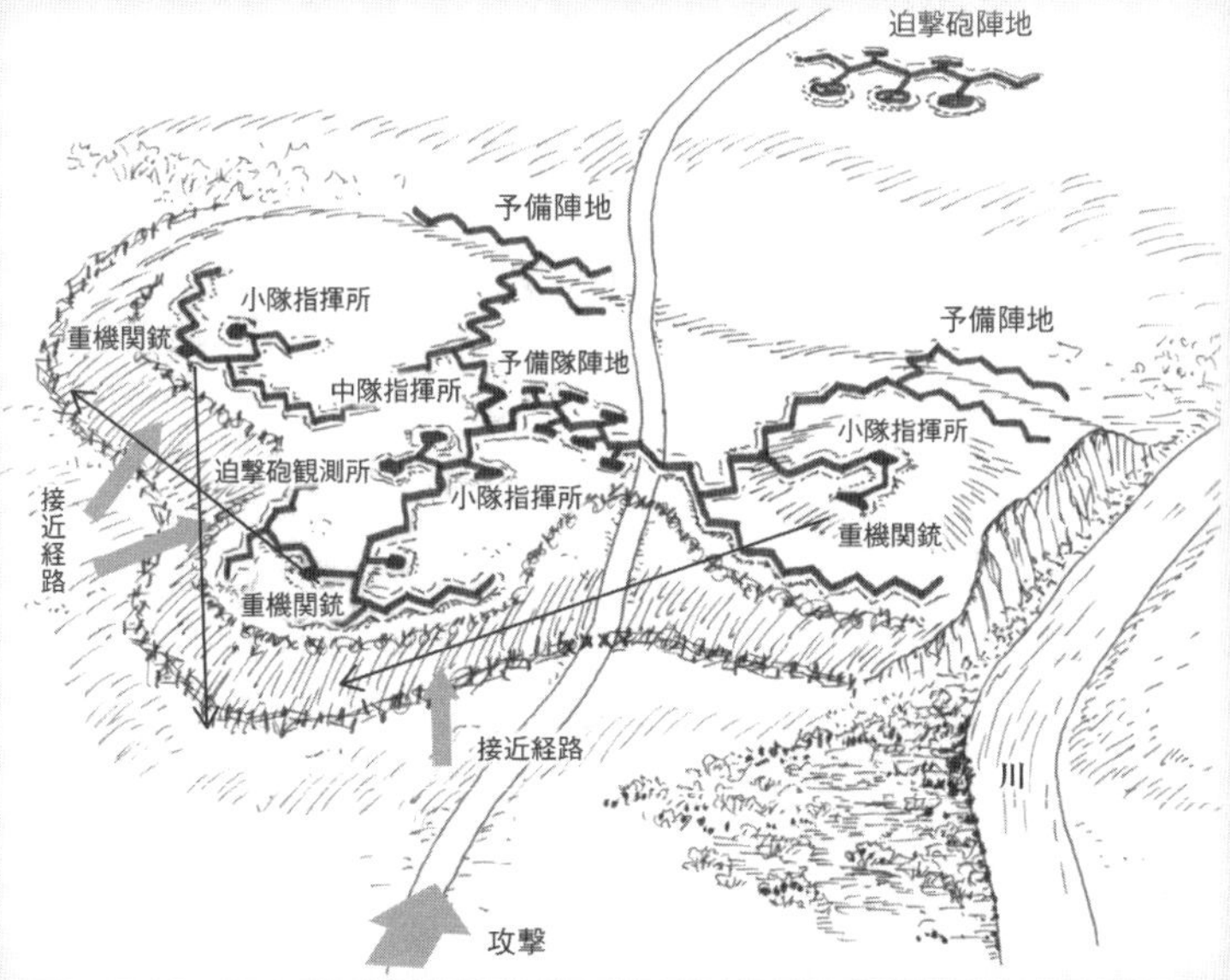
迫撃砲陣地
予備陣地
小隊指揮所
重機関銃
予備陣地
予備隊陣地
中隊指揮所
小隊指揮所
迫撃砲観測所
小隊指揮所
接近経路
重機関銃
重機関銃
接近経路
川
攻撃

各国陸軍の主力だった歩兵部隊

第二次世界大戦に参戦した主要各国の陸軍は、すべて歩兵部隊を主力としていた。たとえばドイツ軍がソ連進攻作戦「バルバロッサ」に投入した141個師団のうち108個師団、つまり8割近くが機械化されていない歩兵師団だった。機甲部隊（ドイツ軍のものは装甲部隊と訳されることが多い）の活躍が目立ったドイツ軍でも、数の上での主力は圧倒的に歩兵部隊だったのだ。

ところが、戦史などを読むと、攻撃作戦で主力を務める機甲部隊の記述にかたよりがちで、歩兵部隊の作戦行動の詳細まで記したものはあまり見られない。それどころか、歩兵部隊に関しては、個々の作戦行動以前に、一般的な編制や戦術の分析を見かける機会さえ、機甲部隊に比べるとずっと少ないのが現状だ。だが、実際は大規模な作戦が無くても、前線で配置に付いていた敵味方の歩兵部隊の間では日常的に数多くの戦闘が繰り広げられていた。

そして、機甲部隊の編制や戦術と同様に、歩兵部隊の編制の裏には明確な運用構想があり、歩兵戦術にも確固とした原則があった。機甲部隊に比べると地味なだけにわかりにくい面もあるが、歩兵部隊だからといって編制や戦術の重要性に大きな差があったわけではない。

そこで、この歩兵部隊編では第二次世界大戦に参戦した主要各国軍の歩兵部隊の編制や戦術にスポットを当てて解説を加えてみようと思う。注意していただきたいのは、これから述べる編制や戦術、装備などは、あくまでも一般的な代表例であり、国や時期、部隊などの違いによって多くの例外が存在するということだ。また、わかりやすさを優先して、専門用語を一般的な表現に変えたり、詳細な説明をあえて端折ったりした部分があるので、その点をご了承いただきたい。

第1章　歩兵分隊～小隊

歩兵分隊の編制

では、まず最小の部隊単位である歩兵分隊の編制と装備を見てみよう。

主要各国軍の歩兵分隊の定数は、おおむね10名前後を基本としていたが、国や部隊、時期によってかなりの差があった。たとえば、日本軍の一部の歩兵分隊は15名編制だったが、ソ連軍の歩兵（※1）分隊では一部で7名編制が採用されていた。全体的に見ると、大戦初頭は10～13名と比較的人数が多く、大戦が終わりに近づくにつれて7～9名程度の小さな分隊も編成されるようになった。

その原因としては、兵員の消耗と動員可能な人口の減少によって部隊の規模を縮小せざるを得なくなったこと、それでも火器の性能向上によって少ない人数でより大きな火力を発揮できるようになったこと、などがあげられる。典型例をあげると、ドイツ軍で大戦末期に編成された国民擲弾《てきだん》兵（※2）師団は、歩兵分隊の定数が従来の10名から9名に削減されたが、近距離の火力は短機関銃（後述）などの増備によって、従来の編制に劣らないように計算されていた。

しかし、分隊の規模をあまりに小さくすると、損害が出た時に戦力低下の割合が大きくなるという欠点がある。仮に1名の負傷者が出て1名が手当てにあたるとなると、15名編制では約13パーセントの戦力低下になるが、7名編制だと約29パーセントも低下してしまう。たとえ同等の火力を発揮できたとしても頭数を減らすと小さなダメージが大きな戦力ダウンにつながるようになり、部隊としての耐久力が低下してしまうのだ。

※1＝ソ連軍の歩兵部隊はしばしば狙撃部隊と訳されるが、本書では歩兵部隊で統一した。
※2＝擲弾兵とは、もとともと近世に取り扱いのむずかしい擲弾の投擲などを担当したエリート歩兵の呼称で、大戦末期のドイツ軍では士気の高揚などを狙って従来の歩兵を擲弾兵に改称した。

各国歩兵小隊の編制と主な装備

アメリカ軍(1944年～1945年)

- 小隊本部
  - 小銃分隊
  - 小銃分隊
  - 小銃分隊

◆分隊の人員と装備

小銃分隊:人員×12　短機関銃×1、半自動小銃×9、BAR×1、狙撃銃×1(M1903小銃またはM1半自動小銃)

ドイツ軍(1939年～1943年)

- 小隊本部
  - 小銃分隊
  - 小銃分隊
  - 小銃分隊
  - 軽迫撃砲班

◆分隊の人員と装備

小銃分隊:人員×10　短機関銃×2、軽機関銃×1、小銃×7
軽迫撃砲班:人員×3　5cm軽迫撃砲×1、短機関銃×1

イギリス軍(1940年～1945年)

- 小隊本部
  - 本部班
  - 小銃分隊
  - 小銃分隊
  - 小銃分隊

◆分隊の人員と装備

本部班:人員×10　2インチ迫撃砲×1、対戦車銃または対戦車擲弾発射機×1、小銃×6
小銃分隊:人員×10　短機関銃×1、軽機関銃×1、小銃×8

日本軍(1940年～1945年)

- 小隊本部
  - 軽機関銃分隊
  - 軽機関銃分隊
  - 軽機関銃分隊
  - 擲弾筒分隊

◆分隊の人員と装備

軽機関銃分隊:人員×12　軽機関銃×1、小銃×11
擲弾筒分隊:人員×12　擲弾筒×3、小銃×9

ソ連軍(1941年7月～12月)

- 小隊本部
  - 小銃分隊
  - 小銃分隊
  - 小銃分隊
  - 小銃分隊

◆分隊の人員と装備

小銃分隊:人員×12　軽機関銃×1、自動小銃×1、短機関銃×1、小銃×10

※ドイツ軍の編制は、動員時期によりいくつかのタイプが存在する。また、軽迫撃砲班は1943年以前に廃止された。
※日本軍の編制は、時期および装備カテゴリーによりいくつかのタイプが存在する。

編成(へんなり)と編制(へんだて)

「編成」とは、多くの人や物を集めて何かを組み立てることを意味し、予算や番組の組み立てなど軍事以外のことにも使われる。また「編成する」という動詞の語幹としても使われる。

これに対して「編制」は、軍隊の組織や階級ごとの人数、装備品や補給品の数などを定める場合に使われ、定められた組織の状態を表す時にも使われる。そして「編制する」のように動詞の語幹として使うことはできない。簡単な用例をあげると「正規の編制を崩して臨時に編成した部隊」といった具合だ。

読みはどちらも「へんせい」で聞いただけでは区別できないため、日本軍では編制を「へんだて」、編成を「へんなり」と呼んで区別した。たとえば「海上機動旅団は、へんだてに戦車部隊が含まれていた」とは、海上機動旅団には、他の部隊から臨時に増強された戦車部隊が一時的に所属していたのではなく、正規の編制内に戦車部隊が置かれていた、という意味になる。

もっとも、編制定数が何名だろうと、戦闘を行えばいずれは負傷者や戦死者が出るし、その欠員が即座に補充されるとは限らないから、どこの国の分隊も編制表上の定員を常に満たした状態で戦っていたわけではない。

この分隊の指揮官である分隊長には下士官の軍曹が任命され、副分隊長ないし次席指揮官には分隊長より下級の下士官、たとえば伍長があてられることが多かった。そして、分隊を2つ以上の班に分割する時には、片方の班を分隊長が直接指揮し、残りの班を副分隊長が指揮した。

分隊長が戦死したり重傷を負ったりして分隊の指揮が取れなくなった場合には、副分隊長が分隊長のポストを引き継ぎ、副分隊長は伍長に次ぐ階級の者、たとえば兵長が引き継ぐことになる。

さらに、この兵長まで指揮を取れなくなったら、そのまた次の階級、たとえば分隊の中で一番先に昇進した（最先任という）上等兵が務めることになる。

ただし、どの階級が下士官に分類されるかは国によって違いがあり、軍制の違いによって各国の階級と日本語の階級呼称が常に一致するとも限らないので、これ以降も含めて階級に関する記述は代表的な例と考えていただきたい。

小銃

歩兵分隊の主力は、小銃を持った歩兵すなわち小銃兵だ。

アメリカ軍を除く主要各国軍の歩兵が装備していた小銃は、1発撃つごとに手動で遊底（ボルト）を操作して空薬莢を排出し、弾倉内の次弾を装填するボルト・アクション・ライフルが主力だった。第一次世

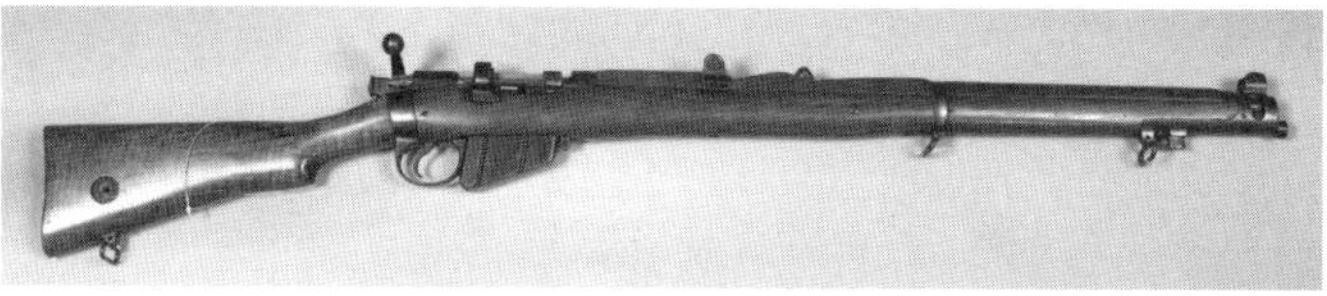

1907年に採用されたイギリスのリー・エンフィールドMk.Ⅲ。装弾数が多く、発射速度も速い。口径7.69㎜、装弾数10発

ドイツ軍の主力小銃マウザーKar98K。Kはクルツ（短い/Kurz）の略。口径7.92㎜、装弾数5発

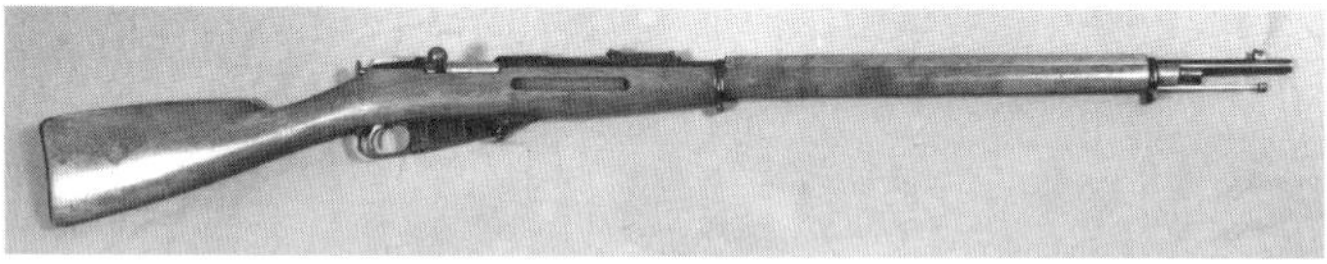

ソ連軍の主力小銃だったモシンナガンM1891/10。1891年採用のM1891の改良型。口径7.62㎜、装弾数5発

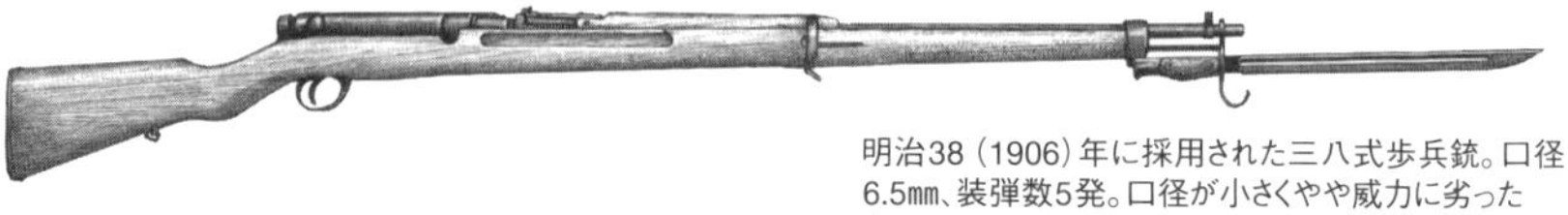

明治38（1906）年に採用された三八式歩兵銃。口径6.5㎜、装弾数5発。口径が小さくやや威力に劣った（イラスト／峠タカノリ）

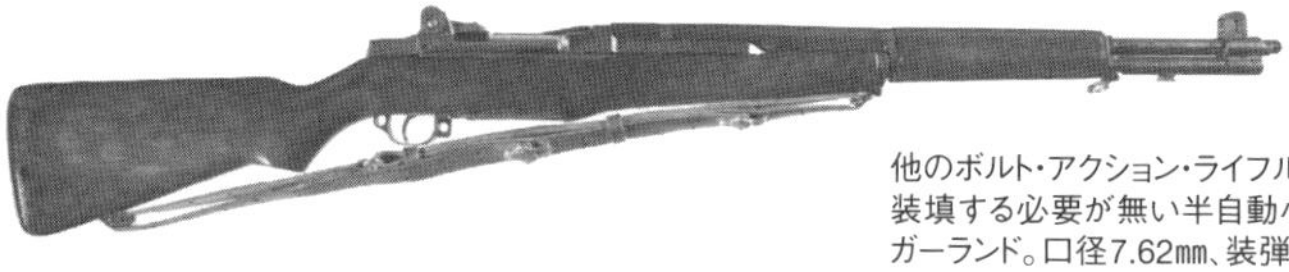

他のボルト・アクション・ライフルのように、ボルトを引いて装填する必要が無い半自動小銃であるアメリカのM1ガーランド。口径7.62㎜、装弾数8発

界大戦で使われた小銃に比べると銃身が多少短くなった程度で、基本的には同じ構造を持っていた。

　当時の軍用ボルト・アクション・ライフルの弾倉容量は5発が一般的だったが、イギリス軍の主力小銃だったリー・エンフィールド・ライフルは10発入り弾倉を備えていた。加えて、リー・エンフィールド・ライフルは、ボルトの前後ストロークが短く、ボルト・アクション・ライフルとしては最高レベルのすばやい再装填が可能だった。

　イギリス軍の小銃射撃の訓練は、命中精度よりも速射による火力発揮に重点が置かれており、大容量の弾倉はこうした運用にマッチしていた。イギリスは第一次世

界大戦の開戦時、すでに10発弾倉のリー・エンフールドMk.Ⅰを実用化しており、火力の重要性を早くから理解していたことをうかがわせる。

一方、アメリカ軍は、主要各国軍の中で唯一、自動小銃を主力とした。開発者の名前からガーランド・ライフルとも呼ばれるM1ライフルは、引金を引くと弾丸が1発発射されて次弾が自動的に装填される。ただし、1発発射するごとに引金を引く半自動（セミ・オート）射撃のみで、機関銃のような全自動（フル・オート）射撃はできない。弾薬は8発をひとつにまとめたクリップ（装弾子）で装填され、最後の1発を発射すると空薬莢とともにクリップも弾倉から蹴り出される。

自動小銃は発射速度（ファイア・レート）が速いため火力が大きく、ボルト・アクション・ライフルではむずかしい、前進しな

大戦序盤にアメリカ軍が主用していたM1903スプリングフィールド。口径7.62㎜、装弾数5発。写真は1943年に撮影された、スコープを取り付けた狙撃銃タイプのM1903A4

がら射撃を行なう「行進間射撃」も可能だった。そのため、弱体な敵部隊が相手ならば、小銃兵が横一列に散開して射撃を行ないながら前進する古典的な戦術でも一定の効果をあげることができた。しかし、強力な敵部隊に対して迫撃砲などの支援射撃無しにこうした戦法をとることは危険であり、実際に大きな損害を出すこともあった。

自動小銃の火力面での優位は誰の目にも明らかだったが、構造が複雑で製造に手間がかかる自動小銃を大量に生産し、なおかつ十分な弾薬を供給できるだけの兵站《へいたん》能力を持つ国は、主要各国の中でもアメリカくらいしかなかった。

そのアメリカでさえ、開戦当初はボルト・アクション式のスプリングフィールドM1903ライフルが多数配備されていた。このライフルは1903年6月に制式化されたもので、明治39（1906）年5月に制式化された日本軍の三八式歩兵銃よりも古い。

なおソ連軍の主力小銃であったモシン・ナガンM1891／30ライフルの原型は1891年に制式化されたモシン・ナガンM1891で、こちらも三八式より古かった。日本軍は三八式歩兵銃を口径の大きい九九式小銃に更新している途中で大戦に突入したが、日本軍よりも古い小銃で戦った国も少なくなかったのだ。

軽機関銃

歩兵分隊の数の上での主力は小銃兵だったが、分隊の火力の根幹は軽機関銃だった。

機関銃は、引金を引いている間に弾丸が次々と発射される全自動（フル・オート）射撃が可能で、小銃よりもはるかに大きな火力を発揮することができる。アメリカ軍を除く主要各国軍の歩兵分隊には、小銃兵と一緒に前進することのできる軽量の機関銃が少なくとも1挺は配備されており、機関銃手1名と弾薬を運搬する弾薬手（小銃やピストルで武装）数名からなる機関銃組（チーム）が組まれた。

時代をさかのぼると、第一次世界大戦の中頃までは、機関銃はおもに連隊や大隊レベルに配備され、小隊や分隊といった小部隊には配備されなかった。また、同大戦の当初は、歩兵中隊が横一線になって突撃することも当たり前のように行なわれていた。

分隊規模の歩兵の小部隊が独自に柔軟な戦術行動を行なうようになるには、同大戦末期のドイツ軍の突撃部隊（ドイツ語でシュトーストルッペン）による「浸透戦術」の導入を待たなければならなかった。この戦術は、多数の小部隊に分かれて、敵の弱点に攻撃を集中して隙間をこじ開け、側面や後方に残る敵拠点は後続部隊による包囲にまかせて敵戦線の後方に前進し、敵戦線にしみ込むように「浸透」していく戦術だ。

一般に機関銃は、長時間の連続射撃を行なうと銃身が加熱して磨耗しやすくなり、命中精度が低下したり暴発の原因になったりする。そのため、第一次世界大戦当初の主要各国軍の機関銃は、安定した連続射撃が可能な水冷式の重機関銃が主力だった（ただしフランス軍の主力機関銃は空冷式）。しかし、水冷式重機関銃は重くかさばるので、小銃兵の迅速な前進に随伴することがむずかしい。

そこで第一次世界大戦の中頃から、空冷式で連続射撃能力は低いものの軽量の軽機関銃が配備されるようになった。そして、この頃にフランス軍では、歩兵部隊の最小の戦闘単位が「半小隊」（のちに「戦闘群」と改称）とされ、各半小隊に軽機関銃が配備されて下士官の指揮下で独自に戦闘を行なうようになった。具体的には、軽機関銃分隊を含む半小隊が独立した戦闘単位となって、下士官の指揮のもとで前後左右に柔軟に機動し、戦場の地物を利用して敵の防御砲火をやり過ごしたり、そこから機会を掴んで一気に突撃したり、敵の機関銃座を個別に包囲したりするようになったのだ。こうした戦術を日本軍は「戦闘群戦法」と呼び、のちに主要各国軍で小部隊戦術の基礎となった。

アメリカでは第一次世界大戦中にブローニング社のM1918オートマティック・ライフル（Browning Automatic Rifle略してBAR）が制式化され、日本では第一次世界大戦後に十一年式軽機関銃（十一

アメリカ軍で軽機関銃代わりに運用されたBAR（ブローニング自動小銃）M1918。口径7.62㎜、発射速度500発/分、20連箱型弾倉。写真は朝鮮戦争で、戦車に隠れながらBARを構えるレンジャーパトロール

バナナ型の弾倉を持つ、イギリス軍の主力軽機ブレンMk.I。口径7.69㎜、発射速度500発/分、30連箱型弾倉

円形の弾倉が特徴的な、ソ連軍の主力軽機だったデグチャレフDPM。口径7.62㎜、発射速度520〜580発/分、47連円盤型弾倉

年式とは大正11年すなわち1922年を意味する）が制式化された。さらに2年ほど遅れてフランスでシャテルロウM1e1924軽機関銃が制式化された一方で、ソ連やイタリアで近代的な軽機関銃の開発と配備が本格化するのはさらに後のことだ。西部開拓時代から銃器大国だったアメリカで軽機関銃のさきがけともいえるBARが実用化されたことや、第一次世界大戦で多くの戦訓を得た軍事大国のフランスが早くから近代的な軽機関銃を導入しているのは納得しやすい話だが、日本も意外に早くから軽機関銃の開発に着手していたのだ。

第二次世界大戦中のアメリカ軍の歩兵分隊には、ライト・マシンガン（軽機関銃）ではなくオートマティック・ライフル（自動小銃）の呼称を持つBARが1挺配備されていた。このBARは、箱型弾倉の容量が20発と少なく、他国軍の軽機関銃に比べると火力が小さ

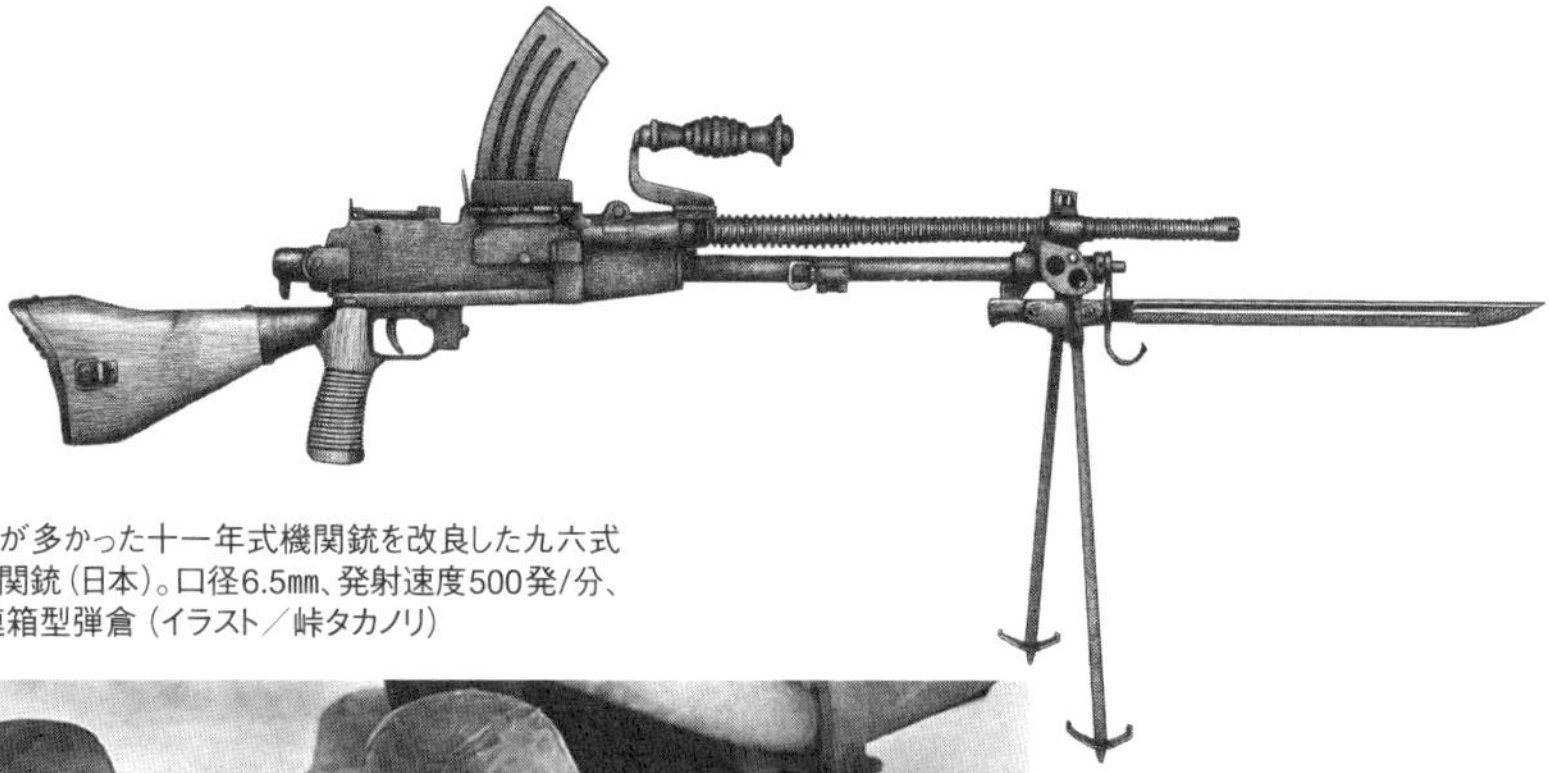

故障が多かった十一年式機関銃を改良した九六式軽機関銃（日本）。口径6.5㎜、発射速度500発/分、30連箱型弾倉（イラスト／峠タカノリ）

軽機としても重機としても運用できた多目的機関銃のMG34（ドイツ）。非常に速い発射速度で知られる。写真では二脚を付けて軽機関銃として運用されている。口径7.92㎜、発射速度900発/分、50連ドラム型弾倉

い。性能的には自動小銃と軽機関銃の中間的な位置にあったといえる。こうしたBARの低火力は、前述のセミ・オートマティック（半自動）のM1ライフルによっておぎなわれていたが、第二次世界大戦末期の1945年には1個分隊当たりのBARの配備数が2挺に増やされている。

第二次世界大戦中のドイツ軍の主力機関銃であるMG34およびMG42は、二脚とドラム弾倉を付ければ小銃兵の前進に随伴できる軽機関銃になり、三脚に載せて弾薬ベルトで給弾すれば陣地で固定運用する重機関銃にもなるという、多目的機関銃（ジェネラル・パーパス・マシンガン）だった。銃身の加熱問題は、予備銃身の携行とすばやい銃身交換が可能な機構によって解決していた。

この多目的機関銃というコンセプトは、第二次世界大戦後のアメリカ軍の多目的機

関銃M60にも受け継がれている。ドイツは、ヴェルサイユ条約によって水冷式重機関銃の開発に厳しい制限をかけられていたのだが、それを逆手に取るように時代を先取りする空冷式機関銃を開発したのだ。

短機関銃と突撃銃

短機関銃（サブ・マシンガン）は、拳銃弾を全自動で発射する小火器で、射程は短いが近距離なら大きな火力を発揮できるという特徴を持っている。もともと第一次世界大戦中に塹壕内での近距離戦で活用されたのが始まりで、ある意味「近代的な銃剣」とも形容できる装備だ。

発射エネルギーの小さい拳銃弾を使用するので、作動機構に機関銃ほどの頑丈さを要求されず、軽量で簡素な構造を採用することができ、比較的容易に大量生産できるのも大きな特徴だ。また、近距離で弾丸をバラ撒くので、精確な狙撃技術が必要とされず、兵員の訓練が少なくて済むという利点もあった。

イギリス軍やアメリカ軍は、分隊内に2名いる下士官の片方、または両方に短機関銃を持たせた。ドイツ軍は、開戦時には分隊長や副分隊長にも小銃を持たせていたが、のちに分隊長や副分隊長に短機関銃を持たせるようになった。

ソ連軍では、大戦前に自動小銃を全軍に配備する計画を立てていた。しかし、実際には一部の下士官が手にした程度で、独ソ戦が始まると小火器生産の重点は製造の容易な短機関銃に移行していった。

日本軍では、戦時中に簡易な構造の短機関銃が大量量産される事も無く、比較的複雑な構造の一〇〇式機関短銃が挺進部隊（落下傘部隊）などごく少数の部隊で使われた程度だった。見通しのよい広大な大陸での対ソ戦をおもに想定していた日本陸軍が、射程の短い短機関銃を軽視したのは、ある意味しかたがな

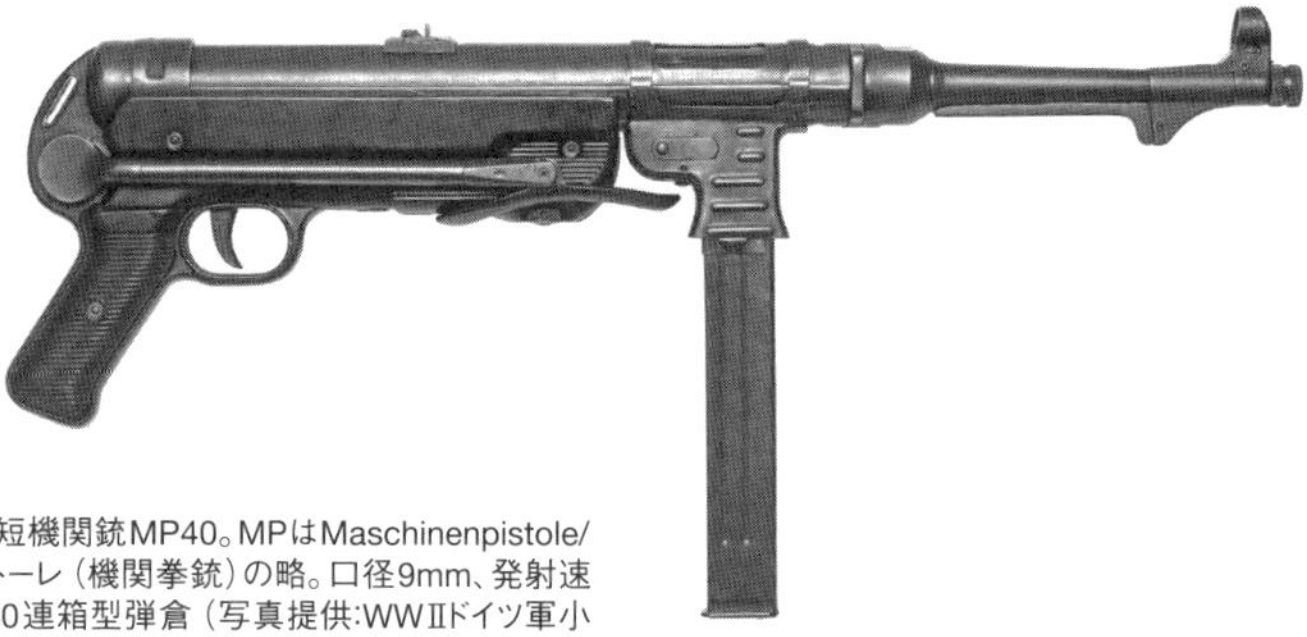

ドイツ軍の主力短機関銃MP40。MPはMaschinenpistole/マシーネンピストーレ（機関拳銃）の略。口径9mm、発射速度400発/分、30連箱型弾倉（写真提供:WWⅡドイツ軍小火器の小図鑑 https://www.german-smallarms.com/）

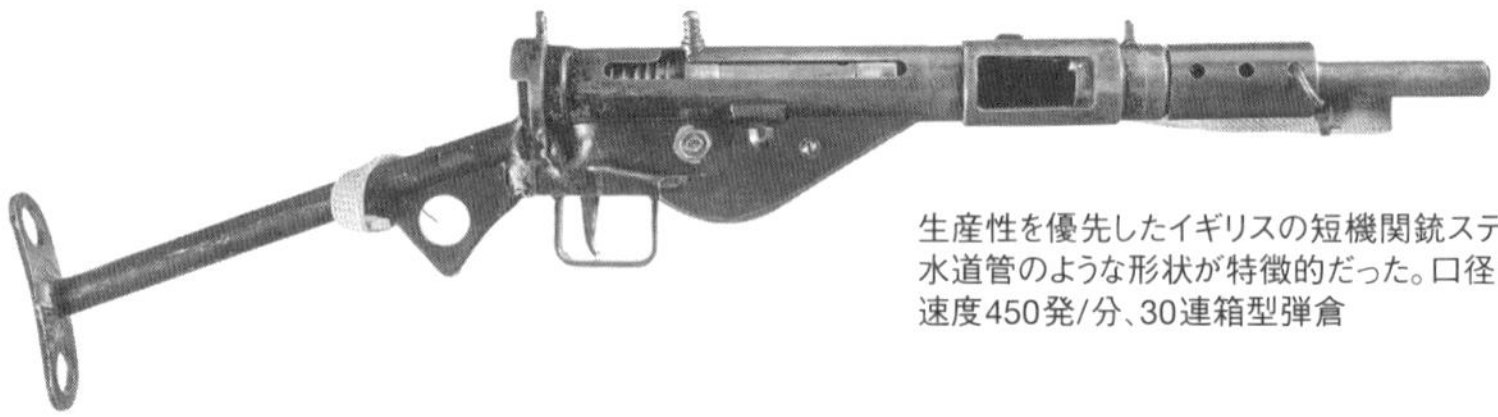

生産性を優先したイギリスの短機関銃ステンMk.Ⅱ。水道管のような形状が特徴的だった。口径9㎜、発射速度450発/分、30連箱型弾倉

アメリカ軍が使用したトンプソンM1928A1短機関銃。愛称はトミーガンだが、アル・カポネらのギャングが多用したことでも知られる。口径11㎜（.45口径）、発射速度800発/分、30連箱型弾倉

円形の弾倉が特徴的なソ連軍のPPSh-41短機関銃。口径7.62×25㎜（拳銃弾）、発射速度900発/分、60連ドラム型弾倉。愛称はペーペーシャーで、ドイツ軍からはマンドリンやバラライカなどとも呼ばれた

いことといえる。

特殊な例としては、ソ連軍には分隊の全員が短機関銃で武装した短機関銃分隊があった。射程の短い短機関銃分隊は、戦車に跨乗《こじょう》する「タンク・デサント」部隊として使われることも多かった。偵察や戦車に乗って拳銃弾の届く距離まで一気に間合いを詰めて敵陣に殴り込みをかける奇襲などに使われたのだ。

大戦後期、ドイツ軍の一部の歩兵分隊には、小銃弾と拳銃弾の中間的な威力を持った短小弾（クルツ・パトローネ）を使用する突撃銃（シュトゥルム・ゲヴェーア）が配備された。短小弾の有効射程は400m程度と従来の小銃弾よりもやや短いが、迫撃砲などの歩兵支援火器の発達などによって歩兵の交戦距離は小銃弾が設計された頃の想定よりも短くなっており、その程度でも十分と判断された。

この突撃銃は、半自動／全自動の切り替えが可能で、半自動ならば自動小銃として、全自動ならば短機関銃として、それぞれ使用することができた。そして東部戦線では、前進して来るソ連兵を遠距離から狙撃して減殺《げんさい》し、間合いを詰められたら短

着剣し、二脚を展開した状態の一〇〇式機関短銃。口径:8㎜　発射速度450発/分（前期型）／700～800発/分（後期型）、30連箱型弾倉

もともと騎兵用として開発されたアメリカ軍のM1カービンだが、軽量小型で取り回しがいいため、通常の歩兵にも使用された。口径7.62㎜（カービン）、装弾数15または30発

世界初の突撃銃StG44

StG44は、世界で初めて本格的に配備された突撃銃といえる。

1938年春、従来の小銃弾より小さいクルツ・パトローネを使用する機関騎銃（マシーネン・カラビナー。Maschinenkarabiner略してMKb）の開発契約が、ドイツ陸軍とハーネル社の間で結ばれた。のちにワルサー（正確な発音はヴァルターに近い）社も開発に参入し、ハーネル社製のMKb42（H）とワルサー社製のMKb42（W）の2種類の機関騎銃が作られた。1942年には、東部戦線のホルムでソ連軍に包囲されていたシェーラー戦闘団に空輸されて実戦テストが開始された（その後、同部隊は包囲を突破し脱出に成功）。その結果、MKb42（H）の方が優れていると判断されて量産が始められることになった。

ところが、総統兼国防軍最高司令官兼陸軍総司令官のアドルフ・ヒトラーは、弾薬の種類が増えて補給上の負担が増えることや短小弾が小銃弾に比べて射程が短いことなどを理由に量産を許可しなかった。

そこでドイツ軍の担当者はMP43という短機関銃の名称を付けて密かに量産を開始。すると1943年末には、東部戦線の師団長が揃ってMP43の増備を要求するようになり、それを知ったヒトラーはようやく突撃銃の量産許可を出した。

このMP43は最終的にStG44と改称された。StGとは「シュトゥルムゲヴェーア（Sturmgewehr）」の略で「突撃銃」を意味している。

この突撃銃の自動小銃と短機関銃を統合するという優れたコンセプトは、戦後のアサルト・ライフルに受け継がれて、現在では世界中のほとんどの軍隊がアサルト・ライフルを歩兵用小火器の主力として装備するようになっている。

現代の陸軍で主流となっている
アサルト・ライフルの嚆矢といえる
StG44

ガスマスクを被った中国軍の兵士が運用しているチェコ製のZB vz26軽機関銃。日本軍はこの軽機を大量に鹵獲して愛用した。口径7.92㎜、発射速度500発/分、30連箱型弾倉

機関銃に撃ち負けない火力を発揮することができたのだ。

アメリカ軍では、小銃弾よりも小ぶりな弾薬を使用するＭ１カービンも使用された。呼称こそカービン（騎兵銃）だが、ライフルよりも軽量で、もっぱら砲兵や指揮官の自衛用などとして開発されたが、歩兵分隊の兵士にも出回っていた。

また、アメリカ軍やイギリス軍では、戦争が進むにつれて一般の兵士も短機関銃を持つようになったし、イギリス軍の歩兵分隊はブレン軽機関銃を2挺装備することもあった。

日本軍では中国軍から鹵獲したチェコ製のＺＢｖｚ26軽機関銃が「無故障のチェッコ機銃」として大事にされたし、東部戦線のドイツ軍の古参兵は、精密な構造だがデリケートな面のある自国製のＭＰ40短機関銃よりも、造りは荒っぽいが頑丈で装弾数が多いソ連製のＰＰｓｈ41短機関銃を好んだといわれている。

このように前線の歩兵分隊が、員数外の追加火器を持つことは珍しいことではなかったし、鹵獲した敵の武器を使うことも少なくなかったのだ。

歩兵分隊の基本戦術

次に歩兵分隊の基本戦術を見てみよう。

主要各国軍の歩兵分隊の戦術は、基本的な部分に大きな違いは無かった。アメリカ軍でいうところの「ファイア・アンド・ムーブメント」すなわち「射撃と移動」という基本部分だ。

ドイツ軍の分隊は、機関銃手と弾薬手2名からなる機関銃組を中心とした火力に優れた射撃班、その射撃班の援護で敵に向かって前進する突撃班の2つに分割するのが基本だった。それぞれの班は、分隊長あるいは副分隊長によって指揮された。

アメリカ軍は12名編制の分隊を3つに分けることを基本としていた。第1班は分隊長と小銃手2名の計3名で敵の早期発見に努める。第2班はBAR手1名と小銃手3名からなる射撃班、第3班は副分隊長と小銃手4名からなる突撃班だ。

イギリス軍では、分隊を射撃班と突撃班の2つに分割するパターンのほか、機関銃手と弾薬手1名の機関銃組、軍曹が指揮する突撃班、伍長が指揮する突撃班の3つに分割するパターンも使われた。

日本軍の分隊では、他国軍のような副分隊長は置かれず、最先任の小銃兵に指揮権を委譲することはあっても、あくまでも一時の方便とされていた。分隊が2つに分かれる場合には、分隊長および機関銃手を含む4名と残りの小銃兵の2群に分かれることが多かった。

ソ連軍は基本的に分隊を分割しなかった。というよりも下士官や兵員の訓練が不足していたので分割できなかったといった方が正しいだろう。そのため1個分隊が、まるまる射撃班や突撃班の任務に充てられた。他の主要各国軍では1個分隊で済むような任務を1個小隊で行なうことも少なくなかったのだ。

射撃班は、軽機関銃を中心とする火力によって敵を制圧する。「制圧」とは、簡単にいうと敵の兵士が頭をあげられない状態にすることだ。敵兵がまともな射撃を行えず有効な火力を発揮できないようにするのが目的なので、必ずしも弾丸を敵兵に命中させる必要は無い。そのため、特定の敵兵に狙いを定めずに

◆歩兵分隊のフォーメーション

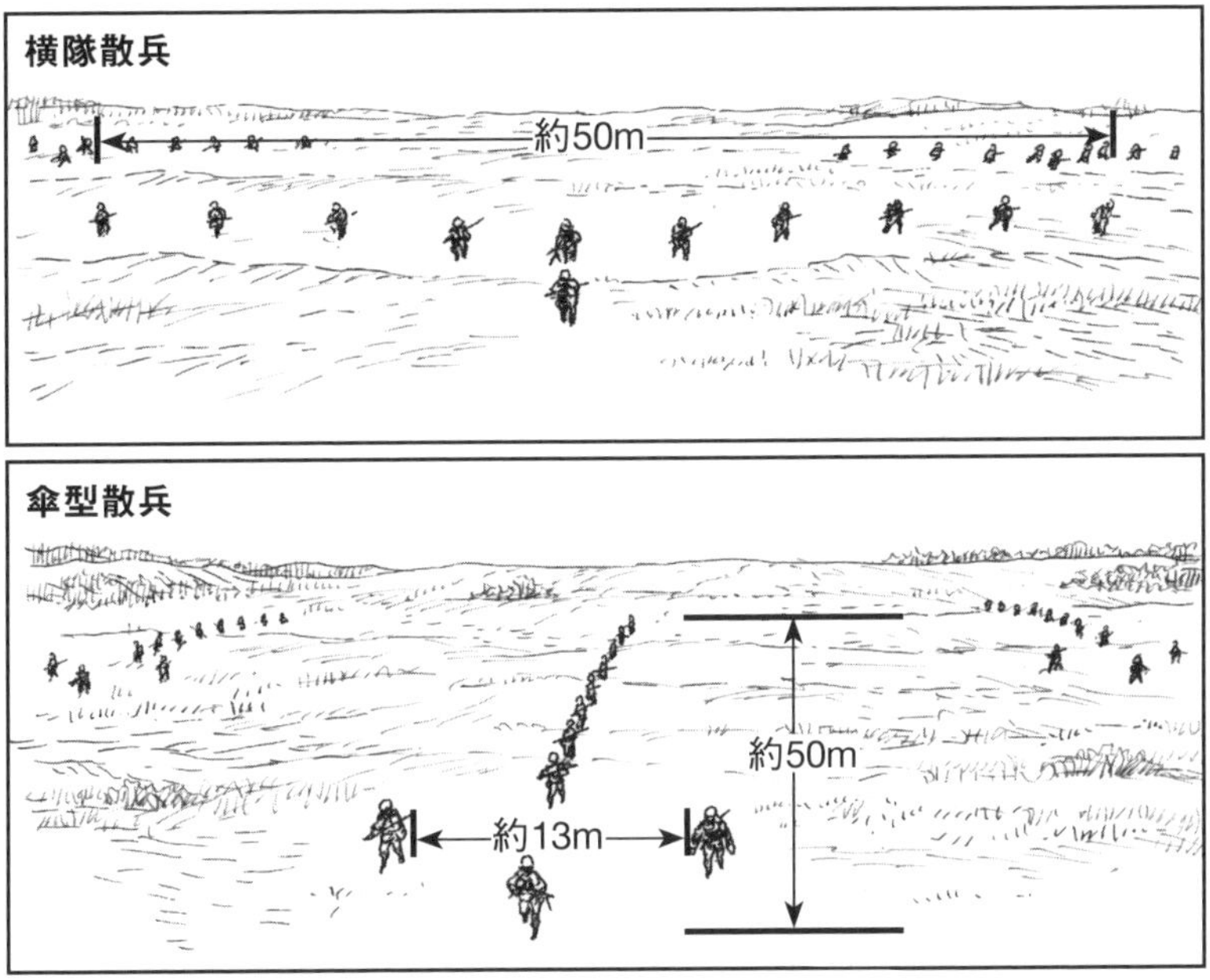

火器の威力の発達で、小銃と銃剣の威力を発揮するための密集横隊は廃された。第2次大戦の各国歩兵分隊のフォーメーションは、射撃時の散開した横隊と前進時の傘形の2種類が基本とされた。イラストは、前進してくる敵歩兵部隊を歩兵の視点で見たもので、傘形散兵のほうが前方から見た際、目標として小さいことがわかる。
※モデルは日本軍。

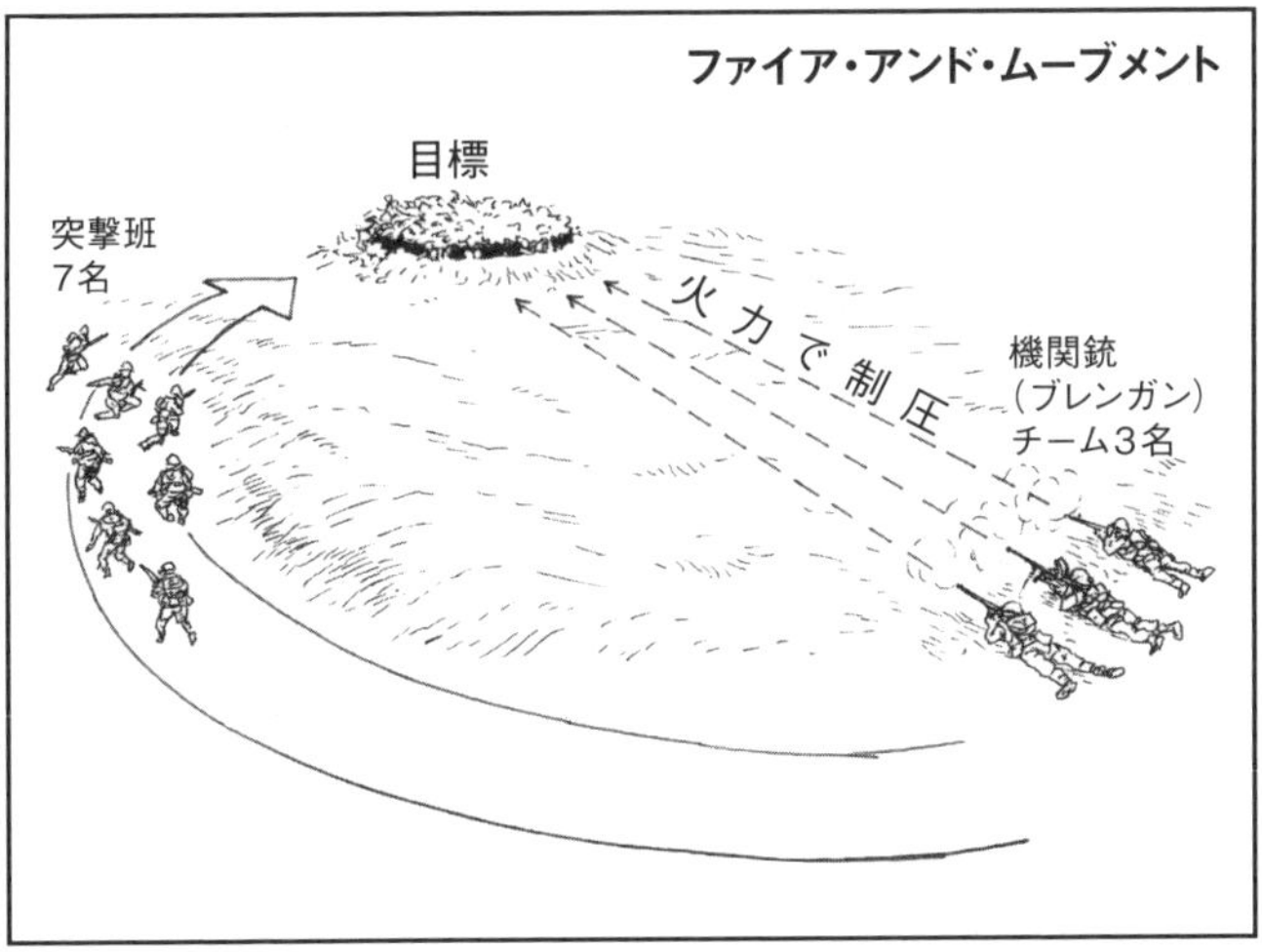

攻撃の基本は、「射撃と移動」である。射撃が移動を保証し、移動することで有利な射撃位置につく。イラストはイギリス軍歩兵分隊の「射撃と移動」である。機関銃の射撃で制圧（敵が頭を上げられず、周囲を見たり射撃ができない状態）する間に突撃チームが側面に回り込む。

弾丸を敵の頭上にバラ撒くような射撃も行なわれた。この種の火力は、一般的な意味の火力と区別して「制圧火力」とも呼ばれる。このような射撃において重要なのは、1発ごとの命中精度よりも発射速度を中心とした制圧火力の大きさなのだ。

敵兵の側から見れば、頭上を敵弾がビュンビュンと飛び交う中で頭をあげて銃をキチンと構えるには、強靭な精神力が必要となる。経験の少ない兵士ならば、敵の射撃によって冷静さを失い、パニック状態に陥って勝手に退却してしまうことさえありえる。逆にいうと、強い精神力があれば、それだけ敵に制圧されにくくなる。「日本軍の非合理的な精神主義」などという記述を見かけるが、少なくとも歩兵の精神力を鍛えることは「非合理的」でもなんでもない(だからこそ軍隊では「非合理的な」精神主義がはびこりやすいともいえるのだが)。

射撃班の火力によって敵を制圧したら、敵の射撃が途切れた隙を突いて突撃班が前進する。しかし、敵前を延々と走り抜けるような移動はあまりにも無謀だ。味方の援護射撃が機関銃の弾倉交換などで衰えて敵が制圧状態から立ち直ってしまうと、反撃で大損害を出すことになる。そのため、敵前での前進は、遮蔽物から遮蔽物へのダッシュの繰り返し、というかたちをとる。日本軍では、このダッシュのことを「躍進」と呼んだ。日本軍の教範では躍進距離は通常30m以下にするよう定められており、前進が困難な場合にはさらに距離を短くすることになっていた。

突撃班の移動が成功して有利なポジションを確保することができたら、今度は突撃班の援護射撃によって射撃班が前進する。このように各班は、安全に移動を行なうために射撃し、効果的な射撃を行なうために移動する。つまり、射撃と移動は一体不可分のものであり、これが「ファイア・アンド・ムーブメント」なのだ。

そして、敵を射撃によって退却に追い込めなければ、最終的には突撃を発起《ほっき》して敵を排除する。敵兵を排除して地域を確保するのは、歩兵部隊のもっとも基本的な役割のひとつだ。

突撃時には、敵陣から少なくとも50mくらいの距離まで近づく必要がある。突撃を発起したら、敵陣との間合いを一気に詰めて、手榴弾があれば投げ込み、最終的には白兵戦で決着をつける。白兵戦では、もっぱら銃剣を着けた小銃が使われたが、刃を付けたスコップなども使われることがあった。

敵の陣前にみずから身をさらす突撃こそ歩兵の精神力がもっとも必要とされる場面であり、精神力を鍛えるという意味においても銃剣突撃の訓練は非常に重要だった。銃剣突撃や白兵戦と聞くと時代遅れに感じられるかもしれないが、現代でもイラク戦争で2004年にイギリス軍によって銃剣突撃が行なわれている。少なくとも歩兵の「制圧」という概念がある限り、歩兵の精神力が持つ重要性が大きく変わることは無いだろう。

歩兵小隊の編制と装備

次に主要各国軍の歩兵小隊の編制を見てみよう。

小隊は、3個から4個の歩兵分隊で構成されるのが一般的だった。通常は、小隊長には少尉が任命され、小隊本部には小隊長を補佐する小隊軍曹や通信兵（伝令兵）などが付く。その小隊軍曹には、経験豊かな曹長や古参の軍曹が任命された。士官学校を出て間もない新任の少尉が実戦に慣れるまで面倒を見るのも、小隊軍曹の大切な役目だった。

当時の士官学校では、老練な教官が戦術問題を出題して小一時間ほどクラスを解散し、そのあとで学生のていねいな回答が発表される、といったことが行なわれていた。そのため、とっさの判断が要求されることの多い実戦で、いわゆる「新品少尉」が使い物になるまでには、どこの軍でも多少の時間がかかったのだ。

しかし、ドイツ軍の教育は他国軍とやや違っており、学生はさまざまな戦術問題に対して2分以内に回答を出すことが要求された。つまり、ドイツ軍では、完璧な回答よりも素早い決断が重視されていたのだ。加えて、ドイツ軍の教官は、回答した学生を分隊長に任命して、それをクラスの学生たちに実際にやらせた。大戦中のドイツ軍が発揮した高い戦術能力の背後には、このような実戦的な教育があったのだ。

歩兵小隊のおもな装備品は各歩兵分隊のものと大差無いが、いくつかの国の軍隊では小隊レベルにわずかながらも支援火器を配備していた。

実例をあげると、イギリス軍の歩兵小隊には、通常の歩兵分隊3個に加えて、小隊長や小隊軍曹（曹長）など計8名からなる小隊本部班があり、2インチ（50・8㎜）軽迫撃砲が各1門配備されていた。また、独ソ戦初頭のソ連軍の歩兵小隊には5㎝軽迫撃砲が1門配備されることになっていた。

日本軍の歩兵小隊は、前述の軽機関銃分隊3個と擲弾筒《てきだんとう》分隊1個で構成されることになっていたが、実際は軽機関銃の生産が間に合わず、軽機関銃分隊2個と擲弾筒分隊2個からなる小隊も数多く編成された。各擲弾筒分隊には、機能的には簡易な5㎝軽迫撃砲といえる八九式重擲弾筒が3門配備されていた。しかし、5㎝クラスの軽迫撃砲は、第二次世界大戦の中頃には威力や射程が不足していると判断され、日本軍以外では姿を消していった。

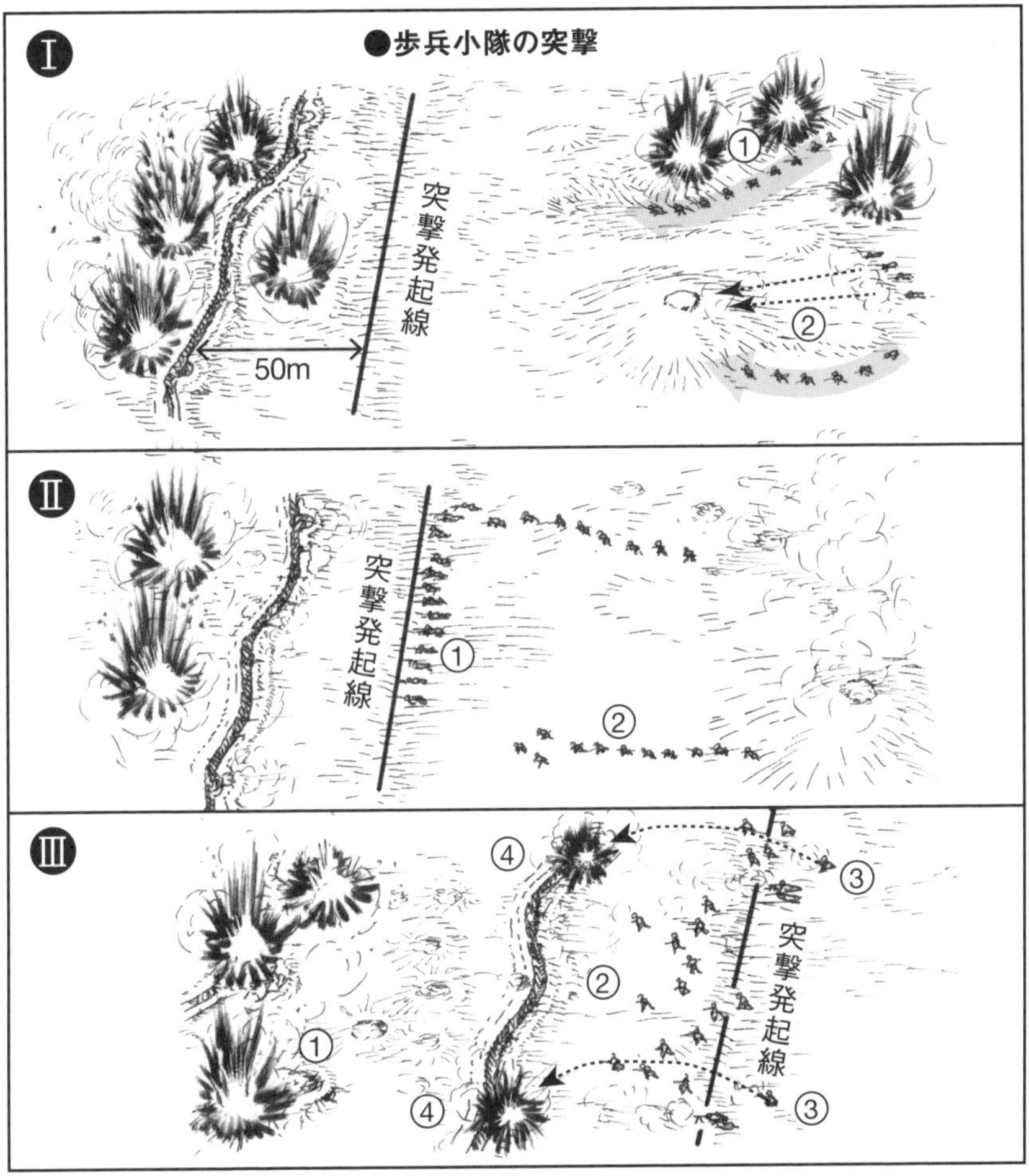

攻撃における歩兵の最終任務は、敵陣を占領することである。敵陣を占領するためには、ほとんどの場合、突撃を敢行しなくてはならなかった。イラストは、日本軍歩兵小隊の前進から突撃にいたるまでを描いたものである。

Ⅰ前進

砲兵の突撃支援射撃の掩護下、小隊は分隊毎に分散して①敵の砲撃から逃れるため、地形を利用しながら前進する。また、②のように敵前哨のような軽微な抵抗拠点は、「射撃と移動」を繰り返して独力で排除する。

Ⅱ突撃発起線への到達

分隊毎に相互に支援しながら、突撃発起線に到達する。①射撃の際には横隊、前進の際には軽機関銃を頂点とした②突撃縦隊（傘形散兵）が基本となる

Ⅲ突撃発起

突撃支援射撃の最終弾と同時に突撃は開始され、砲兵は、射程を延伸する①。最終弾の弾着に「膚接（ひせつ＝肌を接するように）」して敵陣に突入②するのが理想とされた。しかし、敵兵が砲撃の衝撃から立ち直るのが10秒、一方歩兵は戦闘装備では1秒で5mしか躍進できない。この火力の「空白」を埋めるため、日本軍歩兵小隊では擲弾筒が活用され③、その目標は多くの場合、敵の側防火器④であった。

歩兵小隊の戦術

小隊戦術の基本は、分隊レベルと同じ「ファイア・アンド・ムーブメント」だった。ただし、小隊長は各分隊長を掌握し、小隊隷下の各分隊は相互に支援し合って、小隊としての戦闘力を発揮する。たとえば、小隊長の指揮のもと、ある分隊が射撃で敵を制圧し、別の分隊が前進して射撃に適したポジションを占めると、今度はその分隊が敵を射撃して制圧する、といった具合だ。

もちろん、個々の場面では各分隊長の判断も重要になってくる。老練な小隊軍曹は、過去の分隊長としての自分自身の経験を踏まえて、経験の浅い小隊長に対して適切な「助言」を与える。ただし、それは助言であって命令ではない。命令を下すのは、あくまでも指揮官である小隊長の役目だ。もっとも「新品少尉」が小隊軍曹の「助言」に逆らったところで、まず長生きはできないだろう。

大戦中のソ連軍のように、下士官や下級将校の訓練が不足している場合には、分隊同士の見事な連携行動など望むべくも無い。したがって、命令も実際の行動も「目標を奪取するまで攻撃」「全滅まで固守」といった単純なものにならざるを得なかった。ソ連軍とて別に好きこのんで単純な戦術をとっていた訳では無い。そうせざるを得ない理由があったのだ。

小隊の指揮下にある軽迫撃砲ないし擲弾筒は、小隊隷下の各分隊の火力支援に用いられて敵部隊の制圧を助けたり、分隊の移動を隠蔽する発煙弾の発射に使われたりした。とくに擲弾筒分隊の所属していた日本軍の歩兵小隊では、擲弾筒分隊による支援射撃を利用した突撃も行なわれた。突撃を担当する軽機関銃分隊は、擲弾筒の射撃で損害を受けるくらいの気持ちで敵陣前50ｍくらいまで接近し、最終弾の落下と同時に一挙に敵陣に突撃することになっていた。

防御の場合、各分隊は通常一直線に配置されるが、各分隊が相互にカバーできるようにするのがセオリーだ。たとえば、ある分隊の右端の射界は、右隣にいる分隊の射界の左端に重なるように配置される。また、機関銃の一部は、味方陣地正面の敵を側面から射撃できるような位置に置かれる。このような機関銃は側防機銃と呼ばれ、いまでも小部隊の防御戦術に欠かせない要素となっている。

小隊本部は各分隊のやや後方に置かれて、さらに後方に置かれた中隊本部と連絡を保つことになる。小隊長は必要に応じて中隊の持つ迫撃砲などによる支援砲撃を要求することになるが、中隊の迫撃砲がどの小隊に対してどれくらいの支援砲撃を与えるかは中隊長の判断次第だ。

また、中隊本部を経由してさらに上級の部隊にまで支援を要請することもある。大隊砲や連隊砲、さらには師団砲兵による支援砲撃を要求することになるのだが、これらについては次章以降で触れることにしよう。

側防機銃の照準器の視野

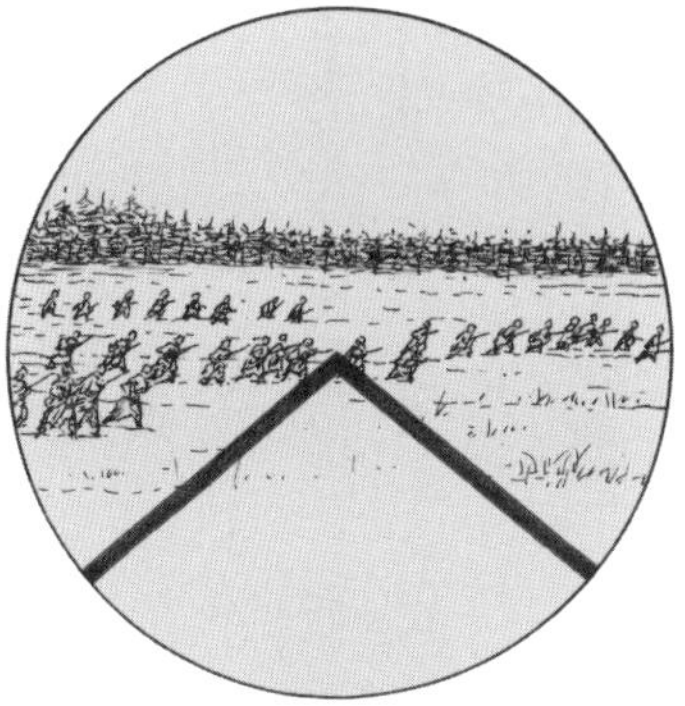

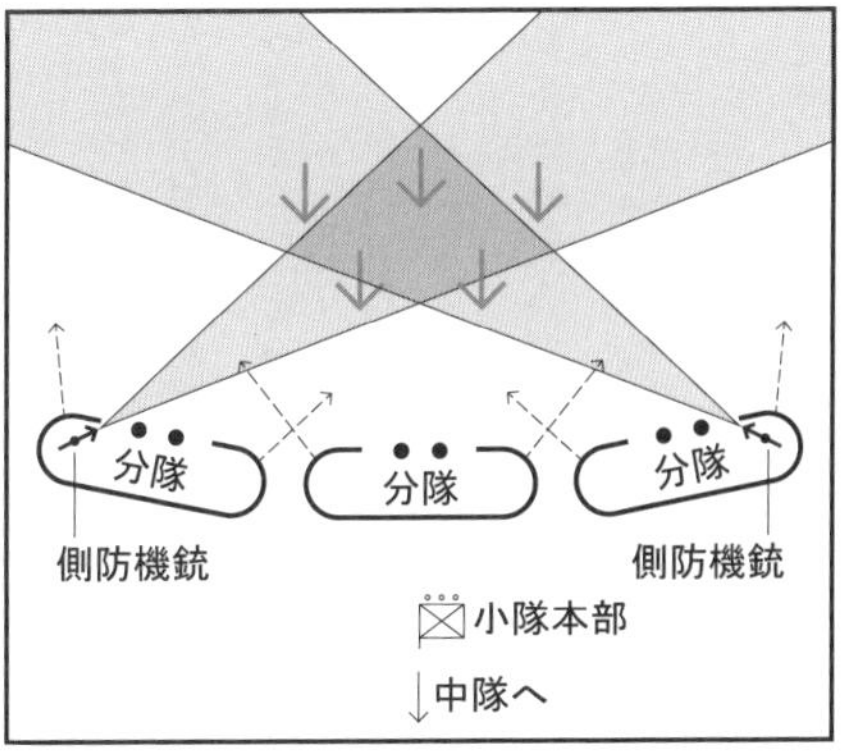

●小隊の防御の基本

文中で述べた防御の基本は、上図のようになる。点線は小銃の射界で、隣接した分隊のそれと重なるようにする。左右の機関銃は射界が重なり、かつ攻撃する敵の側面を射撃できるように配置する。イラストは図中の左翼側防機銃の照準器から見た状況で、ドイツ軍重機関銃用の34式照準器とソ連軍歩兵を想定している。

第2章　歩兵中隊／大隊／連隊

歩兵中隊の編制と装備

この章では、歩兵中隊、大隊および連隊にスポットを当ててみよう。まずは歩兵中隊からだ。

歩兵中隊の編制定数は、そもそも中隊を構成する各分隊や小隊の規模に大きな差があるため一定しないが、だいたい１２０〜２００名くらいと思っておけばいいだろう。

中隊は、多くの国の軍隊で平時の兵営生活の基本単位であり、炊事や教育も中隊単位で行なわれることが多かった。つまり一般の兵士にとって、中隊はもっとも身近な編制単位だったのだ。中隊のことを英語で「カンパニー（Company）」というが、その語源はラテン語の「パンを共にする仲間」から来ている。同じ中隊に所属する兵士は文字通り「同じ釜のメシを喰う」戦友なのだ。

ドイツ軍やソ連軍、アメリカ軍の歩兵中隊は、小銃小隊３〜４個を基幹に、重機関銃や軽迫撃砲などの支援火器を持つ重機関銃（火器）小隊ないしは分隊を加えた編制を基本としていた。

日本軍は、各歩兵小隊に擲弾筒分隊を置いていた代わりに、各歩兵中隊に支援火器を持つ部隊は置かれず、小銃小隊３個のみを基幹とする編制をとっていた。重機関銃は、一階層上の大隊に所属する機関銃中隊に配備されており、状況に応じて各歩兵中隊に増強されるかたちをとっていた。

イギリス軍の歩兵中隊も、小銃小隊３個を基幹とする編制をとっていた。重機関銃は、日本軍よりもさらに上級の師団直轄部隊である機関銃大隊に配備され、必要に応じて各部隊に分派されることになっていた。支援火器を上級部隊に集中配備する方式は、整備や補給など管理面でのメリットが大きいものの、最前線の戦況の変化に柔軟に対応しづらいという欠点がある。

中隊長には、大尉か経験豊富な中尉が任命されることが多かった（ただしイギリス軍では少佐を任命することが多かった）。英語では大尉をキャプテン（Captain）と呼ぶが、語源はラテン語の「頭（かしら）」から来ている。中隊長は同じ釜のメシを喰う仲間の「お頭《かしら》」なのだ。

世界の多くの陸軍では、士官学校を出て間もない「新品少尉」はまず小隊長に任命されて古参の小隊軍曹の助言を受けながら指揮経験を積み、やがて中尉から大尉へと昇進して、今度は新任の少尉を指揮する中隊長に任命される、という人事システムをとっている。そのため、小隊長には素人同然の少尉が含まれる可能性が常に存在する一方で、中隊長には一定レベルの指揮能力を期待することができた。ただし、これは「期待」であって「保証」ではない。どこの軍隊にも無能な中隊長がいたことは過去の歴史が証明している。

歩兵中隊の基本戦術

次に、歩兵中隊の戦術を見てみよう。

攻撃時には、中隊長は大隊長からの攻撃命令を受領して攻撃計画を作成する。まず、中隊に与えられた任務、敵軍の状況、

日本軍歩兵小隊では「ミニ迫撃砲」である擲弾筒を装備した擲弾筒分隊が置かれ、小隊の主要な支援火器となった。写真は八九式重擲弾筒の射撃姿勢を取る擲弾筒分隊の兵士

戦場の地形や気象、展開可能な味方部隊、そして準備に必要な時間や攻撃開始の時刻などを考慮して計画を立てるのだ。

次に中隊長は、各小隊長に準備命令を伝達し、必要な偵察を実施する。そして、各小隊長の意見具申を受けるとともに、偵察報告を分析して計画を確定させて、本命令を下達する。基本的には、中隊レベル以

第一次、第二次世界大戦を通じてイギリス軍の主力重機関銃であったヴィッカーズMk.Iは、マキシム機関銃を改良したものだった。口径7.7㎜、発射速度450〜500発/分、250連ベルト給弾、水冷。写真は第一次世界大戦中のソンムの戦いで撮影されたもの

同じマキシム機関銃を祖としているだけに、ヴィッカーズMk.Iとよく似ているソ連軍のマキシムPM1910。口径7.62㎜、発射速度600発/分、250連ベルト給弾、水冷

PM1910の後継として配備されたグリューノフSG43。口径7.62㎜、発射速度500〜700発/分、200連または250連ベルト給弾、空冷

下の命令はすべて口頭で伝えられ、格式ばった命令書が作成されることは無い。

中隊の攻撃時には、中隊長の指揮のもと、各小隊が相互に連携しながら射撃と移動（ファイア・アンド・ムーブメント）を繰り返して敵陣に迫っていく。この時、中隊の一部、すなわち一個小隊程度を予備として後方に置くことが多い。

ある小隊が前進している間、他の小隊が掩護（カバー）するという戦術は、第一次世界大戦中に広く行なわれるようになった比較的新しい戦術だ。それまでは、各小隊が中隊の一部として同一行動をとっていたので、各小隊長が高度な指揮能力を要求されることはほとんどなかった。そのため、この頃までは、戦闘行動の最小単位と兵営生活の基本単位が一致していたのだ。

話を第二次世界大戦時に戻すと、小銃小隊を支援する重機関銃小隊ないし分隊は、前進する味方歩兵の頭越しに射撃する「超過射撃」などを行って敵部隊を制圧し、味方の前進を掩護する。しっかりとした三脚に据え付けられた重機関銃は、簡単な二脚しか持たない敵の軽機関銃の有

三脚架に運搬用の前梶・後梶を装着した状態の日本の九二式重機関銃。口径7.7㎜、発射速度450/分、30連保弾板、空冷

対空用の三脚に据え付けられているが、地上目標を射撃しているドイツ軍のMG34。口径7.92㎜、発射速度900発/分 250連ベルト給弾、空冷

第二次世界大戦中の主要各国軍の重機関銃

イギリス軍の主力重機関銃は、第一次世界大戦型のヴィッカーズMk.Iだった。銃身を冷却水の入ったウォーター・ジャケットで包み込む水冷式の重機関銃で、冷却水さえあれば銃身が過熱せず安定した連続射撃が可能だった。しかし、当然のことながら空冷式の重機関銃よりも重く、迅速な移動は困難だった。

ソ連軍の主力重機関銃もイギリス軍と同じ水冷式のマキシムPM1910だった。この機関銃の銃架には野砲のような防盾や車輪が取り付けられており、全体の重量は70kg近くあった。車輪付きの銃架は、平地であれば手で引っ張って移動できるが、泥濘地では重い銃架ごと持ち上げて運ぶ必要がある。しかも、困ったことにロシアの大地は春の雪解け時期に決まって一面の泥沼になるのだ。

大戦の中頃から、太く過熱しにくい銃身を持つ空冷式のグリューノフSG43重機関銃が配備されるようになったが、銃架は相変わらず車輪付きで、防盾を取り外しても全体の重量は40kg以上あった。

日本軍の主力重機関銃は、空冷式の九二式重機関銃だった。遠距離射撃時の命中精度を追求して発射速度を低く抑えているのが特徴で、安定の良い銃架を併せると全体で55kgもあり、移動時は4名で運搬することを基本としていた。

ドイツ軍の主力重機関銃は、各分隊に配備されている軽機関銃と同じMG34やMG42だったが、重機関銃として運用される場合には凝った造りの三脚に据え付けられた。この三脚には発射時の反動を吸収する駐退復座機や照準眼鏡が備えられており、遠距離の目標に対しても正確な射撃が可能であった。連続射撃時の銃身過熱には予備銃身への迅速な交換で対処した。三脚付きのMG42の重量は約30kgになり、二脚装備時のように小銃兵に随伴して前進することはむずかしい。

アメリカ軍は、小銃弾を使用する中機関銃（ミディアム・マシンガン）と大口径の弾薬を使用する重機関銃（ヘビー・マシンガン）の二本立てという独自の道を選んだ。

中機関銃の主力であったブローニングM1919A4は、口径が0.30インチ（7.62㎜）だったことから「キャリバー30」とも呼ばれる。水冷型と空冷型の両方が生産された。比較的簡単な構造の三脚に載せて運用され、全体の重量は約20kgと他国の重機関銃に比べると軽かった。

重機関銃の主力であるブローニングM2は、口径が0.50インチ（12.7㎜）で「キャリバー50」とも呼ばれる。もともとは第一次世界大戦時に観測気球や装甲車両などを撃破するために開発された強力な機関銃で、三脚込みの重量は約60kgにもなる。兵士3名による運搬も可能だが、決して楽な仕事ではなかった。

効射程外から正確な射撃を浴びせかけることができた。とくに日本軍は、敵のトーチカ内の機関銃などに対して重機関銃による遠距離狙撃を積極的に行なって効果をあげた、と伝えられている。

しかし、数人がかりで運搬する重機関銃は、一人で持ち運べる軽機関銃と違って、小銃兵の迅速な前進に随伴することができない。軽機関銃と重機関銃を分ける最大のポイントは、発射される弾丸の口径や威力ではなく、小銃兵の前進に随伴できるかどうかという点にある。たとえば、イギリス軍のヴィッカーズMk.Ⅰ重機関銃は、口径7・7㎜の、どちらかというと非力な小銃弾を使用するが、三脚に据え付けられていて迅速な前進が困難である以上、軽機関銃に分類されることはない。

アメリカ軍から鹵獲したブローニングM1919A4で射撃を行うドイツ空軍第3降下猟兵師団の機関銃チーム。口径7.62㎜、発射速度400〜500発/分、250連ベルト給弾、空冷

動きの鈍い重機関銃の真価が発揮されるのは、攻撃時よりもむしろ防御時だ。歩兵同士の戦いでは、防御側はいかにして重機関銃に有効な射撃を継続させるかに勝負がかかっている、といっても過言ではない。

防御の場合、中隊長は指定された防御区域内の地形を綿密に偵察し、敵軍の状況、敵軍の選択可能な行動、展開可能な味方部隊、そして防御準備に必要な時間などを考慮して防御陣地を構築する。各小隊の陣地は、ある程度の独立性を保ちつつも、各個撃破を防ぐために、他の小隊の陣地と相互に支援できるように配置し、交通壕で連絡を取れるようにしておく。時間があれば、各陣地に掩蓋《えんがい》を設けて頭上からの砲撃にも耐えられるようにしてお

対空用三脚架に設置されたM2重機関銃。口径12.7㎜、450〜600発/分、110連ベルト給弾、空冷。機関部後面の左右にある把手を両手で握り、その間にある押し金を押して発射するスペードグリップ式だった

く。さらに時間が許せば、敵の大規模な砲爆撃を受けた時などに中隊の一部を退避させるための予備陣地を構築する。中隊本部は、第一線陣地のやや後方に置いて、さらに後方の大隊本部と連絡を保つ。

兵力に余裕があれば、中隊の一部を予備隊として控置しておく。予備部隊を初めから陣地に張り付けておくと前線は強化されるが、陣地のどこかが突破されそうな時に増援を送り込んだり、敵が攻撃を粉砕した時に追撃をかけたりするなど、戦況に応じた柔軟な戦術行動がとれなくなってしまう。指揮官は、攻撃時でも防御時でも、可能な限り予備部隊を保持すべきなのだ。

中隊の防御火網は、中隊でもっとも大きな火力を持つ火器である重機関銃を軸として構成する。重機関銃は、前進してくる敵部隊を見下ろす見晴らしの良い丘の上や、味方の陣地前に展開した敵部隊を横合いか

重機関銃の射撃

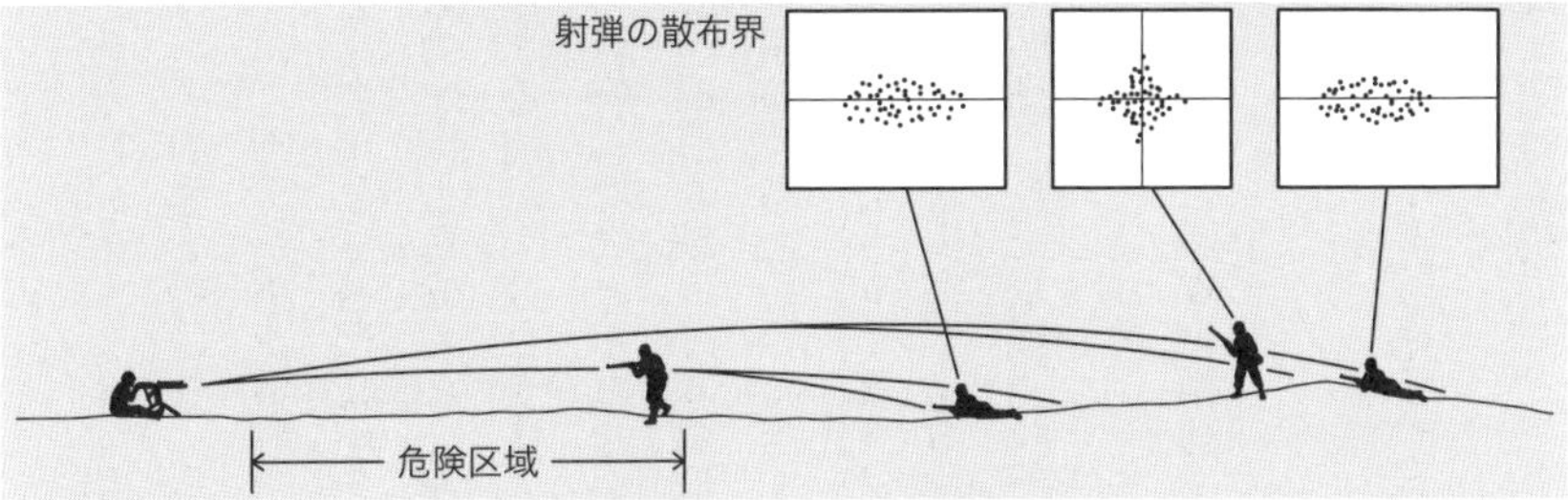

図は、重機関銃の射撃方法の概念図で、長距離射撃では射弾の散布を利用してのショット・ガンのような効果や、弾道の落下を利用した砲兵のような射撃もできた。また、射弾が地上すれすれに飛ぶ近距離を「危険区域」と称した。

中隊の防御陣地

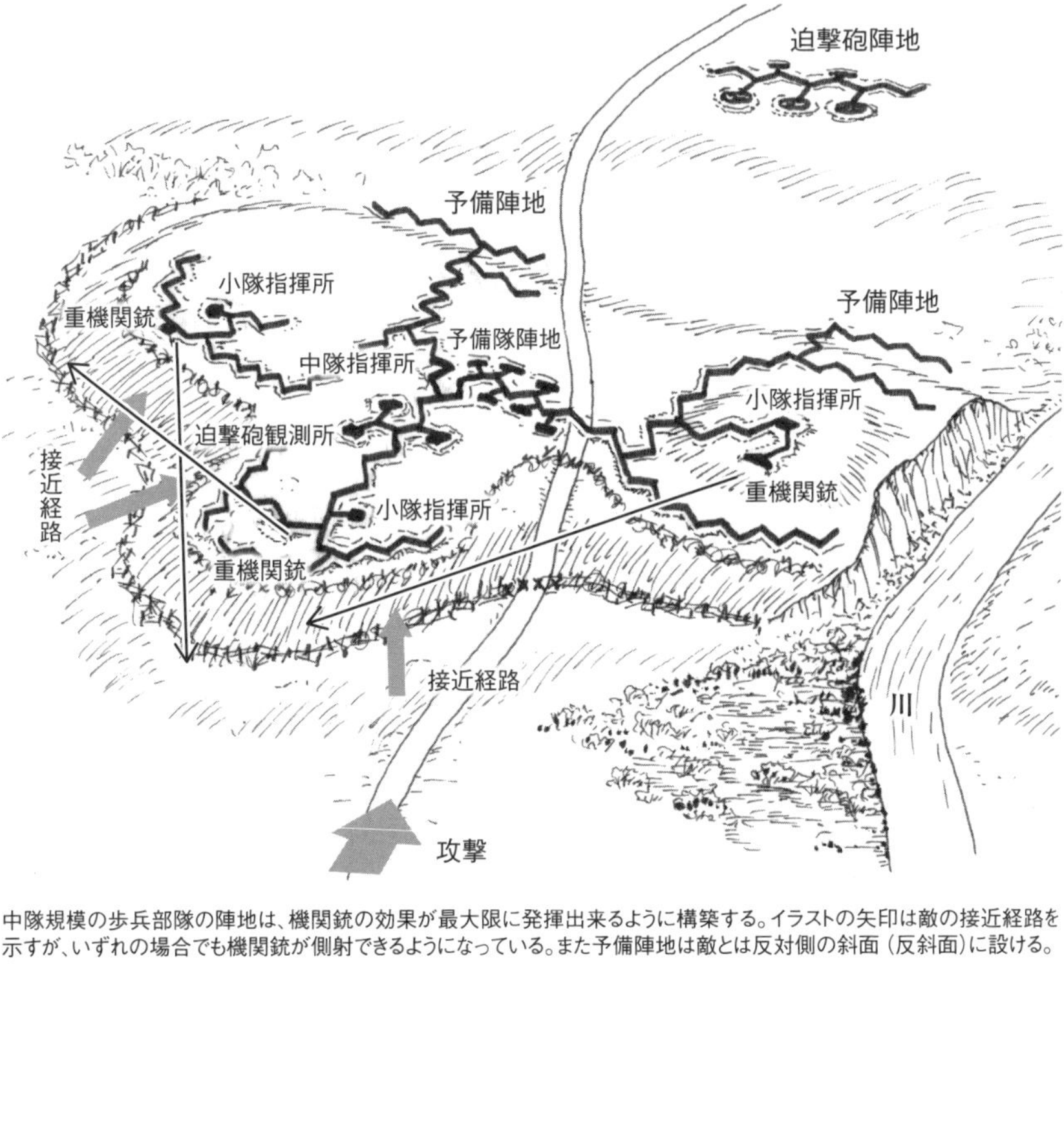

中隊規模の歩兵部隊の陣地は、機関銃の効果が最大限に発揮出来るように構築する。イラストの矢印は敵の接近経路を示すが、いずれの場合でも機関銃が側射できるようになっている。また予備陣地は敵とは反対側の斜面（反斜面）に設ける。

ら射撃できる茂みの中など、有効な火力を発揮できる場所に配置し、各分隊の装備する軽機関銃とともに陣前の敵部隊に対して十字砲火（クロス・ファイアー）を浴びせかけられるようにしておく。陣地の周囲は、味方の射撃を妨げないように敵の遮蔽物になる倒木などを取り除く「射界清掃」を行なう。とくにドイツ軍は、地形による防御効果よりも、射撃効果を含むトータルの防御能力を重視した。一例をあげると、下生えを利用して機関銃座の隠蔽効果をあげるよりも、これを刈り取って広範囲を射撃できるようにして防御火力を向上させることを好んだのだ。

攻撃する側に十分な支援火器が無いと、防御陣地や強固なトーチカにうまく配置された重機関銃を制圧するのは容易なことではない。防御側の重機関銃は、弾薬の続く限り、冷却水の続く限り、予備銃身の続く限り、射撃を続けて攻撃側の歩兵を次々となぎ倒していくことになる。防御陣地やトーチカの銃眼を機関銃で狙撃するといっても、攻撃側の重機関銃には陣地が無いのだから、敵の重機関銃とまともに撃ち合えば攻撃側が圧倒的に不利だ。かといって、敵の重機関銃を制圧できないまま力任せに前進しても、味方の歩兵に大きな損害が出るだけだ。

よく防御された重機関銃を制圧するためには、やはり一定以上の威力を持った迫撃砲や歩兵砲による支援が必要だ。そしてそれらの火器は、多くの国の軍隊で大隊または連隊レベルに配備されていた。そこで、次に歩兵大隊と連隊の編制を見ていくことにしよう。

歩兵連隊および歩兵大隊の編制と装備

歩兵大隊の編制定数は、だいたい700～900名くらいだ。大隊長には、中佐もしくは少佐が任命さ

直射火器と曲射火器

火器の分類法として、発射された弾丸が目標に向かってほぼ直線を描いて飛んでいく「直射（平射）火器」、弾丸が大きな弧を描いて飛んでいく「曲射火器」の2つに分けるやり方がある。歩兵砲や対戦車砲は直射火器、迫撃砲（日本軍では歩兵用の迫撃砲を曲射歩兵砲と呼んだ）は曲射火器だ。

直射火器は、トーチカの銃眼のような小さな目標でも直接照準で狙いをつけて砲撃できる。しかし、敵部隊が個人用掩体や塹壕を掘っている場合には、敵陣近くの地面で砲弾が炸裂しても、破片や爆風を巻き上げるだけで、壕の底に伏せた歩兵にはなかなか損害を与えることができない。

一方、曲射砲は砲弾が大きな弧を描いて飛ぶため、壕の底に伏せた歩兵の頭上に砲弾を降らせることができるし、丘や建物の後ろに隠れた敵を砲撃することも可能だ。しかし、曲射火器ではトーチカの銃眼を直接狙うことができないし、弾道が高く風の影響を受けやすいため、直射火器に比べると命中精度が低い。

直射火器と曲射火器には、それぞれ長所と短所があるのだ。

なぜ直射火器と曲射火器が必要なのか

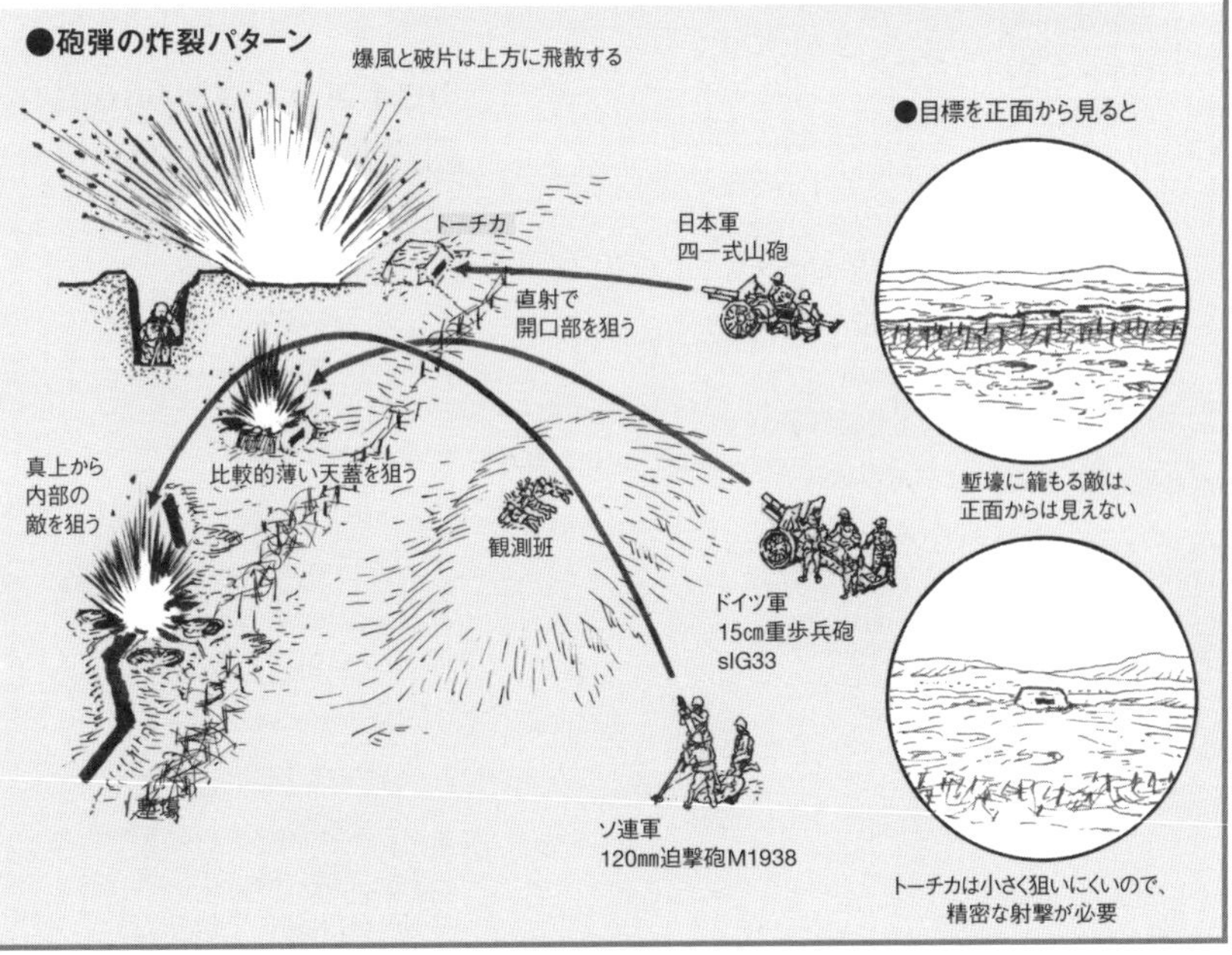

◆ドイツ軍歩兵連隊（1944年）

- 連隊本部
  - 歩兵大隊
    - 大隊本部
    - 小銃中隊
      - 中隊本部
      - 小銃小隊
      - 小銃小隊
      - 小銃小隊
      - 重機関銃小隊　重機関銃×2
    - 小銃中隊　（編制は上記中隊と同）
    - 小銃中隊　（編制は上記中隊と同）
    - 重火器中隊　中機関銃×8、81mm迫撃砲×6
      - 重機関銃小隊　重機関銃×6
      - 中迫撃砲小隊　8cm迫撃砲×6
      - 重迫撃砲小隊　12cm迫撃砲×4
  - 歩兵大隊　（編制は上記大隊と同）
  - 歩兵大隊　（編制は上記大隊と同）
  - 歩兵砲中隊　7.5cm軽歩兵砲×6、15cm重歩兵砲×2
  - 対戦車中隊　7.5cmおよび5cm対戦車砲×9、8.8cmパンツァーシュレック×36

●人員約3,200名

※もっとも優良な装備の連隊

◆イギリス軍歩兵旅団（1944年）

- 旅団本部
  - 歩兵大隊
    - 大隊本部
    - 本部中隊
    - 小銃中隊
      - 中隊本部　2in迫撃砲×1、対戦車擲弾筒PIAT×3
      - 小銃小隊
      - 小銃小隊
      - 小銃小隊
    - 小銃中隊　（編制は上記中隊と同）
    - 小銃中隊　（編制は上記中隊と同）
    - 小銃中隊　（編制は上記中隊と同）
    - 支援中隊　3in迫撃砲×6、6ポンド対戦車砲×6
  - 歩兵大隊　（編制は上記大隊と同）
  - 歩兵大隊　（編制は上記大隊と同）

●人員約2,400名

◆日本軍歩兵連隊（1942年）

- 連隊本部
  - 歩兵大隊
    - 大隊本部
    - 歩兵中隊
      - 中隊本部
      - 歩兵小隊
      - 歩兵小隊
      - 歩兵小隊
    - 歩兵中隊　（編制は上記中隊と同）
    - 歩兵中隊　（編制は上記中隊と同）
    - 歩兵中隊　（編制は上記中隊と同）
    - 機関銃中隊　重機関銃×8
    - 大隊砲小隊　7cm歩兵砲×2
  - 歩兵大隊　（編制は上記大隊と同）
  - 歩兵大隊　（編制は上記大隊と同）
  - 歩兵砲中隊　7.5cm山砲×4
  - 速射砲中隊　37mm速射砲×4

●人員約3,800名

※もっとも優良な装備の連隊

各国歩兵連隊の編制

※衛生部隊、通信部隊、輸送部隊などの後方支援部隊を除く。

各国の編制と装備の特徴を概観すると、ドイツ軍やソ連軍は中隊レベルに支援火器の配備の重点をおき、日本軍は機関銃よりも安価な擲弾筒の配備を重視していた。またアメリカ軍は中隊レベルに独ソ両軍を上回る豊富な支援火器を配備していた。イギリス軍はこうしたトレンドと無縁の編制であったといえる。各国とも兵器の生産力などから純粋に戦術上の要求を満たす編制はとれなかったが、そうした制約がもっとも少なかったのがアメリカ軍であった。

◆アメリカ軍歩兵連隊（1944年）

- 連隊本部
  - 本部中隊
  - 歩兵大隊
    - 大隊本部
    - 本部中隊
      - 対戦車砲小隊　57㎜対戦車砲×3
    - 小銃中隊　2.36inバズーカ×5、12.7㎜重機関銃×1
      - 中隊本部
      - 小銃小隊
      - 小銃小隊
      - 小銃小隊
      - 火器小隊　中機関銃×2、60㎜迫撃砲×3
    - 小銃中隊　（編制は上記中隊と同）
    - 小銃中隊　（編制は上記中隊と同）
    - 重火器中隊　中機関銃×8、81㎜迫撃砲×6
  - 歩兵大隊　（編制は上記大隊と同）
  - 歩兵大隊　（編制は上記大隊と同）
  - 対戦車砲中隊　57㎜対戦車砲×9
  - 火砲中隊　105㎜榴弾砲×6

●人員約3,200名

◆ソ連軍歩兵連隊（1942年12月）

- 連隊本部
  - 歩兵大隊
    - 大隊本部
    - 歩兵中隊
      - 中隊本部
      - 歩兵小隊
      - 歩兵小隊
      - 歩兵小隊
      - 迫撃砲小隊　50㎜迫撃砲×2
      - 機関銃分隊　重機関銃×1
    - 歩兵中隊　（編制は上記中隊と同）
    - 歩兵中隊　（編制は上記中隊と同）
    - 迫撃砲中隊　82㎜迫撃砲×9
    - 機関銃中隊　重機関銃×9
    - 対戦車砲小隊　45㎜対戦車砲×2
    - 対戦車銃小隊　12.7㎜対戦車銃×3
  - 歩兵大隊　（編制は上記大隊と同）
  - 歩兵大隊　（編制は上記大隊と同）
  - 歩兵砲中隊　76㎜歩兵砲×4
  - 重迫撃砲中隊　120㎜迫撃砲×7
  - 対戦車銃中隊　12.7㎜対戦車銃×27
  - 短機関銃中隊
  - 対戦車砲中隊　45㎜対戦車砲×6

●人員約2,700名

れることが多かった。大隊本部には、大隊長を補佐する副大隊長、総務幕僚、情報幕僚など数名の士官が所属されるのが一般的だった。

米独ソ各国軍の歩兵大隊は、大隊本部ないしは本部中隊、主力となる小銃中隊3個、口径8㎝クラスの中迫撃砲や重機関銃（アメリカは水冷式中機関銃）などの支援火器を保有する重火器中隊あるいは機関銃中隊と迫撃砲中隊各1個、という編制を基本としていた。

アメリカ軍が運用した81㎜迫撃砲M1。主に歩兵大隊の重火器中隊に配備された

歩兵大隊の大隊砲小隊に配備され、大隊砲と呼ばれた日本軍の九二式歩兵砲。口径は70㎜

イギリス軍では当初、中迫撃砲小隊や対空小隊を通信部隊や補給部隊などといっしょに本部中隊としてまとめていた。その後、支援火器の装備部隊を支援中隊として分離し、本部中隊、小銃中隊4個、支援中隊、という他の主要各国軍の歩兵大隊とよく似た編制になった。

迫撃砲は、通常の火砲のように1発ごとに砲尾の閉鎖機を操作する必要が無く、砲身の先から砲弾を次々と落とし込むだけで連続発射できるため、単位時間当たりの制圧火力が大きい。そのうえ構造が簡単なので、同口径の通常の火砲よりも軽量で持ち運びも容易だった。

日本軍の歩兵大隊も他の主要各国軍と同じような編制をとっていたが、迫撃砲の代わりに直射火器と曲射火器（41ページのコラム参照）の兼用を狙った70㎜砲を配備していた。これが「大隊砲」だ。

日本軍では、重機関銃や歩兵砲などの支援火器が建制（臨時編成ではない正規の編制のこと）で配備される最小の単位が大隊であり、大隊を「各兵科固有の戦術上の術策を実行できる最小単位」と考えていた。そのため、中隊を「戦闘単位」と呼ぶのに対して、大隊を「戦術単位」と呼んだ。

歩兵連隊の編制定数は最大で4000名くらいになる。単一兵科、つまり歩兵科のみで構成される部隊としてはもっとも規模が大きい。

多くの国の陸軍で、連隊は部隊の伝統を維持する単位となっており、歴史的な部隊名を継承していたり、由緒ある連隊旗を受け継いでいたりする。そして、連隊に所属する将校は同じ将校団に所属し、家族的な団結心で結ばれることを理想としていた。将校にとって連隊とは、下士官や兵卒の中隊に相当する編制単位だったのだ。その点で、連隊や中隊という結節には、大隊には無い特別な意味があるのだ。

連隊長には、通常は大佐が任命された。連隊本部には、連隊長を補佐する幕僚や事務管理を担当する下士官等が多数所属していた。また、連隊直轄の通信小隊や伝令小隊、場合によっては斥候（偵察）小隊や作業（工兵）小隊も所属することがあり、これらの部隊はほとんどの場合、本部中隊にまとめられていた。

ドイツやアメリカ、日本の歩兵連隊は、歩兵大隊3個を基幹として、対戦車砲（日本軍は速射砲）中隊と歩兵砲（アメリカ軍は火砲）中隊が各1個という編制をとっていた。

歩兵砲とは、歩兵部隊に配備され歩兵指揮官の命令によって運用される軽量の火砲だ。歩兵部隊が自前で装備している火砲なので、師団所属の砲兵部隊よりも密接な火力支援を提供することができるし、師団司令部の判断によって支援砲撃を打ち切られてしまうこともない。そのため歩兵砲は、歩兵にとってもっとも頼りになる支援火器だったのだ。

アメリカ軍の火砲中隊には師団隷下の砲兵連隊が装備する105㎜榴弾砲と基本的には同じものが配備されており、日本軍の歩兵砲中隊には野砲兵連隊が装備していた旧式化した山砲（山地での輸送を考慮した分解可能な軽量野砲）が「連隊砲」として配備されていた。

また、ソ連軍の歩兵連隊では、歩兵砲中隊に加えて120

大戦中盤から配備が始まったアメリカ軍の105㎜榴弾砲M3。歩兵連隊の火砲中隊にも配備された（ph/Max Smith）

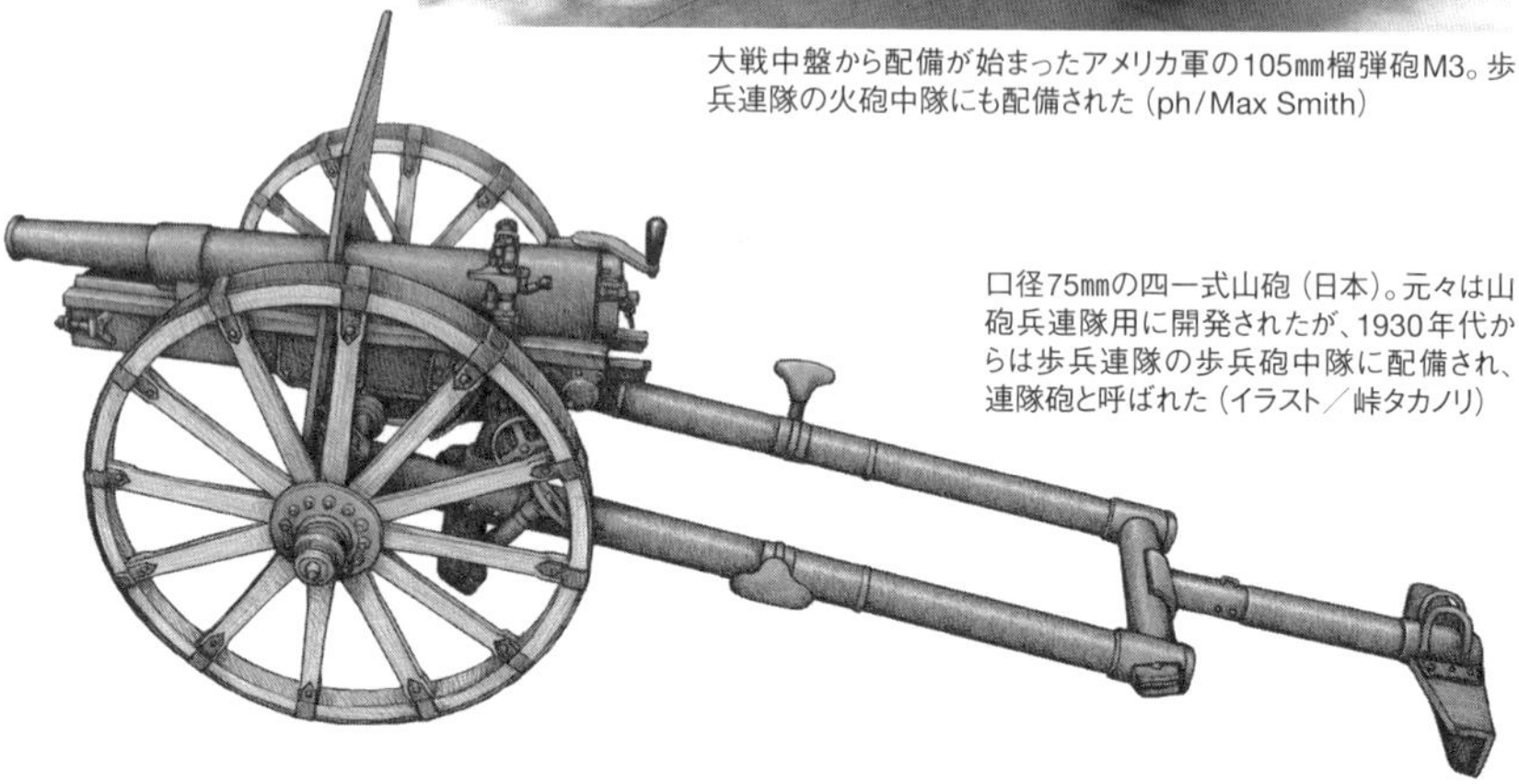

口径75㎜の四一式山砲（日本）。元々は山砲兵連隊用に開発されたが、1930年代からは歩兵連隊の歩兵砲中隊に配備され、連隊砲と呼ばれた（イラスト／峠タカノリ）

㎜重迫撃砲を装備する迫撃砲中隊が置かれていた。ソ連軍では、早くから製造の容易な割に火力の大きい迫撃砲が重視されており、大戦末期にはドイツ軍でも同じ傾向が見られるようになった。

イギリス軍の場合、歩兵大隊の上は歩兵旅団であり、1個歩兵旅団は3個歩兵大隊で構成されていた。イギリス軍は、大口径の火砲は砲兵部隊で集中運用されるべきであり、歩兵部隊に分割配備しても手に余るだけと考えていた。そのため、歩兵大隊や歩兵旅団には歩兵砲をまったく配備しなかったのである。操砲教育や整備などを考えれば火砲を集中配備した方が合理的なのはわかるが、純粋に戦術面から見れば重大な問題点であった。

ドイツ軍歩兵連隊の歩兵砲中隊が運用した15㎝重歩兵砲sIG33（ph/Dungodung）

ソ連軍歩兵連隊の重迫撃砲中隊が運用した120㎜迫撃砲 M1938

ちなみにヒトラーは、イギリス軍を「防御時には非常に勇敢で粘り強いが、攻撃は未熟で指揮は悲惨。武器や装備は最良に近いが、編制は何から何までダメ」と評していたという。

歩兵大隊および歩兵連隊の基本戦術

歩兵連隊や歩兵大隊の戦術は、基本的に歩兵中隊のそれと大差無い。中隊レベルの戦闘と大きく異なる点は、大隊や連隊レベルには支援用の火砲が配備されていたことだ。つまり「射撃と移動（ファイア・アンド・ムーブメント）」という戦術の基本は不変だが、射撃による「制圧」手段に火砲が加わるわけだ。

そもそも歩兵部隊に迫撃砲や歩兵砲が大量に配備されるようになったのは、第一次世界大戦中のことだ。塹壕陣地に配備された敵の重機関銃を叩くため、前線の歩兵部隊に砲身を切り詰めて軽量化した野砲や軽量で持ち運びの容易な迫撃砲が配備され、砲兵部隊が装備していた重い榴弾砲や加農《カノン》（砲）では近寄れないような近距離から直接射撃を行ったのである。

日本軍では大隊レベルに、ドイツ軍やソ連軍では連隊レベルに、軽量の歩兵砲が配備されていたので、これを人力で移動させて敵の機関銃座を砲撃することができた。また、アメリカ軍では１０５㎜榴弾砲が、ドイツ軍では15㎝重歩兵砲が、それぞれ連隊レベルに配備されており、強固なトーチカでも歩兵連隊の独力で破壊することが可能だった。

これらの支援火砲が威力を発揮し続けるためには、弾薬を絶えず補給する必要がある。そのため、大隊や連隊レベルには、ある程度の規模を持つ補給部隊が置かれて、弾薬を含む物資などの輸送に従事した。

強力な火力を持つ戦闘部隊には、その火力に見合うだけの兵站能力を持つ補給部隊が必要なのだ。

攻撃の場合、各大隊や中隊は地形を利用しながら相互に支援し合って前進する。攻撃時には、大隊は幅500mほど、連隊は幅1kmほどの戦区を担当して攻撃を行なう。ただし、攻撃兵力が少ない時や敵の防御態勢が脆弱な場合には、この幅はもっと広くなる。

攻撃時に敵部隊の側面があいていれば、一部の部隊を敵の後方に回り込ませる「迂回《うかい》」が行なわれる。防御陣地は、敵の攻撃方向をある程度予測して、特定の方向からの攻撃に対してもっとも高い防御力を発揮できるように構築されるので、予期せぬ方向からの攻撃には十分な防御力を発揮するがむずかしい。陣地に拠らない遭遇戦でも、歩兵部隊が予期せぬ方向からの攻撃に弱いことに変わりはない。したがって、敵の側面や後方に回り込めば、正面からの攻撃よりも容易に敵部隊を撃破することができる。敵部隊の退路を遮断して「包囲」すれば、攻撃はさらに容易になる。

敵の迂回や包囲を防ぎ、敵の後方に回り込むためには、味方の部隊を側面に展開させる必要がある。これを「延翼」と呼ぶ。延翼を行って隣の味方部隊と手を結ぶことができれば、もう敵部隊に迂回されることは無い。こうして並べられた部隊の連なりを「戦線」と呼ぶ。一度戦線が構築されてしまったら、今度は敵戦線のどこかを「突破」するしかない。

敵の戦線を1か所でも突破することができれば、突破口に隣接する敵部隊を包囲するチャンスが生まれる。敵の戦線を2か所で突破することができれば、突破口に挟まれた敵部隊を「両翼包囲」に持ち込むこともできる。

この「迂回」にしても「包囲」にしても「突破」にしても、おもな攻撃とは別に、敵部隊を引きつけるための攻撃を行なうことが多い。この場合、おもな攻撃を「主攻撃」（または主攻）といい、これを助ける攻撃を「助攻撃」または「助攻」という。そして、敵部隊を引きつけて戦闘に巻き込むことを、敵部隊を「拘束」するという。

助攻に任ずる前線部隊は、上級の司令部が意図する攻撃計画の全貌がわからない場合、無能な司令部の計画した無意味な攻撃に思えるかもしれない。それでも、助攻部隊が必死で攻撃をかけるからこそ、敵部隊も必死で反撃し、拘束の実をあげることができるのだ。

防御の場合、大隊はおおむね1～2km、連隊は2～4kmくらいの戦区を担当する。ただし、兵力が足りない場合にはもっと広い幅を守らなければならない。

予備隊の運用

左図は基本的な戦術パターンと用語の解説を図示したものだ。戦術とは基本的なパターンのなかから、千変万化する戦場の状況に合わせ、任務達成のために実行の可能性のあるパターンを選択することだともいえる。ここにあげた用語と戦術行動を覚えておくと、戦記や戦史を読む際に部隊の行動が想像できるようになるだろう。

防御の場合その1

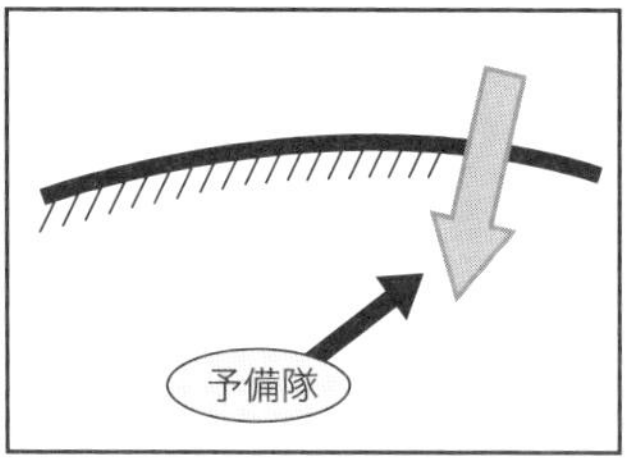

味方戦線を突破した敵を、予備隊で撃退。

防御の場合その2

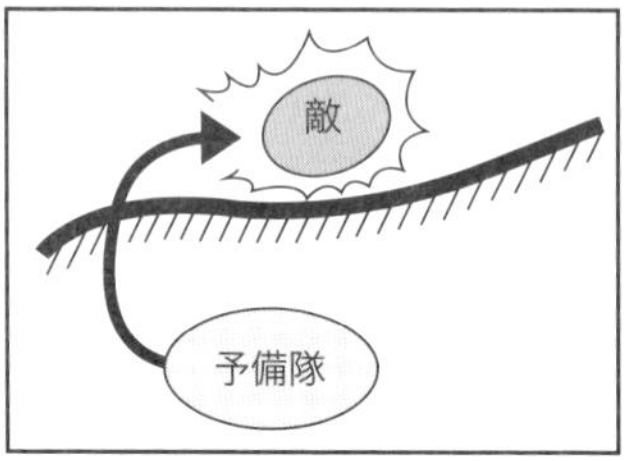

味方の防御ラインに対する攻撃で消耗した敵を、予備隊による逆襲で撃破。

攻撃の場合

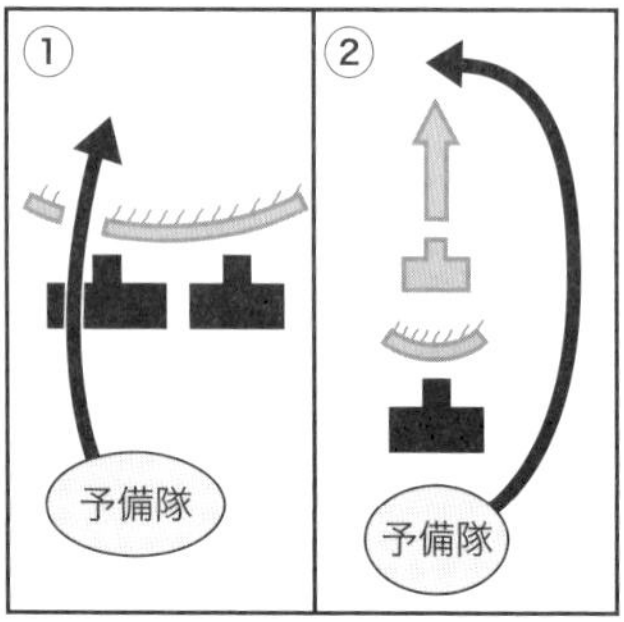

①味方の第一線攻撃部隊を超越して弱体化した敵戦線を突破。
②後退する敵の退路を遮断。

基本的な戦術パターン

延翼運動

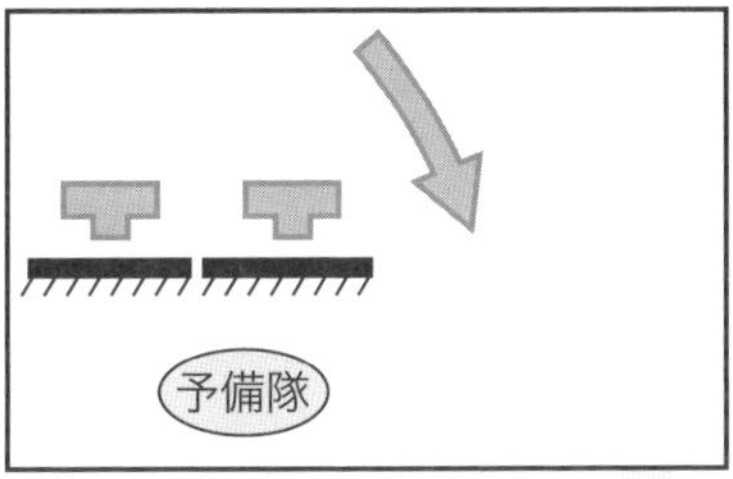

弱点である側背を衝こうと敵は機動する。
これを防ごうと味方は予備隊を投入。

延翼運動

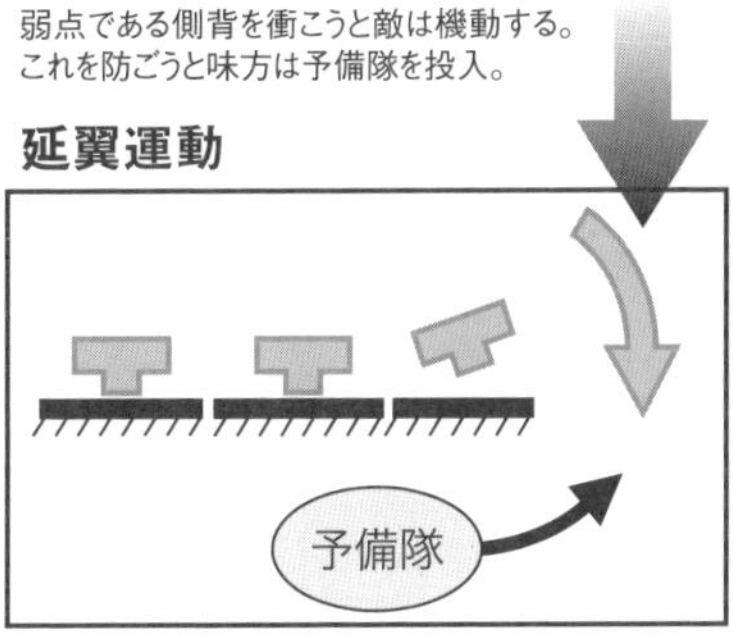

さらに敵は側背を衝こうとし、味方は予備を投入する。
こうして戦線が延びていくことを延翼運動という。

助攻と主攻（敵の拘束）

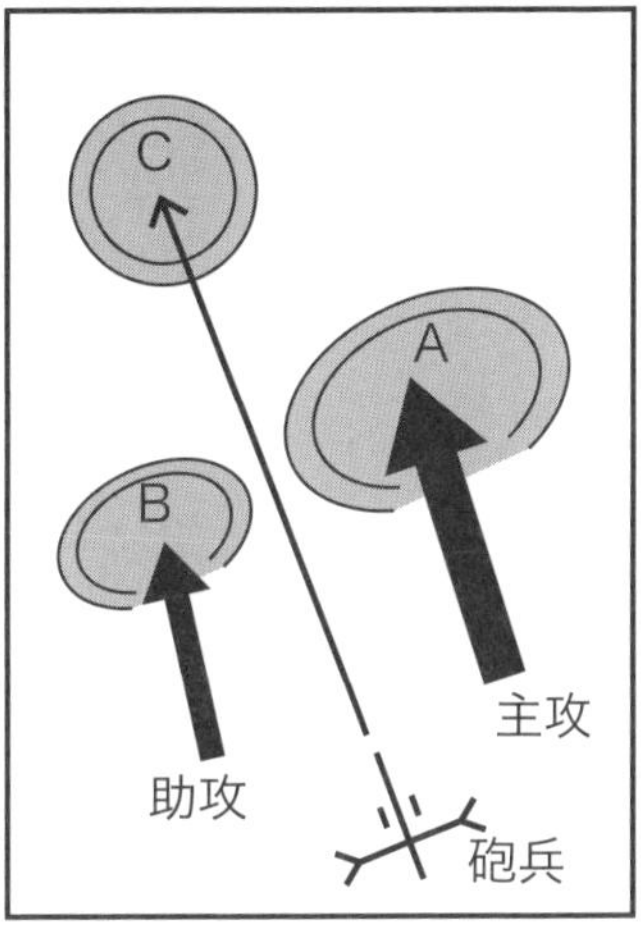

Aの敵を攻撃するためには、Bの敵がAの増援に行けないように拘束する必要がある。そのためBに対して助攻が行われる。後方の敵Cは砲兵や航空攻撃で拘束（阻止）することになるが、詳しい解説は次章以降で行いたい。

迂回、突破、浸透、そして包囲

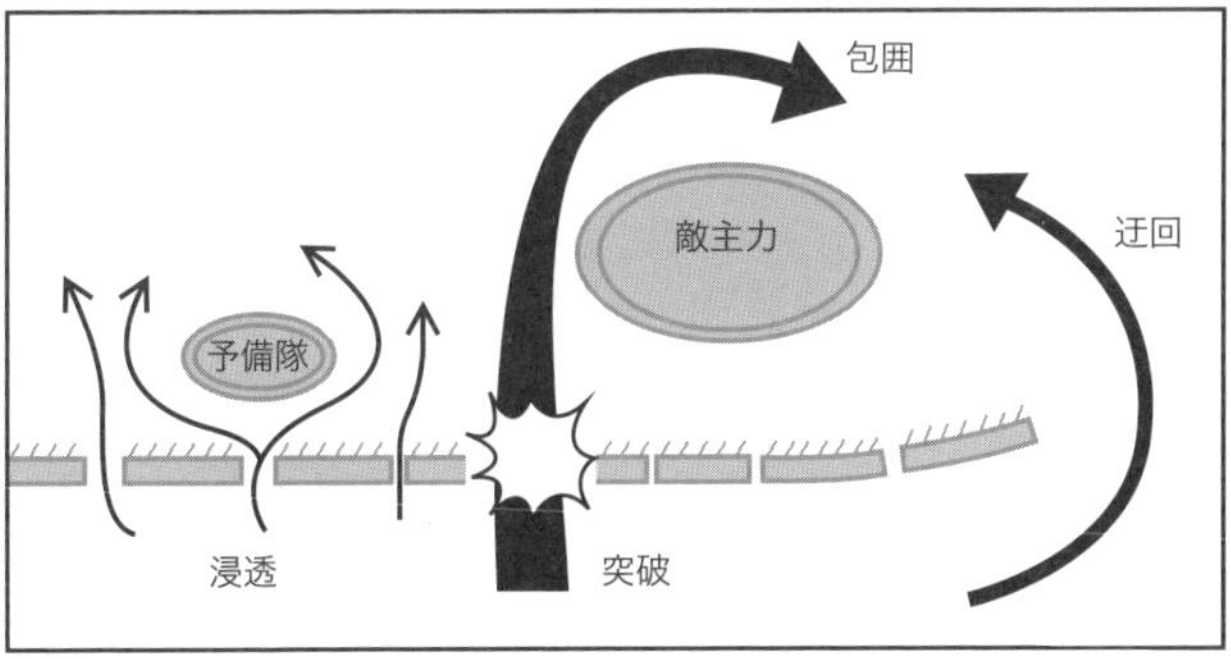

戦術レベルでの完全な勝利とは、敵主力を殲滅することである。このためのもっとも有効な手段が「包囲」であった。包囲には片翼包囲と両翼包囲がある。だが包囲のためには敵の戦線を越える必要がある。そのための戦術運動は、敵の戦線翼側を回る「迂回」、戦線の間隙を縫う「浸透」、戦線そのものを破壊する「突破」の三種類に分けることができる。

そもそも防御には、大きく分けて2つのやり方がある。ひとつは陣地からの火力によって敵に打撃を与える「陣地防御」、もうひとつは機動力を駆使して敵に打撃を与える「機動防御」だ。機動力の低い歩兵部隊では、前者の陣地防御がメインになる。

大隊長や連隊長は地形を綿密に偵察し、迫撃砲や歩兵砲の射撃を考慮して防御陣地を構築する。陣地は、敵部隊に簡単に突破されないようにある程度の奥行きを持って構築される。この縦方向の奥行きを「縦《じゅう》深《しん》」と呼び、深い奥行きを持つ陣地を「縦深陣地」と呼ぶ。

防御地域のうち、もっとも敵寄りの地域には一定規模の警戒部隊を配置し、主力部隊はその後方に置く。警戒部隊は、敵部隊に対する警戒を行なうとともに、敵部隊の前進を遅らせて主力部隊による防御準備の時間を稼ぐようにする。警戒部隊の規模は、主力が連隊規模なら1個中隊くらいが目安だ。

敵からもっとも離れた地域には、補給部隊や通信部隊などの後方支援部隊、敵部隊の突破に備えた予備部隊を置く。予備部隊の規模は、連隊なら1個大隊程度、大隊なら1個中隊程度が一般的だ。したがって、単純計算では1個大隊が4個中隊編制ならば全兵力の25パーセントが予備、1個連隊が3個大隊編制ならば全兵力の33パーセントが予備、ということになる。

部隊の編制単位を何個にするかという問題は、予備兵力の割合を全兵力の何パーセントにするか、という問題と密接な関係がある。大戦末期のドイツ軍の擲弾兵連隊（歩兵連隊を改称したもの）は2個大隊編制だが、全兵力の50パーセントを予備にするわけにはいかないから、前線の大隊を弱体化させてでも1個中隊程度を引き抜いて予備にあてるか、師団レベルから増援部隊をもらうくらいしか手が無い。

迫撃砲や歩兵砲は後方に置き、なるべくなら陣地変換を行なうことなく担当地域の全域を砲撃できるように配置する。砲撃指揮官は、あらかじめ主要な射撃地点までの距離や方位を測定し、射撃図を作成して正確な砲撃をすばやく実施できるよう準備しておく。

主要各国軍とも大隊ないし連隊レベルには対戦車砲が配備されており、敵の攻撃部隊が戦車を伴っていても、ある程度自力で対処できる能力が与えられていた。対戦車砲は、迫撃砲や歩兵砲とちがって、敵戦車からの隠蔽を第一に考えて配置する。敵戦車を確実に撃破するためには、近距離まで十分に引きつけて発砲する必要があるからだ。一部の対戦車砲は、側防機関銃のように戦車の装甲が薄い側面や後面を射撃できる位置に置かれる。

敵が攻撃を開始したら、陣地からの火力と逆襲によって敵の攻撃を粉砕して阻止する。

連隊レベルの支援火力や対戦車火力でも不十分な場合には、師団に所属する砲兵部隊や対戦車部隊による支援を要求することになる。だが、師団司令部を経由する連絡や調整には往々にして手間がかかり、前線からの要求に柔軟に対応できないことも少なくなかった。アメリカ軍のように師団砲兵に新しい射撃システムが導入され、中隊や小隊レベルにまで無線機やウォーキー・トーキーが普及していればこうした問題は起こりにくかったが、そうした条件を整えることのできない軍も多かった。

これは何も砲兵部隊に限ったことではなく、工兵部隊や戦車部隊といった他の兵科との協同作戦にも共通する問題であった。これを解決するためにどのような手段が用いられたのかについては、次章以降で述べてみたい。

第3章　歩兵師団〜軍

3単位師団と4単位師団

この章では、歩兵師団を中心として、さらに上級の軍団や軍、軍集団についても一部取り上げてみたい。最初に歩兵師団の基本的な編制の話からはじめよう。国によっては、機動力がほとんど無い沿岸防衛師団や砲兵部隊が弱体な警備師団なども歩兵師団に含めていたが、ここでは野戦用の歩兵師団のみを対象とする。

1個師団の編制定数は、1万数千名から2万数千名とかなりのバラつきがあった。同じ国でも編成時期の違いなどによって編制に大きな差があり、同じ時期に数種類の編制が混在することもめずらしくなかったためだ。

第一次世界大戦までの主要各国軍の歩兵師団は、歩兵連隊4個を主力とする「4単位師団」、英語でいうところの「スクェア・ディヴィジョン（Square division）」が主流だったが、イギリス軍は他国軍の歩兵連隊とほぼ同規模の歩兵旅団3個を主力とする「3単位師団」、英語でいう「トライアンギュラー・ディヴィジョン（Triangular division）」を採用していた。

この主力となる歩兵連隊が4個か3個かで、師団の戦術にも差がでてくる。前回の連隊のところでも少し触れたが、編制と戦術の間には密接な関係があるのだ。具体的にいうと、4単位師団ならば、2個連隊を前線に投入し1個連隊を予備にしたうえで、さらに1個連隊を敵の背後に迂回させることができるなど、戦術上の選択の幅が広い。これに対して3単位師団は、2個連隊を前線に投入し1個連隊を予備にしてしまうと他に打つ手が無い。4単位師団にくらべると戦術上の選択肢が少ないのだ。

しかし、国軍全体のレベルで見ると、兵員数が少ない3単位師団は、4単位師団よりも増設が容易で作戦単位を比較的簡単に増やせるため、戦略上の選択肢は逆に増えることになる。また、3単位師団は規模が小さいので、補給部隊にかかる負担が軽いという利点もある。

第一次世界大戦では膠着した陣地戦が続き、前述のような4単位師団が持つ戦術的な優位は大きな意味を持たなくなった。その一方で、数個師団が1日で壊滅状態になるような激しい消耗戦が続いたため、師団の増設

4単位師団と3単位師団

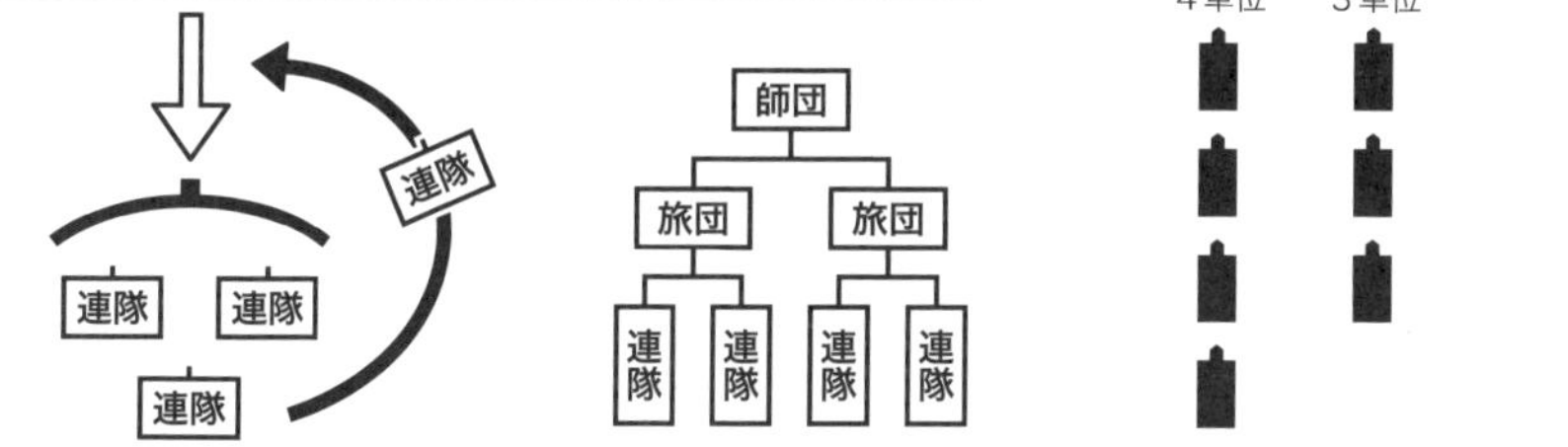

4単位師団は連隊が4個あるので、予備を作っても1個連隊を迂回などに使える。

4単位師団は連隊数が多いため旅団という中間結節を必要とする。このため命令・報告の伝達速度が遅い。

4単位師団は、行軍長径（行軍の際の隊列の長さ）が大きい。このため、部隊の動きが鈍重になる。

●砲1門が支援する歩兵の数

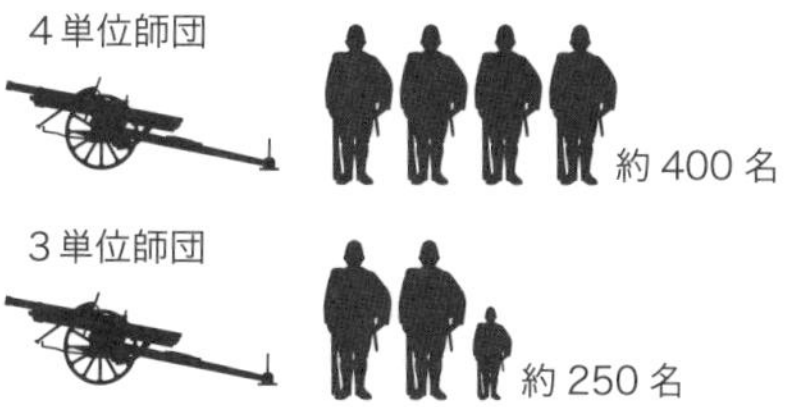

一門の砲が何人の歩兵を支援できるか比べてみた。3単位師団の方が1門の砲が支援する歩兵の数が少なく、濃密な支援を与えられる。

●壊滅するまでの損耗人員

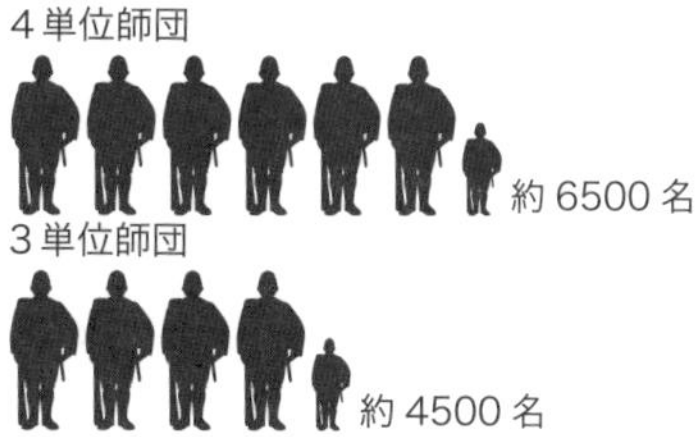

一般に部隊壊滅とされる師団全体で30%の損害を出すのに、何人の兵士が死傷するか比べた。4単位師団の方が、人員損耗に強い。

※モデルとしたのは1941年の日本軍第16師団（3単位）と第18師団（4単位）。

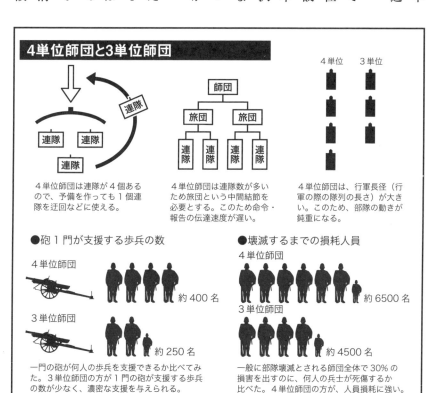

が急務となった。3単位師団では歩兵が減るために小銃火力が低下するものの、迫撃砲や歩兵砲などの支援火器の充実によってトータルでの火力低下は最小限に抑えることができた。このような理由から、ドイツ軍やフランス軍も第一次世界大戦中に師団を大増設する過程で3単位師団を採用していったのだ。

こうして世界の主流は、第二次世界大戦前から3単位師団に移行していたわけだが、日本軍やアメリカ軍など一部の国では第二次世界大戦が始まっても4単位師団が残っていた。

4単位師団の場合、4個ある歩兵連隊は2個連隊ずつ歩兵旅団にまとめられていた。旅団長には最下級の将官が充てられ（ここでいう歩兵旅団はイギリス軍の歩兵旅団よりも規模が大きい）、旅団長に命令を下す師団長には旅団長よりも一ランク上の将官が充てられた。つまり、最下級の将官が准将の場合は旅団長が准将で師団長が少将、最下級の将官が少将の場合は旅団長が少将で師団長が中将になる。

ちなみに英語では、将軍をジェネラル（General）、旅団をブリゲード（Brigade）、師団をディヴィジョン（Division）という。米陸軍では准将をブリゲーディア・ジェネラル（Brigadier general）と呼ぶが、文字通り「旅団の将軍」だ。フランス語では少将のことをジェネラル・ド・ディヴィジオン（General de division）というが、直訳すれば「師団の将軍」となる。こうした言葉が生まれた時点では、指揮官の階級とポストが一致していたのだ。

3単位師団が導入されても師団長の階級は変わらなかったが、師団内の旅団結節が消滅したために旅団長のポストは激減した。その代わり、日本軍の3単位師団では、師団と連隊の間に歩兵団長が新設されて少将ポストとなり、アメリカ軍やフランス軍では師団長を補佐する副師団長が置かれて准将ポストとなるなど、最下級の将官のポストが大きく減らされるようなことはなかった。加えて、師団に属さない独立した歩兵旅団もあったので、最下級の将官は「旅団の将軍」としても存続することになったのだ。

諸兵種連合部隊である師団

師団という編制単位の特徴としては、歩兵、砲兵、工兵といった各兵種の部隊を組み合わせて構成される諸兵種連合部隊、英語でいうところの「コンバインド・アームズ（Combined arms）」であること、ある程度独立した作戦行動を可能にする自前の補給部隊を持っていること、などがあげられる。

第二次世界大戦中の一般的な歩兵師団の編制は、歩兵連隊3個、偵察大隊ないし中隊、砲兵連隊、工兵大隊、それに通信部隊や補給部隊、整備部隊、衛生部隊などを組み合わせたものだった。ドイツ軍やソ連軍では師団直轄の対戦車砲大隊が置かれ、イギリス軍では歩兵連隊ではなく歩兵旅団（実質連隊規模）と呼び、日本軍は偵察大隊ではなく捜索連隊（実質大隊規模）と呼ぶといった違いもあったが、基本的な編制や各部隊の規模、任務はおおむね似通っていたといってよい。

偵察部隊には、歩兵師団であっても、ジープのような野戦車やトラック、オートバイやサイドカーなどに乗車する自動車化歩兵部隊と、それを支援する偵察用の装甲車や軽戦車の小部隊が所属していた。ただし、日本軍やソ連軍、ドイツ軍には乗馬編制の偵察部隊も残っており、さらにドイツ軍では自転車に乗る偵察部隊も編成された。

意外なことにアメリカ軍の歩兵師団では偵察部隊の規模が小さく、反対にドイツ軍やイギリス軍の歩兵師団では偵察部隊に対戦車砲や歩兵砲あるいは迫撃砲などの小部隊が所属しており相応の戦闘力を持つ部隊だった。

師団の偵察部隊は、師団の前進時には、師団主力の前方に展開して敵部隊の有無を捜索し、敵部隊を発見したら敵の兵力規模や配置などを偵察する。相応の戦闘力を持つ偵察部隊であれば、必要があれば軽く攻撃をかけて敵の出方を見る威力偵察もできるし、敵部隊の抵抗が弱ければ独力でこれを排除して前進を続けることも可能だ。

歩兵部隊の一部が師団の前衛部隊をつとめる場合には、偵察部隊はおもに師団の側面を警戒し、敵の攻撃があれば警報を発する警戒任務につく。師団の後退中は、師団主力の側面や後方を警戒し、敵部隊の迂回や包囲を防ぐ。こうした任務を果たすため、偵察部隊には比較的高い機動力が与えられていた。

歩兵師団隷下の砲兵連隊には、基本的には歩兵連隊と同じかひとつ多い数の砲兵大隊が所属していた。このうちの1個大隊は、他の大隊よりも長射程の火砲を装備しており、後述する対砲兵戦などおもに師団全般の支援を任務としているため、「全般支援（General support略してGS）大隊」と呼ばれる。これ以外の砲兵大隊は、各歩兵連隊に砲撃支援を与えることをおもな任務としており、「直接支援（Direct support略してDS）大隊」と呼ばれる。国によっては各DS大隊が特定の歩兵連隊を支援するよう定めていたところもあり、たとえばドイツ軍では各DS大隊を支援対象の歩兵連隊と一緒に行軍させていた。

そしてGS大隊には、日本軍では口径105㎜の榴弾砲または山砲、ソ連軍では122㎜および152㎜榴弾砲、ドイツ軍やアメリカ軍では155㎜榴弾砲が配備され、DS大隊には、日本軍では口径75㎜の野砲または山砲、ソ連軍では76・2㎜野砲、ドイツ軍やアメリカ軍では105㎜榴弾砲が配備されるのが基本だった。ただし、イギリス軍は、GS大隊を置かず、歩兵旅団と同じ数の3個の砲兵連隊（実質大隊規模）に口径約88㎜の25ポンド砲を配備していた。

これらの火砲は、アメリカ軍やイギリス軍では早い時期にトラックや牽引車に牽引されるようになったが、ドイツ軍や日本軍では大戦終結まで馬匹による牽引が主力だった。そのため、高速かつ強力な牽引車を潤沢に装備していたアメリカ軍は、火砲の重量増加を気にせずに射程や威力の増大を図ることができた

各国の主要野砲(師団砲兵隊の装備)

◎アメリカ

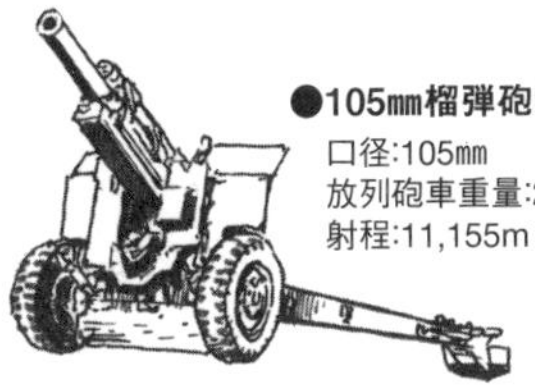

●105㎜榴弾砲M2A1
口径:105㎜
放列砲車重量:2,258kg
射程:11,155m

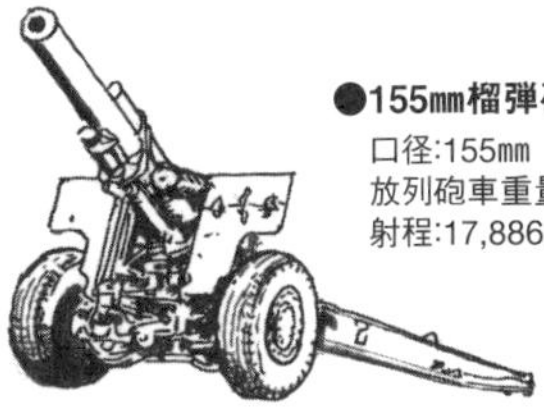

●155㎜榴弾砲M1
口径:155㎜
放列砲車重量:5,806kg
射程:17,886m

◎ドイツ

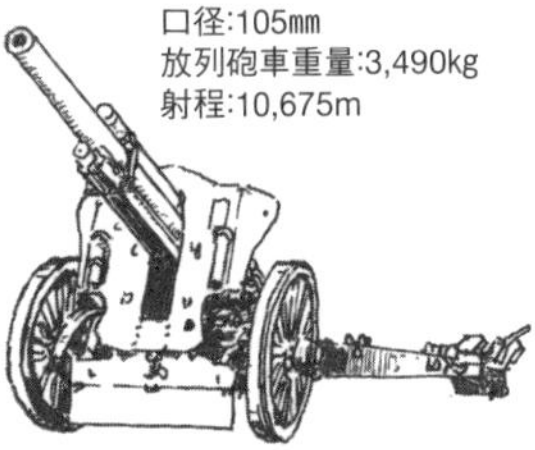

●10.5cmlFH18軽野戦榴弾砲
口径:105㎜
放列砲車重量:3,490kg
射程:10,675m

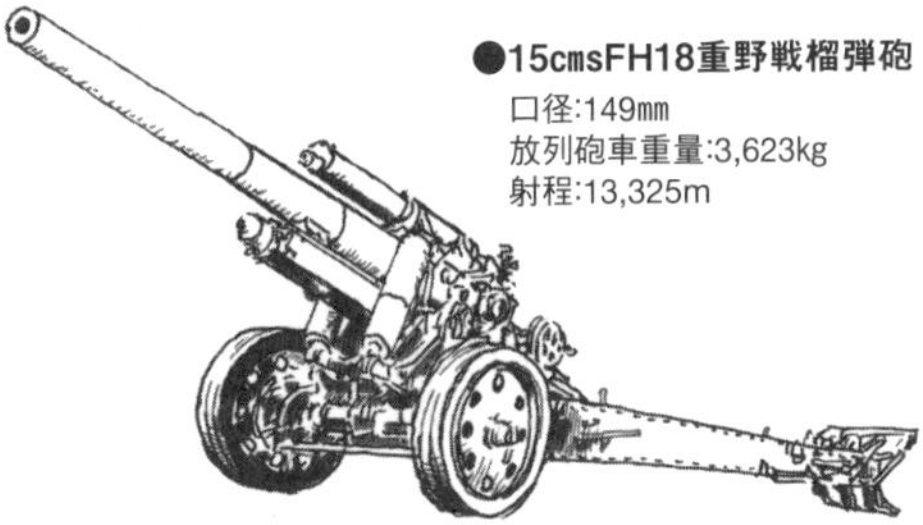

●15cmsFH18重野戦榴弾砲
口径:149㎜
放列砲車重量:3,623kg
射程:13,325m

◎ソ連

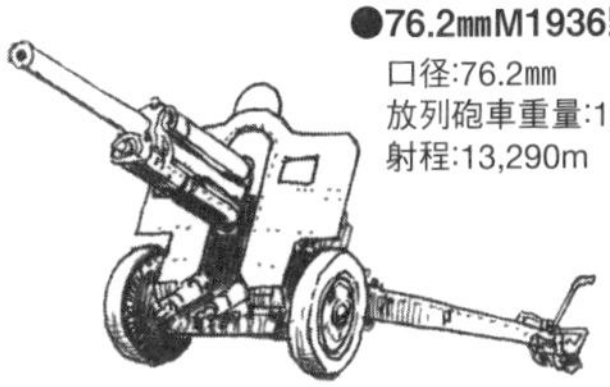

●76.2㎜M1936野砲
口径:76.2㎜
放列砲車重量:1,570kg
射程:13,290m

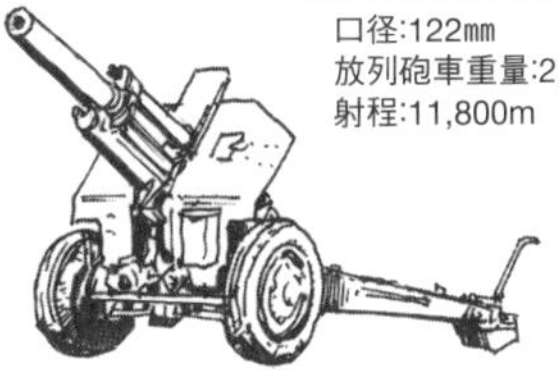

●122㎜榴弾砲M1938
口径:122㎜
放列砲車重量:2,450kg
射程:11,800m

◎日本

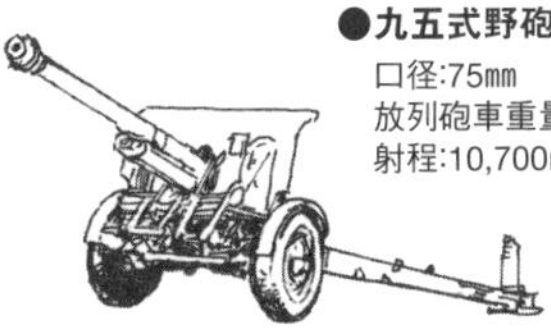

●九五式野砲
口径:75㎜
放列砲車重量:1,108kg
射程:10,700m

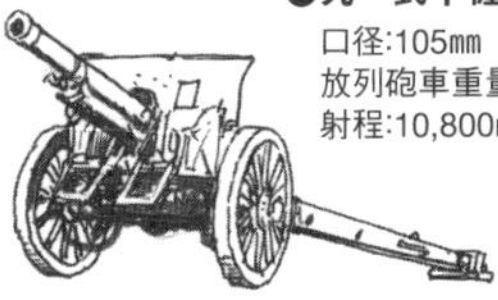

●九一式十糎榴弾砲
口径:105㎜
放列砲車重量:1,500kg
射程:10,800m

が、馬匹牽引中心のドイツ軍や日本軍は砲兵部隊の機動性を維持するために火砲の総重量を抑えざるを得ず、射程や威力の面で大きなハンデを背負うことになった。

これらの火砲による砲撃は、4~6門程度の火砲で構成される砲兵中隊を基本単位として行なわれる。英語では砲兵中隊のことをバッテリー（Battery）というが、クルマのバッテリーや野球のバッテリー（ピッチャーとキャッチャーのひと組）と同じ言葉で、複数の要素が組み合わさって力を発揮することからきている。同じように、砲兵部隊も中隊単位の火砲が一斉に砲撃して初めて効果を発揮するのだ。

歩兵師団の工兵大隊には、歩兵連隊と同数の工兵中隊が所属しているのが一般的だった。攻撃時には、敵陣前の地雷原を探知して掘り出し、敵の設置した鉄条網を爆破筒で破壊するなどの障害処理を行なう。こうした作業は、敵砲火の下で行なわれることも多いため、工兵の損耗も多かった。

防御時には、工兵部隊が地雷原を敷設し蛇腹《じゃばら》鉄条網を設置するなどして防御陣地を構築する。個人用掩体（いわゆるタコツボ）は歩兵が折り畳み式のスコップを使って自力で掘るが、対戦車壕やトーチカなど大きな作業力や専門的な技術力を必要とするものは工兵が担当する。歩兵師団の防御力は陣地に拠るところが大きく、工兵の築城技術は非常に重要だった。

一般に工兵は歩兵に準じて近接戦闘も担当するが、なかでもドイツ軍は工兵の戦闘能力をとくに重視していた。各工兵中隊には多数の火炎放射器や爆薬などが配備されており、敵の強固なトーチカを潰したり、鉄筋コンクリート製の頑丈な建物に立てこもる敵部隊をいぶり出したり、といった危険な戦闘任務に投入された。そのため、独ソ戦中盤のドイツ軍工兵の平均寿命は2~3週間といわれていたほどだ。

こうした戦闘任務に従事する工兵と、もっぱら建設任務などを担当する工兵を区別して、それぞれ「戦闘工兵」と「建設工兵」と呼ぶ。戦闘工兵は、とくに市街戦や要塞攻略戦に欠かすことのできない重要な兵力だった。

通信部隊には、無線機や有線電話など各種の通信機器が配備され、これらを操作する専門の通信兵が所属していた。戦場ではアンテナや電話線を架設して師団の各部隊や上級司令部との間に通信網を構築し、戦闘中もその維持に努めることになる。もし敵の砲撃によって電話線が切断されたら、切断箇所を探してつなぎ直すのだ。

アメリカ軍では優秀な無線機が分隊レベルから師団レベルまで豊富に配備されていたが、日本軍やソ連軍では通信機器が少ないために下級部隊を中心に伝令が多用された。ドイツ軍も通信機材に恵まれていたとはいえず、とくに状況の悪化した大戦末期には自転車伝令を頼るようになった。

師団の補給部隊は、弾薬や糧食、燃料など各種の補給物資を管理し、第一線部隊に供給するのが任務だ。これらの補給物資は、師団直轄の補給部隊から各部隊に所属する段列に引き渡されて第一線に届けられる。

地雷原や障害の設置や処理を行う工兵は、歩兵や砲兵と並んで重要な兵種であった。写真は朝鮮戦争中の1950年7月、橋を爆破するため爆薬を準備するアメリカ軍の工兵

アメリカ軍では歩兵師団の補給部隊もトラックを主力にしていたが、ドイツ軍の動員時期が遅い歩兵師団や日本軍の歩兵師団の補給部隊はトラックと馬匹の混成が多かった。

整備部隊には専門知識を持つ整備員が所属しており、師団の保有する武器や車両などの整備を担当していた。衛生部隊は負傷者の手当てや後方の医療機関への移送を担当し、多数の軍馬を持つ師団では獣医中隊や病馬廠《しょう》も置かれていた。

これらの後方支援部隊の存在によって、各師団は独立した作戦行動をある程度継続することができた。日本軍が師団を「戦略単位」と呼ぶ由縁《ゆえん》だ。

連隊戦闘団とカンプグルッペ

諸兵種連合部隊である歩兵師団は、各兵種のさまざまな機能、すなわち歩兵部隊の近接戦闘能力、偵察部隊の機動力、砲兵部隊の火力、工兵部隊の作業力などを組み合わせることによって総合的な戦力を発揮する。これこそが諸兵種連合部隊の持つ最大の強みなのだ。

その強みを発揮するためには、師団司令部が師団に所属する各部隊の作戦行動を綿密に調整する必要がある。そのために師団司令部にはかなりの要員が配置されているのだが、それでも各部隊のスムーズな連携を実現するのは容易なことではない。

たとえば、攻撃中の歩兵連隊が前方に敵の堅固な陣地を発見したとする。歩兵連隊長が師団司令部に砲撃支援を要求すると、これを受け取った師団長から砲兵連隊長に支援が命じられることになる。師団長からの命令を受け取った砲兵連隊長は、隷下の砲兵大隊長に命令を下して砲撃を行なわせる。

続いて歩兵連隊長が工兵による障害処理を要請すると、砲兵支援と同じように師団長から工兵大隊長に命令が下され、工兵大隊長は隷下の工兵中隊長に歩兵連隊への支援を命じる。状況が変化した場合には、ふたたび師団長－連隊長－大隊長－中隊長という指揮系統に沿って命令が伝達されることになる。

しかし、このように指揮系統に沿っていちいち命令を伝達していては、実際に支援が行なわれるまでにかなりの時間がかかり、状況の変化が激しい場合に的確な対応がとれなくなってしまう。その結果、各部隊がスムーズに連携できなくなり、諸兵種連合部隊としての強みを生かしきれなくなってしまうのだ。

そこで主要各国軍の歩兵師団では、歩兵連隊を基幹として工兵中隊や砲兵大隊などを組み合わせた小ぶりな諸兵種連合部隊を臨時に編成して戦った。各兵科の部隊を一時的に歩兵連隊長の統一指揮下に入れることで指揮系統を短縮し、部隊行動のリアクション・タイム（反応時間）を縮小して作戦テンポを向上させたのだ。

アメリカ軍はこうした連隊基幹の諸兵種連合部隊を「RCT（regimental combat team＝連隊戦闘団）」と呼び、イギリス軍は歩兵旅団にいくつかの支援部隊を組み合わせたものを「ブリゲード・グループ（brigade group＝旅団群）」と呼んだ。日本軍の3単位師団ではしばしば諸兵種連合の「支隊」を編成して歩兵団長（少将ポスト）に指揮させ、ドイツ軍は各種の臨時部隊を「カンプグルッペ（Kampfgruppe＝戦闘団）」と呼んだ。

このように部隊の呼び方は国ごとに異なっていたが、師団よりも規模の小さい諸兵種連合部隊を編成して戦ったという点では

戦闘団の編成

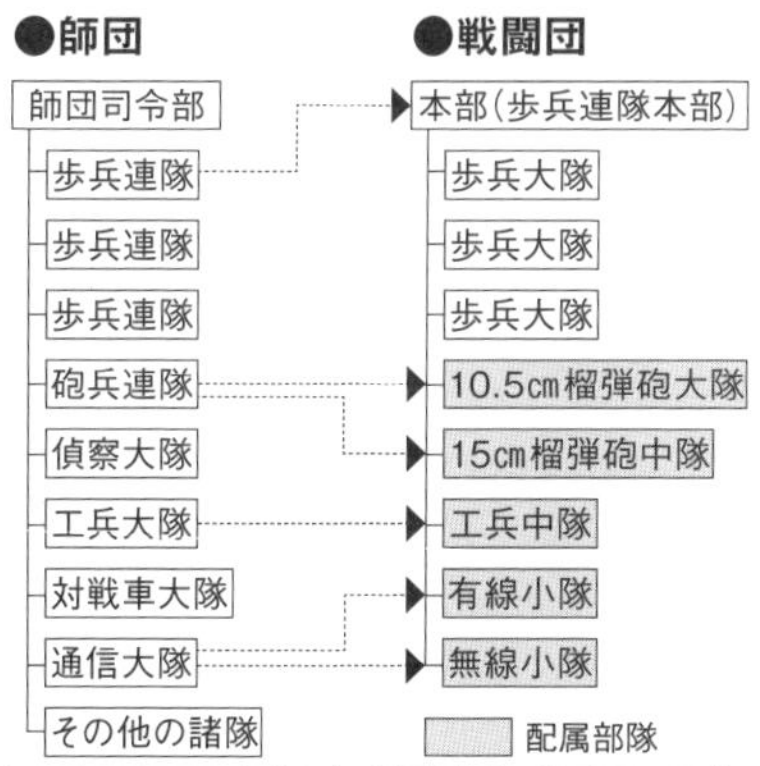

表は、ドイツ軍の一般的な歩兵連隊基幹の戦闘団の編成である。師団隷下の各部隊から必要な部隊を抽出し、歩兵連隊長の指揮下に置く（配属させる）。

主要各国軍とも共通していた。これらの部隊は、師団以下の規模でありながら諸兵種連合部隊としての強みを発揮することができたのだ。

歩兵師団の基本戦術

次に、歩兵師団の基本的な戦術について、2日間の準備期間で攻撃を行なうパターン（いわゆる「二夜準備」の場合）を例にとって見てみよう。

まず、攻撃側は防御側のおよそ2～5倍程度の戦力を集中する。攻撃時に1個師団が担当する戦区の幅はだいたい2～4㎞程度だった。

最初から、その師団に所属する歩兵連隊のすべてが前線に投入されることはまずありえない。1個連隊程度が師団の予備隊に指定されて後方に置かれるからだ。攻撃に参加する歩兵連隊はそれぞれ1～2㎞程度の攻撃正面を担当する。より具体的には、攻撃側の歩兵1個連隊が防御側の歩兵1個大隊ないし1個中隊を攻撃するくらいの比率だ。

師団の偵察部隊ないし前衛部隊は、敵の第一線陣地と思われるところに接触したら、敵陣前の重要地点を確保して師団主力の集結を掩護するとともに敵情の解明にあたる。敵陣地内の兵力や火器の配備、障害の有無などを調べるのだ。こうした情報を収集する隠密偵察や潜入偵察は夜間の方がやりやすいので、日没前に敵陣に接触することが望ましい。

歩兵師団は、基本的には移動からそのまま攻撃に移ることはない。前後に長く伸びた行軍隊形から部隊を集結させて戦闘隊形に移行する必要があるからだ。この際、敵に制空権を握られていると、航空機による対地攻撃によって移動や集結を妨害されることになる。したがって制空権の無い側は、対地攻撃がむずかしい夜間の移動を強要されることになるわけだ。

偵察部隊からの情報が入り次第、師団司令部は敵情の見積もり作業を開始する。夜明け前から午前中にかけては、敵情を勘案して状況を判断し攻撃計画を作成して命令を起案する。そして、遅くとも昼過ぎまでに師団命令を下達し、夕暮れ前には各中隊まで命令が行き渡って現地での調整も済み、夕暮れ時には薄暮を利用した攻撃準備のための

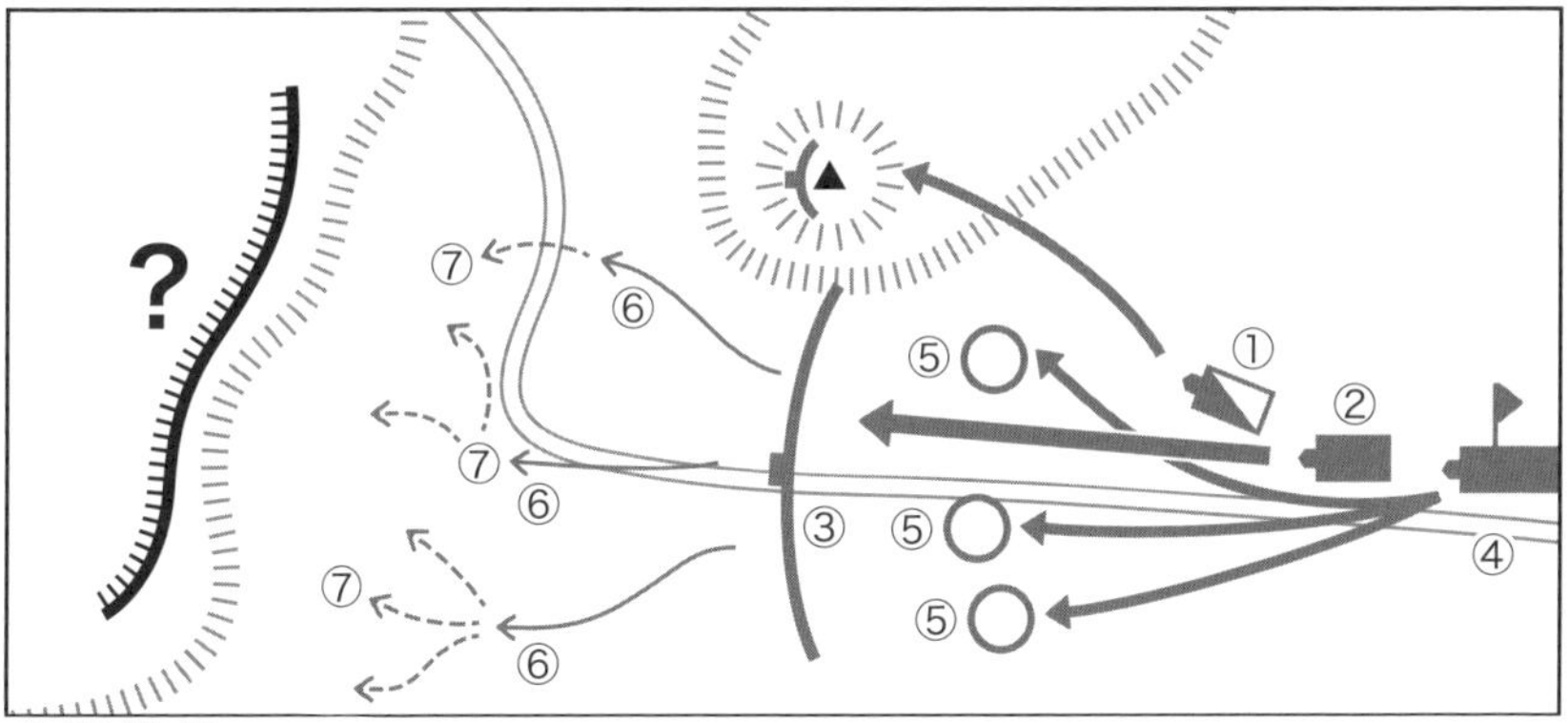

攻撃準備

①前衛部隊は攻撃に必要な地点（緊要地形）を奪取。②師団先遣隊は、③展開しての主力の進出を掩護。次いで主力は展開して⑤集結。⑥その間、攻撃準備のための偵察を行う。また⑦潜入斥候を出すこともある。

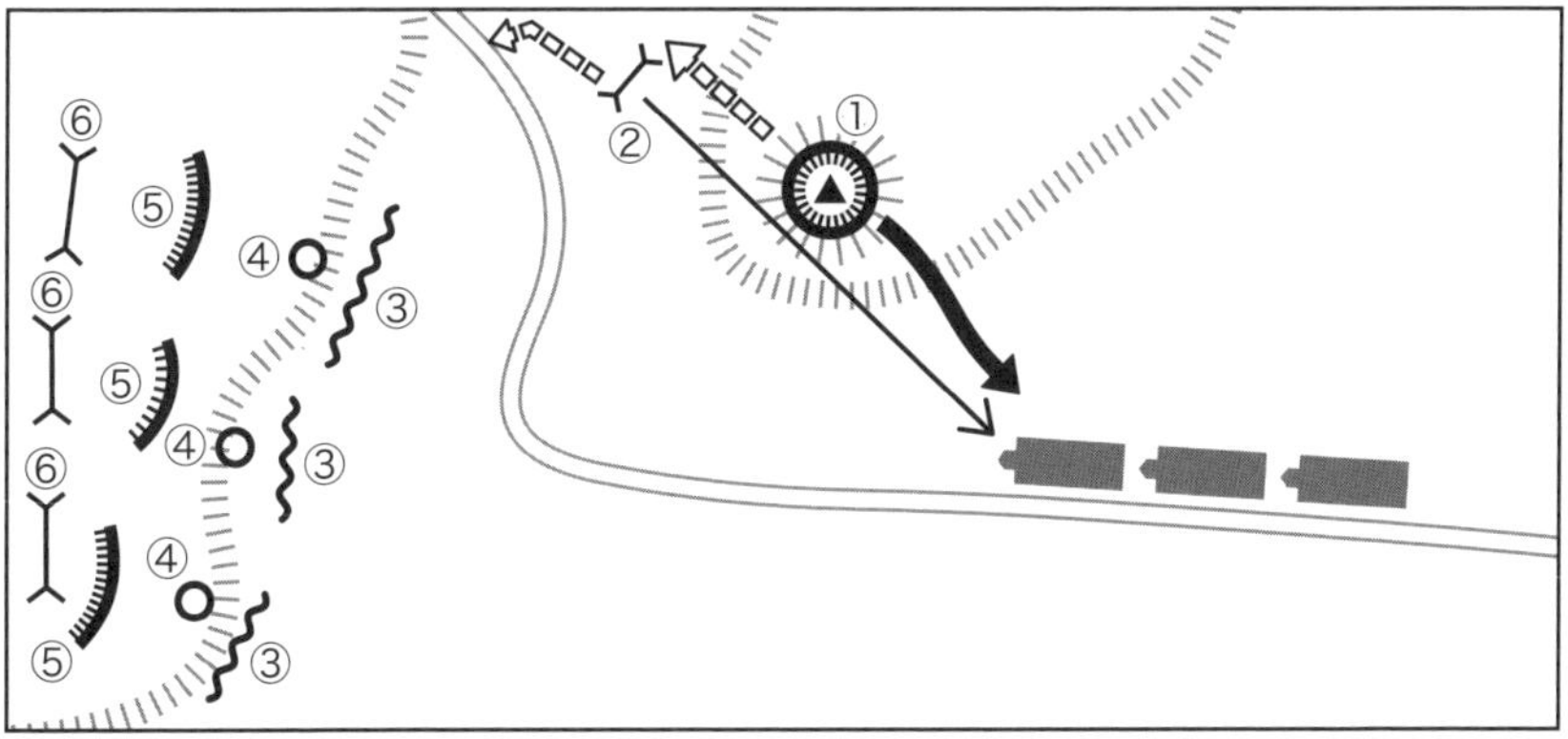

防御

①攻撃側の行動を妨害する前地支隊。②前地支隊を支援する砲兵。後退路は破線矢印の ように丘陵に遮蔽された安全なルートを選ぶ。 ③障害 ④警戒部隊 ⑤主陣地の前縁 ⑥直協砲兵

偵察ができるようにする。これと同時に工兵部隊は薄暮を利用して敵陣前の障害を確認し障害処理の準備を行なう。

第二夜には各部隊が夜間を利用して集結地を推進し攻撃隊形への展開を行なう。夜間のうちに攻撃計画の最終確認を行って、すべての準備を整えて朝を迎えるのが理想だ。

ちなみに「一夜準備」の場合は、前衛部隊は昼過ぎまでに敵陣地に接触し、夕暮れ時までにおおざっぱな攻撃計画を立てて師団命令を下達。夕暮れ時に攻撃準備の偵察を行なって、夜間には部隊を集結させて戦闘隊形に移行。夜明けとともに攻撃を開始し、障害にぶつかったらその場で障害処理の準備をはじめる、という無理の多いかたちになってしまう。

攻撃は、砲兵部隊による攻撃準備射撃からはじまることが多い。第一次世界大戦では、入念に構築された塹壕を破壊するため、数日間にわたって準備射撃が行なわれることもめずらしくなかった。しかし、長時間の射撃を行なうと奇襲効果が薄れて、逆に敵の砲兵部隊から味方部隊の攻撃準備を阻止する攻撃準備阻止射撃を喰うこともあったため、第二次世界大戦では夜明けとともに数時間の準備射撃が行なわれることが多かった。空が明るくなってから砲撃を開始するのは、着弾観測によって砲撃を誘導する必要があるためだ。

奇襲効果を重視する場合には、天明（着弾観測が可能になる時間）前に攻撃を開始する黎明攻撃が行なわれる。攻撃準備射撃はできず、障害処理も暗夜に行なうために問題が出る恐れもあるが、暗いうちに敵陣に接近できるという大きな利点がある。

一方、防御側の師団が担当する戦区の幅は、通常は8～10㎞程度になる。ただし、兵力が足りないときには20㎞を超えることもある。

攻撃の場合と同様に師団隷下のすべての歩兵連隊が前線に投入されることは無く、1個連隊程度は第一線部隊の後縁から1㎞ほど後方に置かれる。3単位師団では1個連隊が幅4〜5㎞ほどの戦区を担当し、後方の予備の歩兵大隊も含めて前後3〜4㎞程度の奥行きを持つ縦深陣地を構築する。各歩兵連隊には、師団砲兵のＤＳ1個大隊を中心とした砲撃支援が与えられる。

主陣地の前方2〜3㎞ほどの範囲には、前哨陣地を置いて小隊から中隊規模の警戒部隊を展開させるとともに、地雷や対戦車壕、蛇腹鉄条網などの障害を設置する。この警戒部隊は、監視やパトロールを行って敵部隊の接近を察知して奇襲を防止すると同時に、敵の兵力や装備などの情報を入手するよう努める。警戒部隊のさらに前方10㎞程度の地域には大隊規模程度の前置支隊を置き、敵部隊を攻撃させて行軍隊形から戦闘隊形への移行を強要して、防御陣地を構築するための時間を稼いだり、攻撃部隊の消耗や疲労を誘ったりすることもある。この場合、前置支隊は土地に執着することなく、味方の砲撃支援を受けられるようにあらかじめ定められたルートを通って時間を稼ぎつつ後退させることになる。このため、はじめから師団砲兵の一部をやや前方に展開させておき、前置支隊の後退を掩護して敵部隊の前進を妨害しつつ、砲兵部隊を後方の砲兵陣地に後退させることになる。

攻撃側の砲兵部隊による攻撃準備射撃がはじまると、防御側の砲兵部隊は師団のＧＳ大隊や軍団直轄の砲兵部隊など長射程の火砲を中心として敵の砲兵部隊を目標とする対砲兵射撃を行なう。発砲時の砲火を捕捉する火光標定や砲声を捕捉する音響標定などによって攻撃側の砲兵部隊の位置を把握し砲撃を加えるのだ。

対砲兵射撃を避けるためには、砲兵陣地を頻繁に変換する必要がある。砲兵部隊が機械化されていれば陣地変換も容易で対砲兵射撃を避けやすくなる。砲兵の機械化は、機動力の向上だけでなく戦闘力の発揮や維持にも大きな効果があるのだ。

　対砲兵戦で敵の砲兵部隊を制圧し火力の優位を獲得した砲兵部隊は、対砲兵戦を継続しつつ敵の近接戦闘部隊（歩兵部隊や戦車部隊など敵に近接して戦闘する部隊のこと）を制圧し味方の攻撃を支援する。攻撃支援射撃では射程を徐々に延ばして着弾地域を前方に移動させていく移動弾幕射撃が行なわれることもある。ただし、弾丸を限度一杯のペースで連続発射する弾幕射撃は弾薬の消費量が非常に大きく、つねに実施できるという訳ではなかった。

　前進中の攻撃部隊を防御部隊から遮蔽するため、攻撃側の砲兵部隊は発煙弾を使うこともある。目標をきちんと視認することができなければ正確な着弾観測を行なうことができ

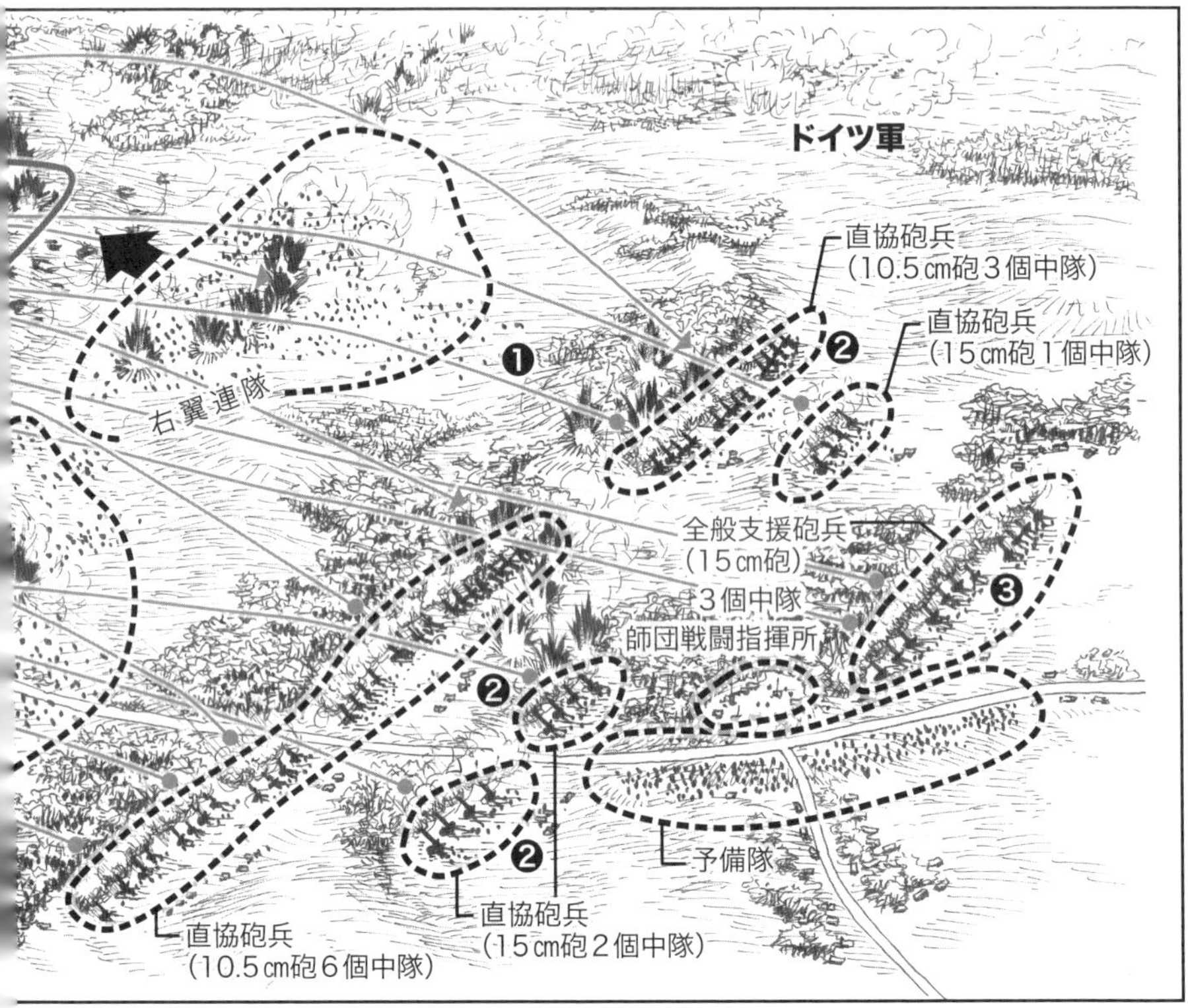

ず、盲撃ちでは大した効果はないからだ。

防御側の砲兵部隊に対する制圧が不十分だと、攻撃側の歩兵部隊は前進中に防御側の砲兵部隊による攻撃前進阻止射撃にさらされ、突撃時にはさらに突撃破砕射撃をくらうことになる。しかし、攻撃側の歩兵部隊の突撃発起にタイミングを合わせて防御側の砲兵部隊が砲弾を叩き込むのは、現実にはなかなかむずかしいことだった。

各歩兵連隊の攻撃については、前章を参照していただきたい。

攻撃側は、前線の連隊が主陣地の突破に成功したら、突出した攻撃部隊が防御側の部隊によって逆包囲されないように突破口を確保し、さらに敵戦線の後方に進出して戦果の拡

歩兵師団の攻撃

イラストは、ドイツ軍歩兵師団が、ソ連軍の防御陣地を攻撃する様子を描いたものである。攻撃フォーメーションの基本は各3個ある歩兵部隊（中隊、大隊、連隊）のうち1個を予備、2個を第一線とし、どちらかの第一線部隊は主攻として火力等を増強する。イラストでは左翼連隊を主攻としているため、10.5cm砲と15cm砲、計8個中隊を集中している。
※ドイツ軍の場合、本来は全般支援として使用される15cm砲を直協砲兵として使用することも多かった。この際、全般支援砲兵は軍/軍団から配属される。また、予備の連隊を支援する砲兵大隊は、当初、第一線の支援を行う。これを「砲兵に予備無し」という。
❶敵陣地を叩く10.5cm砲兵
❷敵の直協砲兵を砲撃する直協任務の15cm砲兵　❸敵の全般支援砲兵を砲撃する15cm砲兵（軍団からの配属部隊）
❹突撃破砕射撃を行うソ連軍直協砲兵　❺ドイツ軍直協砲兵を砲撃するソ連軍全般支援砲兵。

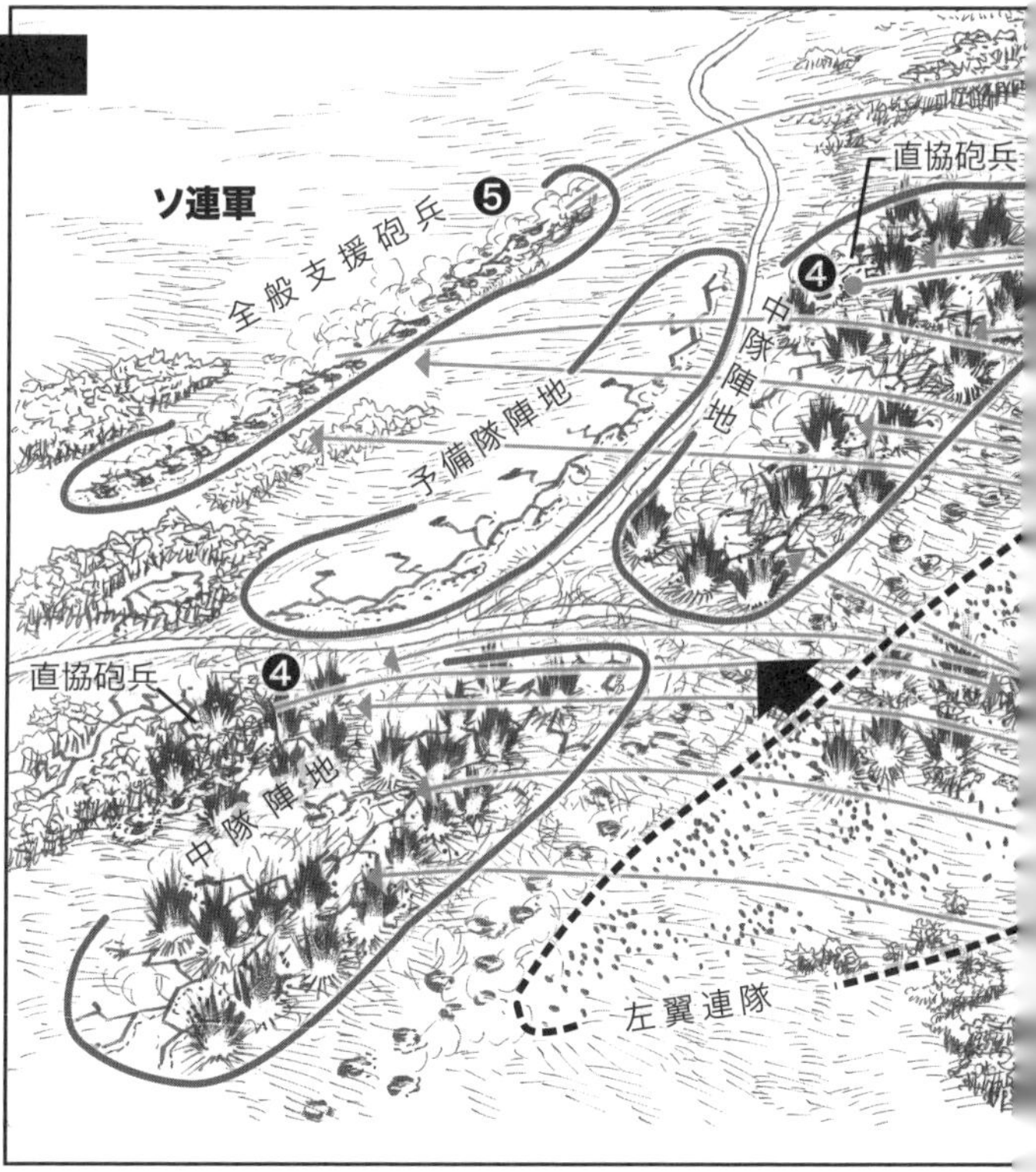

張を図る。必要があれば予備隊も投入する。

主陣地を突破された防御側は、予備隊を投入して戦線にあいた穴をふさぐとともに、敵部隊の攻撃が停滞した時などの戦機をとらえて逆襲を実施し、突出した敵部隊の包囲をねらう。それでも敵部隊の突破を防げないときには、軍団などの上級部隊に予備隊の投入を要請することになる。

師団を支援する軍団、軍直轄部隊

師団の上級部隊は、軍団または軍になる。

ドイツ軍やアメリカ軍、ソ連軍、イギリス軍では、数個師団で軍団、数個軍団で軍を編成していた。日本軍には軍団結節が無く師団の上級部隊は軍であった。軍がいくつか集まると軍集団または方面軍あるいは正面軍となる。

これらの上級部隊には各種の直轄部隊が所属しており、必要に応じて前線の各師団を支援する。たとえば、軍団や軍直轄の砲兵部隊には各師団の全般支援大隊よりもさらに射程が長く威力の大きい火砲が配備されており、戦線後方の重要目標や集結中の敵部隊などに対して射撃を行なう。軍団直轄の独立ロケット砲連隊は重要な攻撃正面の師団戦区に集中配備され、攻城用の重砲を装備する独立重砲兵連隊は要塞攻略を担当する師団を支援する、といった具合だ。

攻城重砲のように特殊な装備は常に必要というわけではない。逆に平地の機動戦では移動に手間のかかる攻城重砲は足手まといになりかねない。ロケット砲も、瞬間的な火力こそ大きいものの、一度発射すると再装填に時間がかかるので持続的な射撃がむずかしいうえに射程が短いなど、攻撃準備射撃以外には非常に使いにくい火砲だった。そのため、こうした特殊な装備を持つ部隊は師団内に常設するようなことはせず、軍団や軍の直轄部隊にしておいて必要な時だけ必要な師団を支援するというかたちを取っていたのだ。

そしてアメリカ軍では、師団レベルの偵察部隊が弱体だった代わりに、各軍団に機械化偵察大隊2個からなる機械化騎兵群を置いて偵察を担当させていた。また、各歩兵師団には、独立の戦車大隊や多数の戦車駆逐車を装備する独立の戦車駆逐大隊、自走対空砲を装備する独立の高射自動火器大隊などを増強した。

そのため、アメリカ軍の歩兵師団は、ドイツ軍の装甲擲弾兵師団（従来の自動車化歩兵師団に戦車大隊を追加するなどの改編を加えて改称したもの）を上回るほどの戦車や対戦車車両を持っており、制空権が確保されて手持ち無沙汰になった自走対空砲による火力支援も受けることができたのだ。

他の主要各国軍も独立した戦車旅団や突撃砲旅団などの直轄部隊を編成して、その一部を歩兵師団の支援に充てていたが、アメリカ軍のように多数の独立部隊による歩兵師団の増強が恒常的に行なわれていた軍隊は他にはなかった。

軍や軍集団には、このような戦闘部隊だけでなく、各種の補給部隊や兵站関係の専門部隊も所属しており、本国からの補給物資を軍集団や方面軍が軍に、軍が軍団や師団に、それぞれ供給していた。したがって、各師団の補給部隊は、軍の設定した補給基地から師団隷下の各部隊への補給のみを担当していたわけだ。そのため、いくら師団がある程度独立した作戦能力を備えているとはいっても、補給基地から数十km以上離れて行動することはできなかったのだ。

戦術の本質とは？

軍団や軍レベルの攻撃を見ると、軍団直轄砲兵や軍直轄砲兵の支援を受けて隷下の各師団が前進するかたちになる。ちょうど師団砲兵の支援で攻撃を行なう歩兵連隊と同じかたちになるのだ。この時、軍や軍集団は隷下のすべての師団を前線に投入せず、一部の師団を軍予備や軍集団予備として保持することが多い。これも、歩兵師団が隷下の歩兵連隊の一部を師団予備にするのと同じかたちだ。

そして、ある師団が敵戦線の突破に成功したら、予備の師団を投入して突破口を確保させたり、その突破口を通って敵戦線の後方に進出させて戦果の拡張を行ったりする。予備部隊の使い方は、師団レベルでも軍レベルでも大して変わらないのだ。

さらにいうと、軍団砲兵の野戦重砲の支援を受けて前進する歩兵師団と分隊の軽機関銃の支援を受けて前進する歩兵個人に、本質的な違いは無いといえる。どちらも「火力による制圧と機動」という本質に変わりは無いからだ。攻撃部隊の規模が分隊から小隊や中隊になり、さらに大隊や連隊から師団や軍になっても、制圧手段が軽機関銃から迫撃砲や歩兵砲になり、さらには榴弾砲や野戦重砲になるというだけの話で、どのレベルでみても「ファイア・アンド・ムーブメント」という本質に大きな変化は無い。その意味では「ファイア・アンド・ムーブメント」こそ戦術の本質といえるだろう（もちろん他の角度から別の見方も成立しうる）。

このことを念頭に置いて大戦中の戦史を読めば、両軍の作戦行動の意味をより深く理解できることと思う。いや大戦中に限らず火器出現以降のあらゆる時代の戦史を読み解く時に、このことを念頭に置いておけば得るものがあるだろう。なぜなら、そこで使われている武器が高性能の突撃銃であろうとマスケットであろうと「ファイア・アンド・ムーブメント」という戦術の本質に変わりはないからだ。

各国の歩兵師団の編制例

日本陸軍 3単位師団の編制
(1942年:第16師団)

- 師団司令部
  - 歩兵団
    - 歩兵連隊
      - 歩兵大隊 ×3(*2)
      - 歩兵砲中隊 7.5cm山砲×4
      - 速射砲中隊 37mm速射砲×4(*3)
      - 通信中隊
    - 歩兵連隊 (編制は上記歩兵連隊と同)
    - 歩兵連隊 (編制は上記歩兵連隊と同)
  - 捜索連隊
    - 乗車中隊 ×2
    - 軽装甲車中隊
    - 通信小隊
  - 野砲兵連隊 7.5cm野砲×24、10cm榴弾砲×12
    - 野砲大隊(自動車化)
    - 野砲大隊
    - 榴弾砲大隊
  - 工兵連隊
    - 工兵中隊 ×3
    - 器材小隊
  - 輜重兵連隊
    - 輓馬中隊
    - 自動車中隊 ×2
  - 師団通信隊
  - 師団衛生隊
    - 担架中隊 ×3
    - 車両小隊
  - 師団野戦病院 ×3
  - 師団病馬廠
  - 師団防疫給水部
  - 師団兵器勤務隊

*1…4個歩兵中隊、1個機関銃中隊。
*2…3個歩兵中隊、1個機関銃中隊、1個歩兵砲小隊。
*3…速射砲は対戦車砲の日本軍名称。

日本陸軍 4単位師団の編制
(1941年:第18師団)

- 師団司令部
  - 歩兵旅団
    - 歩兵連隊
      - 歩兵大隊 ×3(*1)
      - 歩兵砲中隊 7.5cm山砲×4
      - 機関銃中隊 重機関銃×8
    - 歩兵連隊 (編制は上記歩兵連隊と同)
  - 歩兵旅団 (編制は上記歩兵旅団と同)
  - 山砲兵連隊 7.5cm山砲×24、7.5cm野砲×12
    - 山砲大隊 ×2
    - 野砲大隊
  - 工兵連隊
    - 工兵中隊 ×2
  - 輜重《しちょう》兵連隊
    - 輓馬中隊 ×4
    - 馬　廠
  - 騎兵大隊
    - 騎兵中隊 ×2
    - 機関銃小隊
  - 師団通信隊
  - 師団衛生隊
  - 師団野戦病院 ×3
  - 師団病馬廠
  - 師団兵器勤務隊

太平洋戦争初期の日本陸軍は、4単位師団と3単位師団の2つを保有していた。表は、マレー戦で活躍した第18師団と、フィリピン攻略に投入された第16師団で、第18師団は部隊単位の多さを活かして別働隊(佗美《たくみ》支隊)を編成、上陸作戦に活躍した。第16師団は「軍備充実計画」に基づく3単位師団で、半自動車化師団でもあった。

作成／樋口隆晴(出典:『歴史群像アーカイブ volume 2 ミリタリー基礎講座 戦術入門WWⅡ』)

アメリカ陸軍
空挺師団の編制
(1944年6月:第101空挺師団)

- 師団司令部
  - 落下傘歩兵連隊
    - 落下傘歩兵大隊 ×3
  - 落下傘歩兵連隊
    - 落下傘歩兵大隊 ×3
  - グライダー歩兵連隊
    - グライダー歩兵大隊 ×3
  - グライダー歩兵連隊
    - グライダー歩兵大隊 ×3
  - 師団砲兵司令部 75mm軽榴弾砲×36
    - 落下傘野砲大隊 ×2
    - グライダー野砲大隊 ×2
  - 空挺対空大隊 .50口径(12.7mm)対空機関銃×36
    - 高射自動火器中隊 ×3
  - 空挺工兵大隊
  - 通信中隊
  - 衛生中隊
  - 武器整備中隊
  - 補給中隊

アメリカ陸軍
歩兵師団の編制
(1944年)

- 師団司令部
  - 歩兵連隊
    - 歩兵大隊 ×3
    - 対戦車砲中隊 57mm戦車砲×9
    - 火砲中隊 105mm榴弾砲×6
  - 歩兵連隊 (編制は上記歩兵連隊と同)
  - 歩兵連隊 (編制は上記歩兵連隊と同)
  - 師団砲兵司令部 105mm榴弾砲×36、155mm榴弾砲×12
    - 司令部中隊
    - 砲兵大隊 ×3
    - 砲兵大隊
  - 工兵大隊
    - 工兵中隊 ×3
  - 衛生大隊
    - 搬送中隊 ×3
    - 野戦病院中隊
  - 偵察中隊
  - 通信中隊
  - 武器整備中隊
  - 補給中隊
  - 独立戦車大隊 中戦車×59、軽戦車×17
    - 中戦車中隊 ×3
    - 軽戦車中隊
  - 独立戦車駆逐大隊 戦車駆逐車×36
    - 戦車駆逐中隊 ×3
  - 独立高射自動火器大隊 自走対空砲×32
    - 高射自動火器中隊 ×3

※網掛けは配属部隊

第2次大戦参戦各国中、最も充実した編制装備を持っていたのがアメリカ軍である。歩兵師団は完全自動車化となっており、戦車および戦車駆逐大隊が常時配属されていた。空挺師団は広域に展開するために4個の歩兵連隊を保有するが、その中には重装備を運搬するためグライダー歩兵連隊が存在した(グライダー歩兵連隊と落下傘歩兵連隊の比率は時期により変化する)。上陸作戦用歩兵師団である海兵師団は、155mm砲大隊が無いかわりに戦車大隊を建制として保有しており、また海岸堡設定のため建設工兵大隊を持つ。

作成／樋口隆晴(出典:『歴史群像アーカイブ volume 2 ミリタリー基礎講座 戦術入門WWⅡ』)

ドイツ陸軍 歩兵師団の編制
（1939年）

- 師団司令部
  - 歩兵連隊
    - 歩兵大隊 ×3
    - 歩兵砲中隊　15cm重歩兵砲×2、17.5cm軽歩兵砲×6
    - 対戦車砲中隊（m）　3.7cm対戦車砲×12（*1）
  - 歩兵連隊（編制は上記歩兵連隊と同）
  - 歩兵連隊（編制は上記歩兵連隊と同）
  - 砲兵連隊
    - 観測大隊
    - 軽野戦榴弾砲大隊 ×3　10.5cm軽野戦榴弾砲×36
    - 重野戦榴弾砲大隊　15cm重野戦榴弾砲×12
  - 偵察大隊
    - 騎兵中隊
    - 偵察中隊（m）
    - 重装備偵察中隊（m）　3.7cm対戦車砲×3、7.5cm歩兵砲×2、軽装甲車×2
  - 工兵大隊
    - 工兵中隊 ×2
    - 工兵中隊（m）
    - 架橋段列（m）
  - 対戦車大隊（m）　3.7cm対戦車砲×36、2cm対空機関砲×12
    - 対戦車中隊（m） ×3
    - 軽対空中隊（m）
  - 通信大隊
  - 補給隊
    - 補給段列（m） ×8
    - 燃料段列（m）
    - 補給中隊（m）
    - 整備中隊（m）
  - 管理隊
    - 精肉中隊（m）
    - 製パン中隊（m）
    - 兵站部（m）
  - 衛生隊
    - 衛生中隊
    - 衛生中隊（m）
    - 救急車段列
    - 野戦病院（m）
  - 獣医中隊
  - 野戦郵便局（m）
  - 野戦憲兵隊（m）
  - 野戦補充大隊

*1（m）…自動車化

アメリカ海兵隊 海兵師団の編制
（1945年）

- 師団司令部
  - 司令部大隊
  - 海兵連隊
    - 海兵大隊 ×3
  - 海兵連隊
    - 海兵大隊 ×3
  - 海兵連隊
    - 海兵大隊 ×3
  - 海兵砲兵連隊　105mm榴弾砲×48（*1）
    - 砲兵大隊 ×4
  - 海兵戦車大隊　中戦車×46
    - 戦車中隊 ×3
  - 水陸両用装甲牽引車大隊　LVT（A）×75、LVT-4×6
    - 水陸両用装甲牽引車中隊 ×4
  - 工兵大隊
  - 建設工兵大隊
  - 支援大隊
  - 補給中隊
  - 武器整備中隊
  - 輸送大隊
    - 輸送中隊 ×3
  - 通信大隊
  - 衛生大隊
  - 水陸両用装甲牽引車大隊 ×2（*2）

*1…105mm榴弾砲×36、76mm軽榴弾砲×12の場合もある。
*2…作戦により数は変更される。

ドイツ陸軍
装甲擲弾兵師団の編制
(1944年)

師団司令部

- 装甲擲弾兵連隊(m)
  - 装甲擲弾兵大隊(m) ×3
  - 重歩兵砲中隊(gp) 15cm自走重歩兵砲×6 (*6)
  - 対戦車中隊(m) 7.5cm対戦車砲×9
- 装甲擲弾兵連隊(m) (編制は上記連隊と同)
- 装甲砲兵連隊(m)
  - 連隊本部大隊(m)
  - 軽野戦榴弾砲大隊(m) 10.5cm軽榴弾砲×12
  - 混成砲兵大隊(gp) 10.5cm自走撃榴弾砲×8、15cm自走重榴弾砲×4
  - 重野戦榴弾砲大隊 15cm重榴弾砲×12
- 装甲偵察大隊(gp)
  - 偵察中隊(gp) ×3
  - 重火器中隊(gp) 重機関銃×4、81mm迫撃砲×10
- 戦車大隊 戦車×48 (*7)
  - 戦車中隊 ×3
- 対戦車大隊(gp) 7.5cm自走対戦車砲×31、7.5cm対戦車砲×12
  - 対戦車砲中隊(gp) ×2
  - 対戦車砲中隊(m)
- 対空大隊(m) 8.8cm対空砲×8、2cm高射機関砲×18
  - 重対空中隊 ×2
  - 軽対空中隊
- 装甲工兵大隊(gp) 重機関銃×6、81mm迫撃砲×6
  - 工兵中隊(m) ×2
  - 工兵中隊(gp)
  - 軽架橋段列(m)
- 通信大隊(m)
- 補給隊(m)
- 管理隊(m)
- 衛生隊
- 整備隊(m)
- 野戦憲兵隊
- 野戦郵便局

「電撃戦」のイメージが強いドイツ軍であるが、数の上での主力となる歩兵師団は、輓馬編制の古典的なものであった。戦争後半になると、相次ぐ損害で従来型の師団の編成が困難となり、右表のような師団または2個連隊編制の師団となる。一方、装甲師団と共に戦う装甲擲弾兵師団(「擲弾兵」の名称は1943年から)は、実際には機械化歩兵師団というよりも自動車化歩兵師団でしかなく、また編制内の戦車大隊も、実際に戦車が装備されたのは1942年の第16自動車化歩兵師団など短期間、少数にとどまった。作成/樋口隆晴(出典:『歴史群像アーカイブ volume 2 ミリタリー基礎講座 戦術入門WWII』)

ドイツ陸軍
歩兵師団の編制
(1944年)

師団司令部

- 歩兵連隊 (*2)
  - 歩兵大隊 ×2
  - 歩兵砲中隊
  - 戦車駆逐中隊(m) (*3)
- 歩兵連隊 (編制は上記歩兵連隊と同)
- 歩兵連隊 (編制は上記歩兵連隊と同)
- 砲兵連隊
  - 軽野戦榴弾砲大隊 10.5cm軽野戦榴弾砲×12
  - 重野戦榴弾砲大隊 15cm重野戦榴弾砲×12
- フュージリアー大隊 (*4)
  - 自転車化小銃中隊
  - 小銃中隊
  - 重火器中隊
- 工兵大隊
  - 工兵中隊 ×2
  - 自転車化工兵中隊
- 戦車駆逐大隊
  - 戦車駆逐中隊(m) (*5)
  - 突撃砲中隊 (*5)
  - 対空砲中隊(m)
- 通信大隊
- 補給隊
  - 輸送中隊(m)
  - 輸送中隊
  - 半自動車化補給中隊
  - 整備中隊
- 管理隊
  - 精肉中隊(m)
  - 製パン中隊(m)
  - 兵站部(m)
- 衛生隊
  - 衛生中隊
- 獣医中隊
- 野戦郵便局(m)
- 憲兵隊(m)
- 野戦補充大隊

*2…2個大隊タイプの連隊。
*3…7.5cm対戦車砲×9、パンツァーシュレック×36の場合もある。
*4…偵察大隊の代替としての軽歩兵大隊。
*5…または戦車駆逐車中隊。
*6 (gp)…装甲化
*7…実際には突撃砲装備。

ソ連赤軍 自動車化歩兵旅団の編制
(1944年)

- 旅団本部
  - 自動車化歩兵大隊 ×3
  - 砲兵大隊 76.2mm野砲×12
  - 重迫撃砲大隊
  - 偵察中隊 装甲車×7、装甲兵員輸送車×10
  - 地雷敷設工兵中隊
  - 高射機関銃中隊
  - 短機関銃中隊
  - 対戦車銃中隊 14.5mm対戦車銃×18
  - 整備中隊
  - 輸送中隊
  - 衛生小隊

ソ連赤軍 歩兵師団の編制
(1944年)

- 師団司令部
  - 歩兵連隊
    - 歩兵大隊×3
    - 歩兵砲中隊 76.2mm歩兵砲×4
    - 重迫撃砲中隊 120mm迫撃砲×7
    - 対戦車銃中隊 14.5mm対戦車銃×27
    - 短機関銃中隊
    - 対戦車砲中隊 45mm対戦車砲×6
  - 歩兵連隊（編制は上記狙撃連隊と同）
  - 歩兵連隊（編制は上記狙撃連隊と同）
  - 砲兵連隊 76.2mm野砲×24、122mm榴弾砲×12
    - 混成砲兵大隊×3（＊1）
  - 自動車化対戦車大隊 14.5mm対戦車銃×18、45mm対戦車砲×12
    - 対戦車銃中隊
    - 対戦車砲中隊×2
  - 工兵大隊
  - 衛生大隊
  - 偵察隊
  - 通信中隊
  - 自動車化高射機関銃中隊 12.7mm高射機関銃×18
  - 補修中隊
  - 輸送中隊
  - 製パン隊
  - 野戦病院

＊1=76.2mm野砲2個中隊、122mm榴弾砲1個中隊で編成。

ソ連赤軍の歩兵師団は、その軍事思想に忠実に、歩兵用重火器から野砲まで火力の充実が図られている反面、緒戦の大損害の中で師団の増設を図ったため、各種の支援部隊が中隊規模と小さいのが特徴だ。また、機動打撃兵団を構成する戦車軍団と機械化軍団に編合される自動車化歩兵は、師団ではなく旅団が最大の戦術単位であった。

作成／樋口隆晴（出典:『歴史群像アーカイブ volume 2 ミリタリー基礎講座 戦術入門WWⅡ』）

イギリス陸軍の歩兵師団の編制
(1944年)

- 師団司令部
  - 歩兵旅団
    - 歩兵大隊 ×3
    - 支援中隊
  - 歩兵旅団（編制は上記歩兵旅団と同）
  - 歩兵旅団（編制は上記歩兵旅団と同）
  - 師団砲兵隊 25ポンド砲×36
    - 砲兵司令部
    - 砲兵連隊 ×3（*1）
    - 対戦車砲連隊 6ポンド砲×16、17ポンド砲×36（*2）
    - 軽対空砲連隊
  - 偵察連隊 装甲車×21、6ポンド対戦車砲×6
    - 偵察大隊 ×3
    - 対戦車砲中隊
  - 機関銃大隊 4.2インチ迫撃砲×16、重機関銃×36
    - 偵察大隊
    - 対戦車砲中隊 ×3
  - 師団工兵隊
    - 工兵中隊 ×3
    - 車両修理処中隊
    - 架橋小隊
  - 師団補修隊
    - 補修処(歩兵旅団担当) ×3
    - 補修処(直轄部隊担当)
  - 師団補給部隊
    - 補給中隊(歩兵旅団担当) ×3
    - 補給中隊(直轄部隊担当)
  - 需品補給隊
  - 通信隊
  - 衛生隊
  - 憲兵隊

*1…大隊規模。
*2…17ポンド対戦車自走砲に変更。

イギリス歩兵師団は、その伝統から、歩兵旅団——歩兵大隊の指揮結節を持つ（連隊は戦闘部隊ではなく管理部隊として存在する）。また本来は歩兵部隊に編合される重機関銃と迫撃砲隊が師団直轄部隊として存在するのも伝統的制度に由来する。近世ヨーロッパの軍隊の伝統を色濃く残すのがイギリス軍の特徴といえる。
作成／樋口隆晴（出典:『歴史群像アーカイブ volume 2 ミリタリー基礎講座 戦術入門WWⅡ』）

第二部

機甲部隊

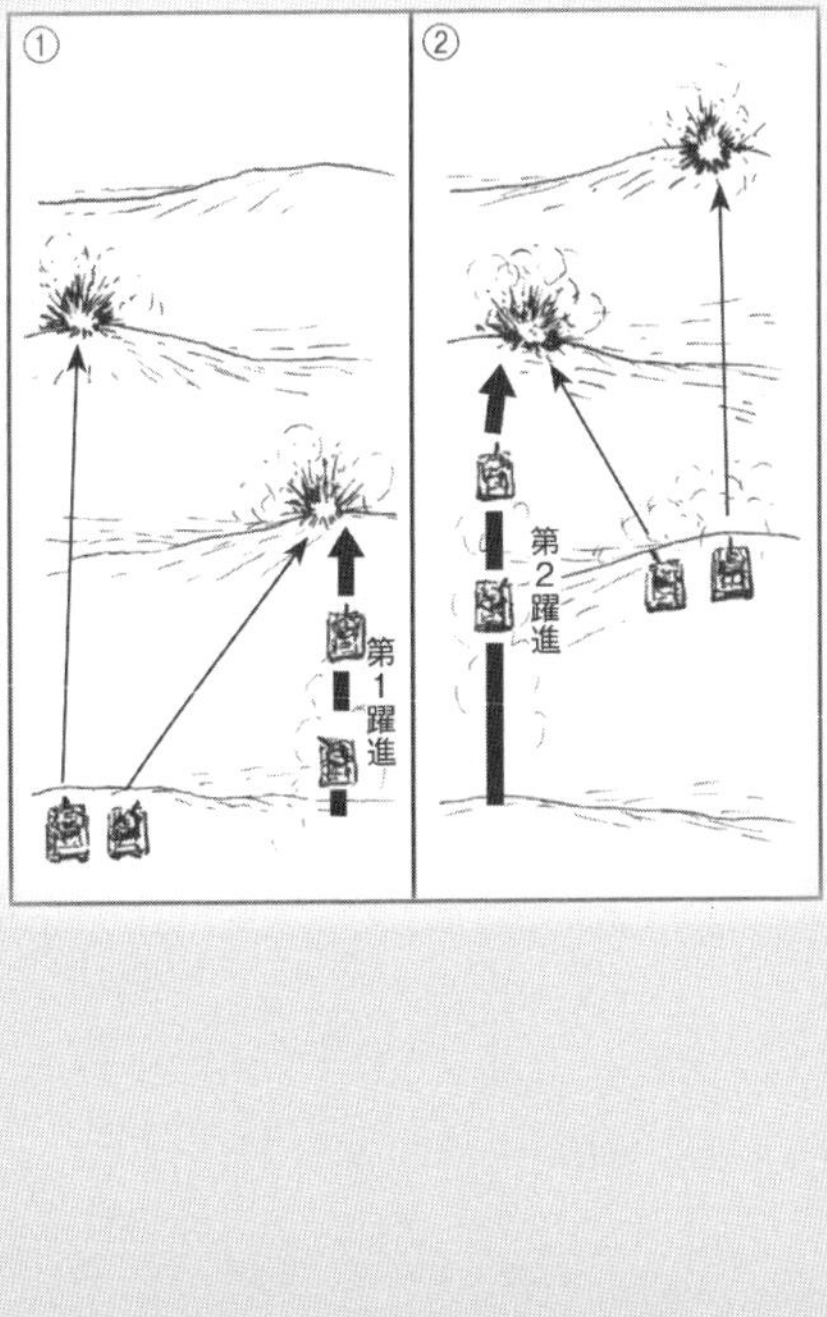

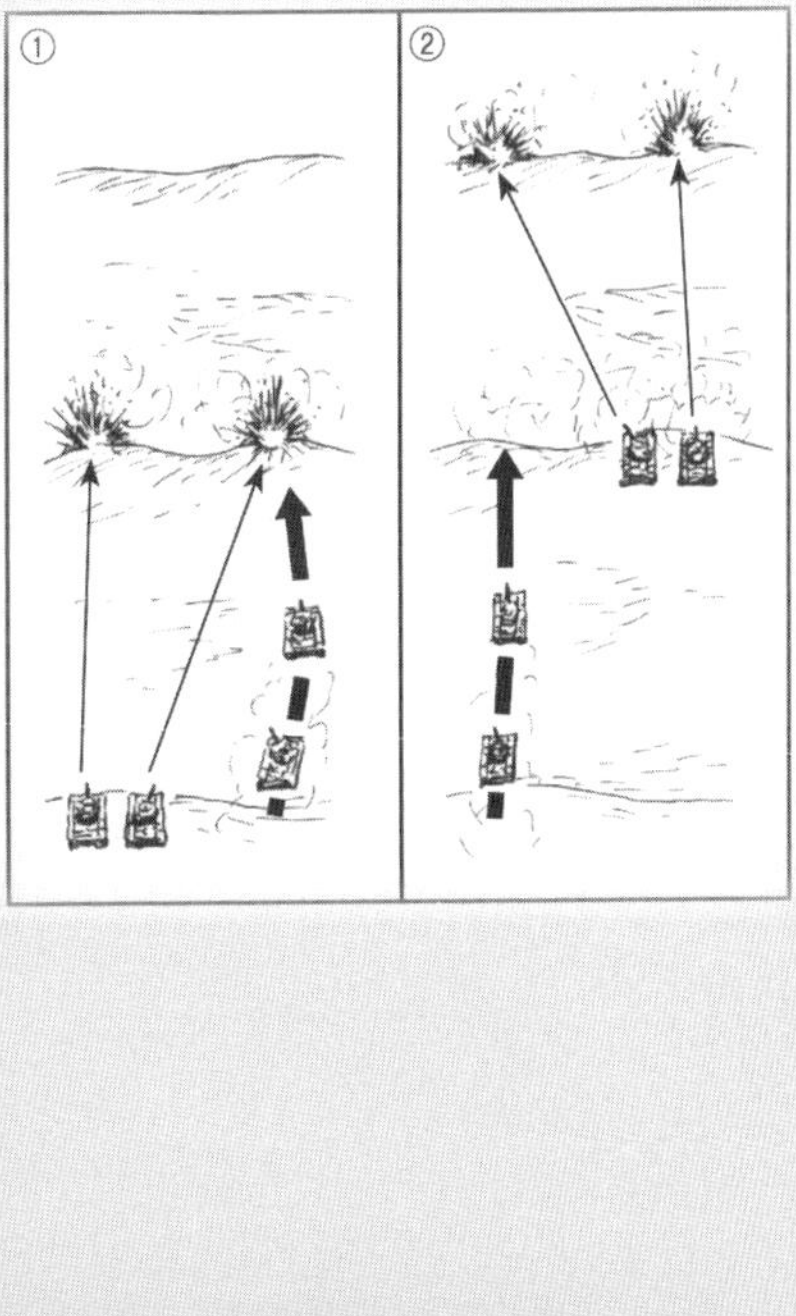

攻撃兵力の中核を担った機甲部隊

第一次世界大戦中の主要各国の陸軍では、歩兵部隊が主力となっていた。同大戦の後半になると英仏連合軍を中心にいくつかの戦車部隊も編成されたが、当時の戦車は歩兵の支援用と考えられており、攻撃部隊の主力とは考えられていなかった。

しかし、第二次世界大戦が始まると、ドイツ軍の戦車を中心とする機甲部隊（ドイツ軍のものは「装甲部隊」と訳されることが多い）がポーランドやフランスなどで快進撃を見せ、主要各国の陸軍では機甲部隊が攻撃兵力の中核として考えられるようになった。そして同大戦が終わる頃には、少なくとも欧州戦線では機甲部隊無しの大攻勢など考えられないほどになった。

したがって、第二次世界大戦中の戦史を深く理解するためには、機甲部隊の戦術や、それを実現するための編制に対する理解が欠かせないのだ。

そこで、この第二部では、第二次世界大戦に参戦した主要各国軍の機甲部隊の編制や戦術にスポットを当てて解説を加えてみようと思う。

1940年5月の対フランス戦におけるドイツ第7装甲師団の38（t）戦車隊。第7装甲師団はロンメル将軍が指揮し、神出鬼没の動きから「幽霊師団」と称された

第1章　単車～戦車小隊

戦車の乗員数と戦闘力

　では、はじめに戦車の乗員とその役割、そして乗員数が持つ意味から見てみよう。

　たとえば、第二次世界大戦初期のフランス軍の戦車は、戦車を指揮する車長（戦車長）と戦車を操縦する操縦手の2名乗りが多かった。車体上の回転砲塔の中にいるのは車長だけなので、主砲を操作する砲手や主砲に弾薬を装填する装填手の役割もこなさなければならず、戦闘の指揮に専念することができなかった。

　戦車間の連絡は、全車に無線機を搭載するのが遅れたために、搭載していない車両はおもに砲塔上の小さなハッチから突き出される手旗によって行なわれることになっていた。しかし、ただでさえ視野の狭い戦車の中から、1人3役の車長が戦闘中に手旗を出したり、それを確認したりすることは困難であり、複数の戦車がスムーズに連携してすばやい行動をとることはむず

車体に短砲身75㎜砲、砲塔に長砲身47㎜砲を搭載したフランス軍のシャールB1。28トンもある重戦車だったが、砲塔は小さく、車長の一人乗りだった

2人乗り砲塔と3人乗り砲塔の違い

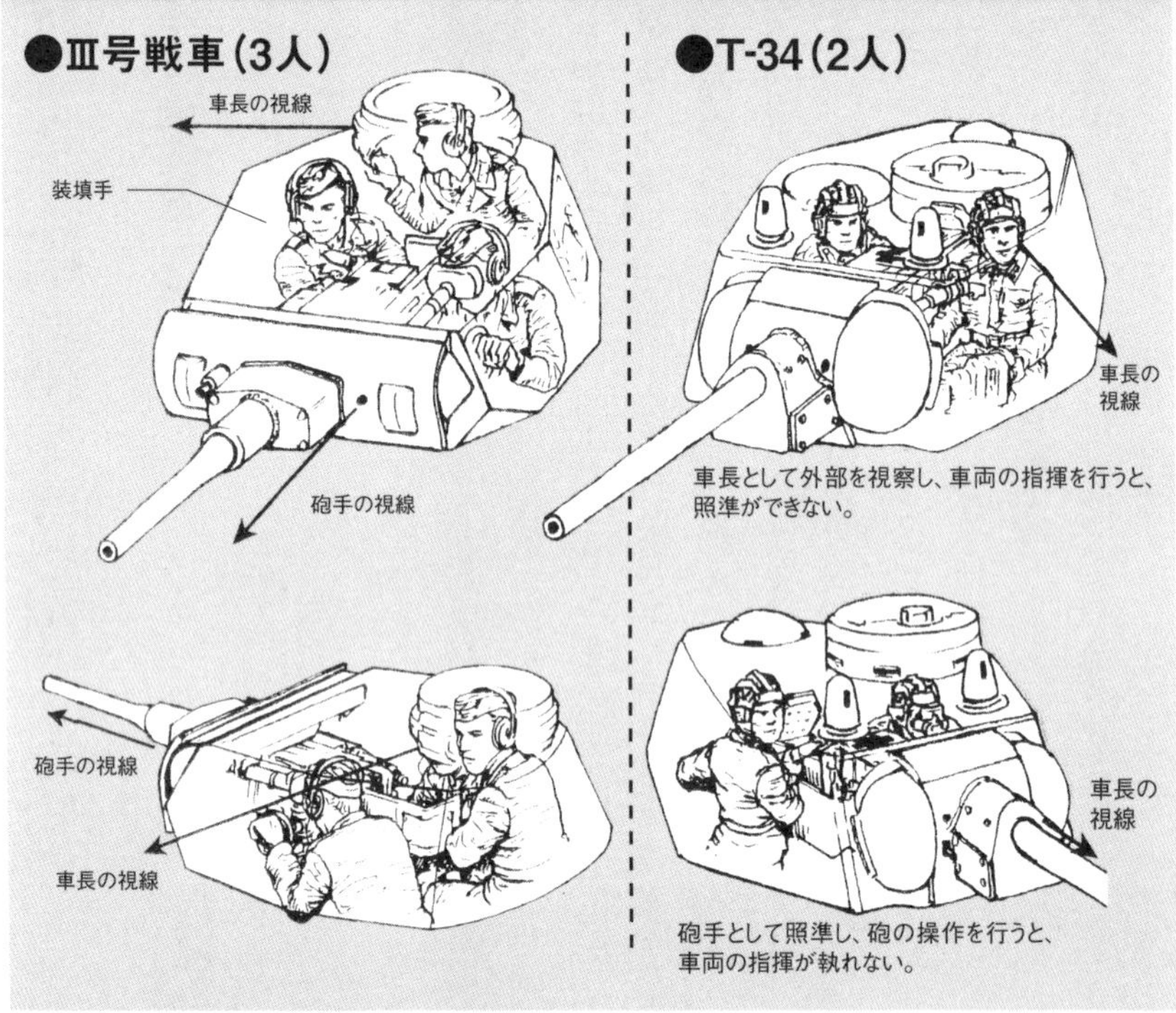

イラストは、独ソ戦初期の独ソ両軍の主力であるⅢ号戦車とT-34（76㎜砲装備）の砲塔内を比べたものである。車長が砲手を兼ねたT-34では、照準の際に指揮官不在になる。速度が重視される戦車戦で、これは致命的な欠点であった。これが、火力・機動力・装甲防護力の総てにおいてⅢ号戦車を凌駕していたT-34が苦杯を舐めた理由である。また2人乗り砲塔でも砲手が装填手を兼ねる日本戦車は、車長が独立して指揮を執れた。
※イラストでは、Ⅲ号戦車の車長は、砲手が照準している間に他の方向を見ているが、実際には射撃のさいに着弾の観測を行う。

かしかった。

一方、ドイツ軍のⅢ号戦車やⅣ号戦車は、車長、砲手、装填手、操縦手、無線手の5名乗りで、砲塔内には車長、砲手、装填手の3名が乗車し、車長は戦闘の指揮に専念することができた。また、基本的にはすべての戦車に無線機が搭載されており、他の戦車と連携の取れた戦闘を展開することができたのだ。

加えて、専任の装填手が乗車していたので、主砲の弾薬をすばやく再装填できた。言い方をかえると、主砲の発射間隔が

ドイツ軍の戦車用無線機

迅速で柔軟な指揮をもって勝利を得たドイツ軍戦車隊の秘密兵器が、全車両に搭載された無線電話であった。イラストの戦車標準型無線機は電話/電信兼用の超短波無線機で、10ワット送信機と受信機から構成される。電波の到達距離は、2mのロッド・アンテナを使用する場合、移動時に電話で2km、電信4km。停止時に電話4km、電信6kmであった。

●ヘッドセット（コープフハオベA）

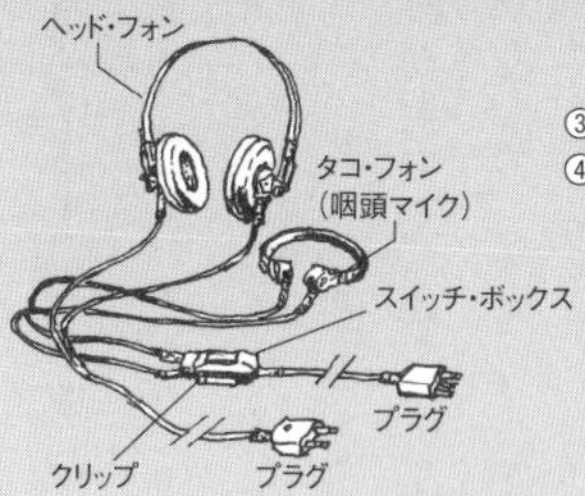

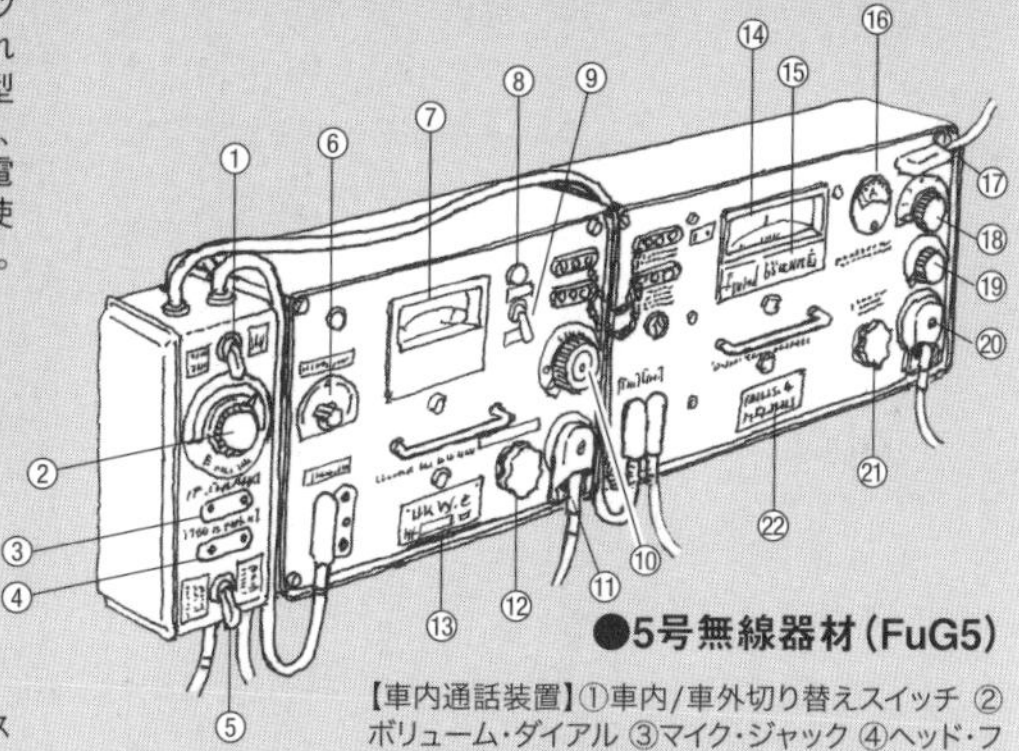

●5号無線器材（FuG5）

【車内通話装置】①車内/車外切り替えスイッチ ②ボリューム・ダイアル ③マイク・ジャック ④ヘッド・フォン・ジャック ⑤車長/無線手切り替えスイッチ

【受信機】⑥雑音除去つまみ ⑦周波数目盛り ⑧パイロット・ランプ ⑨受信モード切り換えスイッチ ⑩ボリューム・ダイアル ⑪変圧器からのコード ⑫周波数調整ダイアル ⑬銘板（受信機名と製造番号）

【送信機】⑭周波数目盛り ⑮「敵も聞いているぞ!!」の文字 ⑯電圧計 ⑰アンテナ・ケーブル ⑱ボリューム・ダイアル ⑲メイン・スイッチ（兼電話電信切り換えダイアル）⑳変圧器からのコード ㉑周波数調整ダイアル ㉒銘板（送信機名と製造番号）

短く、発射速度（ファイア・レート）が速いので、フランス軍の戦車に比べて単位時間当たりの命中率が高かったのだ。

たとえば、仮にある距離での主砲の命中率が20パーセントだったとすると、その砲の発射速度が毎分5発なら1分間当たりの命中弾数は1発だが、発射速度が毎分15発なら1分間の命中弾数3発になる計算だ。あたり前の話だが、発射速度が3倍になれば命中弾も3倍に増えるのだ。

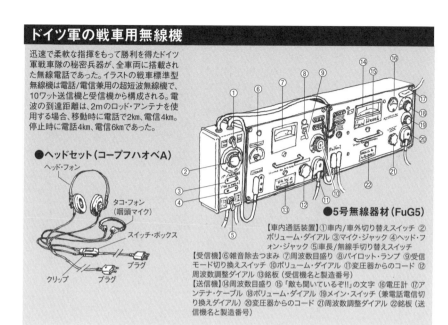

このように、砲塔内の乗員が3名かそれ以下か、車長が戦闘の指揮に専念できるかどうか、で戦車の戦闘力には大きな差が生じる。主砲の装甲貫徹力や装甲厚といった表面的なスペックだけでは、戦車の戦闘力を比較することはできないのだ。

大戦中にソ連軍の戦車部隊の主力となったT-34中戦車は4名乗りで、砲塔は車長兼砲手（または兼装填手）と装填手（または砲手）の2名用だったために、車長が戦闘の指揮に専念することができなかった。加えて、独ソ戦の初期には車載無線機が不足していたので、前述のフランス戦車と同じような運用上の問題を抱えていた。そのため、１９４４年には主砲の大口径化とともに、砲塔を大型の３名用に改めたＴ‐34‐85の生産が開始されている。

イギリス軍では、大戦初期の巡航戦車Mk.Ⅲ（Ａ13）や歩兵戦車Mk.Ⅱ（Ａ12）マチルダなどで、すでに３名用の砲塔が採用されていた。アメリカ軍では大戦参戦前に量産が始められたＭ３中戦車が３名乗りの砲塔を備えており、後継となったＭ４中戦車も３名乗りの砲塔を持っていた。日本軍では、大戦後期に一式中戦車の本格的な量産が始められた頃から、新砲塔搭載の九七式中戦車も含めて、装填手が乗車するようになったことが伝えられている。

こうして大戦の後期には、主要各国軍の戦車部隊の主力である戦車が揃って砲塔に３名乗るようになったのだ。

砲塔に車長、砲手、装填手が乗り、効率的な戦闘行動をとることができたドイツ軍のⅢ号戦車。写真は短砲身75㎜砲を搭載した後期型のＮ型

行軍時の乗員の役割

次に、行軍時の乗員の役割について、もう少し詳しく見てみよう。

操縦手は、戦車が行軍を開始する前に各部を点検する。たとえばドイツ軍のティーガーIの乗員向けマニュアルを見ると、出発前の準備に2時間を必要とするとある。戦車を隠していた偽装を取り払い、ガソリンの補給、バッテリーの電圧チェック、冷却水の補充とラジエーター周りのホースやパイプ類の点検、エンジンの始動と暖気運転、エンジンやトランスミッションなど6か所のオイル・レベルのチェック、油圧のチェックなどなど……。出発前の準備が終わったらその場で待機、部隊の出発時刻に間に合うように余裕を持って待機地点を出発し、行軍路沿いに行軍隊形で整列する。

戦車の行軍中、操縦手はハッチを開けて車体から頭を出して戦車を操縦する。潜望鏡（ペリスコープ）や視察窓（ビジョンブロック）越しよりも視界が広くなり、より安全に運行できるからだ。行軍中は、ドイツ軍のように無線装備が普及していた戦車部隊でも、敵の傍受を防ぐために無線封止を行なうのが基本とされていた。したがってドイツ戦車の車長も、フランス戦車の車長と同じように手旗や手信号で前を走る戦車の車長と連絡を取ることになる。もし、前の車長から「止まれ」の合図があったら、すぐに後ろを走る戦車の車長に同じ合図を伝達するのだ。

車間距離は、追突事故を防ぐため行軍速度等によって変化するが、一例をあげるとソ連軍の初期の教範では同一小隊の戦車間が10～30m、小隊末尾の戦車と次の小隊の先頭車との間隔が50～100mとされていた。最後尾の戦車の後部には、履帯（いわゆるキャタピラ）の轍《わだち》を敵の偵察機に発見されるのを防ぐため、路面を掃くための木の枝が取り付けられることもある。

制空権を持たない側の戦車部隊は、敵の航空機による攻撃を避けるために、夜間行軍を強制されることになる。そして、夜が明ける前に森の木陰などに入り、草木や偽装網をかぶせるなど十分な対空偽装をほどこして、敵機による偵察や対地攻撃をやり過ごす。視界が狭くなる夜間の行軍は、昼間の行軍に比べると移動速度がどうしても遅くなるが、昼間行軍を強行すれば空襲で大損害を受けかねないので止むを得ないことだ。

戦車部隊はとくに必要がない限り、歩兵と同じく道路沿いに行軍する。平坦な道路を走れば車体の振動が減るので、乗員の疲労を抑えることができるし、足まわりにかかる負担も小さくなるので故障も減る。もともと戦車はデリケートな兵器であり、機関系の故障や操縦手の疲労を避けるため、だいたい3〜4時間に1回程度のペースで小休止を取る必要があった。

機関系の負担が大きい戦車、たとえばドイツ軍の重戦車であるティーガーⅠではさらに頻繁な小休止が求められており、最初の5㎞を走ったら整備休止、その後も10〜15㎞走るたびに整備休止をとって、エンジンや足まわりの点検を行なうことになっていた。

無理な連続行軍は故障のもとであり、脱落車の増加と戦力の低下を招く。仮に全行程を無事に走り終えたとしても、足回りの部品は消耗し交換や整備に時間をとられることになる。そのため50㎞を超えるような長距離移動は、できれば自走を避け、専用の戦車輸送車（タンク・トランスポーター）を使うか、鉄道で輸送することが望ましい。

もし、戦車に故障が発生したら、後続車の邪魔にならないように路肩に寄り、可能ならば木陰に隠れて木の枝で覆うなどの偽装をほどこす。後続の整備部隊を待ち、修理が終わったら縦隊の後尾に回って行軍し、次の小休止の間に元の位置に戻る。もし前線の整備部隊の手に余るようであれば、戦車回収車で牽引するなどして後方の車両廠などで本格的な修理を行なうことになる。

退却時に牽引車が不足している場合、追撃してくる敵の手に渡るのを防ぐために故障車を爆破処分することもある。ドイツ軍のティーガーⅡはティーガーⅠよりもさらに強力な重戦車だったが、車重が約70ｔ

と重いために回収作業が困難で、これを装備していた独立の重戦車大隊の中には敵戦車に撃破された数よりも退却時に破壊した数の方が多い部隊もあったほどだ。もっとも、この中には故障ではなく燃料切れで放棄、破壊された車両も少なくないのだが……。

ちなみに全幅が大きいティーガー戦車は、鉄道輸送時には専用の幅の狭い履帯に履き替える必要があり、車重が大きいために貨車への搭載も一苦労といった具合で、戦場に着けば無類の強さを発揮する重戦車も、戦場に着くまでは手間のかかる厄介者以外の何ものでもなかった。一般に大戦中の重戦車は、戦場内での「戦術的な機動力」が低かっただけでなく、戦場に着くまでの「戦略的な機動力」が非常に低く、重戦車が戦車部隊の主力になりえない大きな要因となっていた。

1944年12月の「ラインの守り」作戦（バルジの戦い）に参加したものの、燃料切れで放棄され、連合軍に鹵獲されたドイツ陸軍のティーガーII。ティーガーなどの重戦車は戦場での戦闘力は非常に高いものの、その重量やサイズのために使い勝手が悪かった

戦闘時の乗員の役割

続いて、戦闘時の乗員の役割について見てみよう。

車長は、戦闘時もハッチを開けて頭を出し、自分の眼で周囲の地形を把握して、操縦手に移動に関する指示を与える。敵の砲撃などでハッチを閉めざるを得ない時は、車長用の潜望鏡や視察窓等を使って攻撃目標をいち早く発見し、砲手に方位や距離を伝え、装填手に装填する弾丸の種類を指定する。

操縦手は、車長の指示にしたがって戦車を移動させる。ここで再びティーガーIの乗員マニュアルを見ると、敵戦車に対して自分の戦車の車体を斜めに置くことの重要性が強調されている。なぜなら、敵の砲弾が自車の装甲板に斜めに命中すると、砲弾は直角に命中した時よりも長い距離を貫通しなければならないし、装甲板に浅い角度で命中した砲弾は、装甲板を貫通せずに表面を滑って反れてしまうこともあるからだ。

ソ連軍のT-34中戦車やドイツ軍のV号戦車パンターなどは、この効果を利用するために最初から各部が大きく傾斜した装甲板を備えているが、ティーガーIは各部が垂直に切り立った装甲板で構成されてい

避弾経始

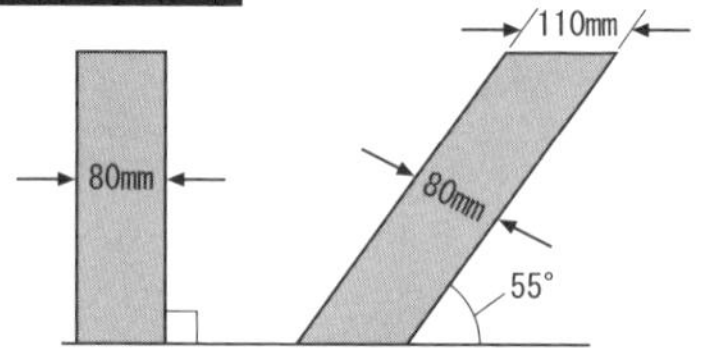

装甲板は、傾けることで実質的な厚みを増すことができた。これを築城用語からとり「避弾経始」という。例えばドイツ軍のV号パンター戦車の車体前面装甲厚は80mmだが、55°の傾きがあるため、実質110mmの装甲板と同じ防護効果があった。

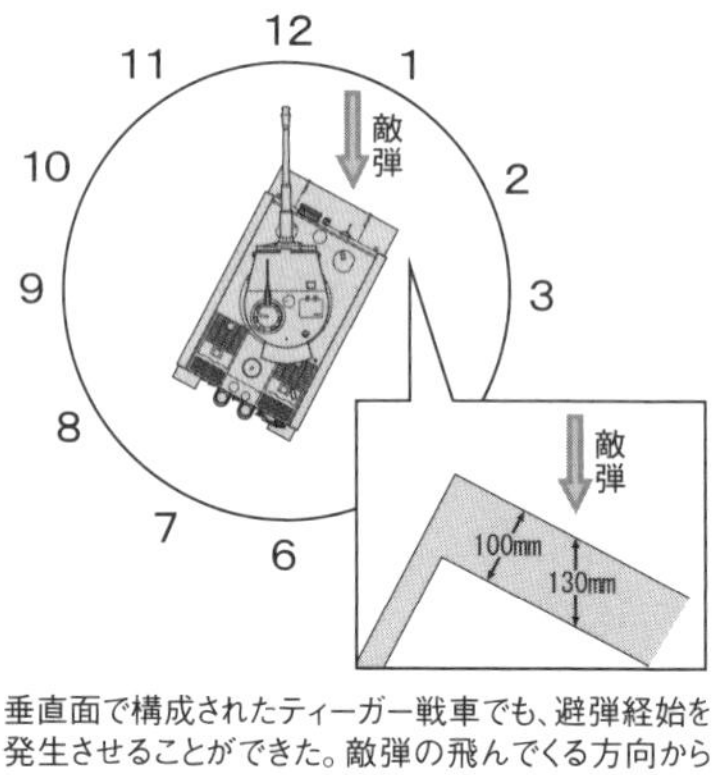

垂直面で構成されたティーガー戦車でも、避弾経始を発生させることができた。敵弾の飛んでくる方向から車体を傾けるのがそれで、1時から2時、4〜5時、7〜8時、10〜11時の方角で敵と相対するとされていた。方角と時間をひっかけて、「メシ時に車体を回せ」と称していた。

るので、操縦手が車体を斜めに置くことによって傾斜装甲の効果を得る必要があったのだ。

このマニュアルには、もし2両の敵戦車から同時に撃たれたら、1両に対して車体を斜めに置き、もう1両に対しては障害物を利用するなどしろ、とある。戦場におけるもっとも一般的な障害物は周囲の地形だ。操縦手は、付近の草むらや茂み、ちょっとした丘などを利用して自分の戦車を隠す。窪地や低地も姿を隠すのには好都合だが、地盤が軟弱なことも多いので足をとられないように注意する必要がある。

地形利用のもっとも典型的な例は「稜線射撃」だ。稜線射撃では、戦車を丘などの稜線の手前に置き、丘の向こう側からは車体が稜線の下に隠れて見えない「ハルダウン」(*1)状態に置く。こうすれば敵戦車から見た標的の面積は砲塔だけになるので、敵戦車は主砲の命中率に大きなハンデを背負って戦うことになる。自然の稜線が利用できない時には、人工の稜線、すなわち戦車の車体を隠す戦車壕を掘ることもある。

砲手は、車長の指示にしたがって砲塔を旋回させて主

垂直装甲で構成されているティーガーI(左)と、各部に傾斜装甲を取り入れたパンター(右)

*1＝英語では戦車の車体のことを「ボディー」とは呼ばず「ハル(船体)」と呼ぶ(砲塔は「ターレット」)。イギリスで世界初の戦車の開発を推進したのが海軍大臣ウィンストン・チャーチルであり、戦車が当初「陸上艦」と呼ばれていたこともあって、戦車に関する基本的な用語は軍艦と共通のものが少なくない。

砲を目標に向ける。一般に砲手用の照準眼鏡は高倍率で視野が狭いため、目標を探すのに向いていない。目標の発見は、比較的広い視野が確保されている車長の仕事だ。主砲を目標に向けたら、目標までの距離に応じて主砲に仰角を与える。目標が敵戦車なら砲塔と車体の継ぎ目やハッチなどの弱点を狙う。目標が移動中の場合、速度に応じて目標のやや前方、弾着時の未来位置に向かって発砲する。初弾が外れたら、ただちに照準を修正して次弾を送り込む。

　現代の戦車のように高性能の砲安定装置（スタビライザー）が付いていない戦車砲では、走行中に射撃を行っても車体の振動などで命中率が大きく低下してしまう。

射撃位置の選定—戦車は歩兵と同じ近接戦闘兵器である。地形を利用して射撃する—

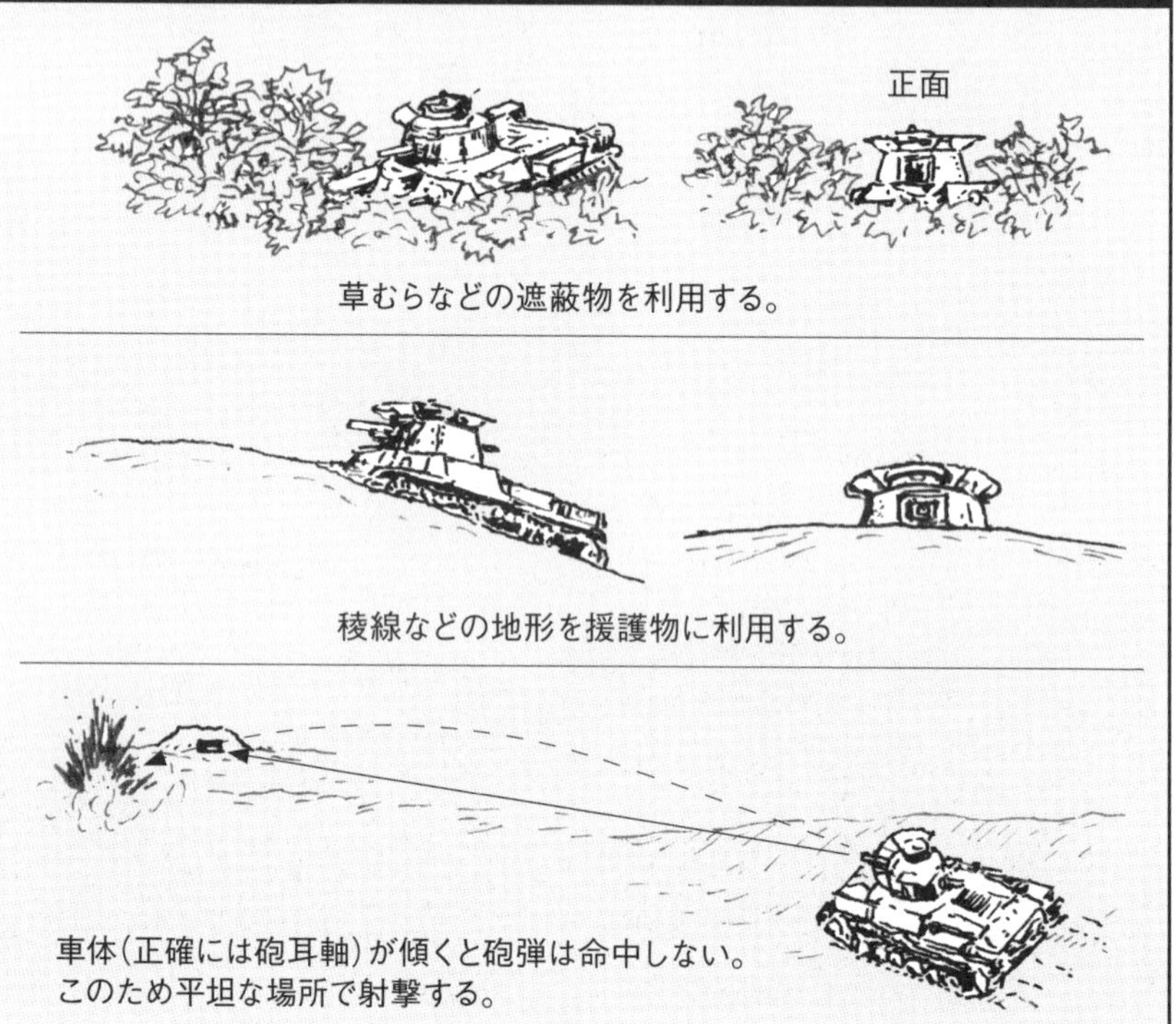

草むらなどの遮蔽物を利用する。

稜線などの地形を援護物に利用する。

車体（正確には砲耳軸）が傾くと砲弾は命中しない。
このため平坦な場所で射撃する。

そのためドイツ軍では自車を停止させてから射撃を行なう「停止射撃」を基本としていた。

日本軍では戦車の走行中に目標を捕捉して停止と同時に発砲、その直後に走行を再開する「躍進射」の訓練に力を入れていた。また、走行中に射撃を行なう「行進射」（または「行進間射撃」）でも、技量の高い砲手は、車体の動揺に合わせて肩付けの付いた砲架を上下させて命中率をあげることができた。

大戦初期のイギリス軍では、対戦車戦闘では行進間射撃が基本とされており、当時のイギリス戦車は日本戦車と同じように砲架に肩付けした砲手の屈伸によって主砲の俯仰を行なう構造になっていた。また、ソ連軍は、戦車による攻撃は速度が重要と考えており、行進間射撃が多用された。

装填手は、車長に指示された弾種の弾薬を弾薬庫から取り出して主砲に装填する。目標が戦車などの装甲目標ならば装甲を貫通して車内を跳ね回るなどして乗員を殺傷する徹甲弾が、歩兵や対戦車砲などの非装甲目標ならば弾着と同時に炸裂して周囲に爆風や弾片をまき散らす榴弾が、それぞれ使用される。もし、装填手が装填する弾薬を間違えると、分厚い装甲を持つ戦車に榴弾の破片をぶつけたり、歩兵部隊の脇に徹甲弾で穴を掘ったりして、搭載数が限られている弾薬をむだに消費することになる。

なお、装甲目標用の弾丸には、金属の固まりである徹甲弾のほかに、装甲を貫通したあと車内で炸裂する徹甲榴弾、傾斜装甲で砲弾が滑らないように軟鉄製の被帽（キャップ）を付けた（あるいは表面硬化処理された装甲板などに弾き返されないように硬度の高い被帽を付けた）被帽付徹甲弾（ＡＰＣ）、中心部にタングステンなどを用いた硬く重い弾芯を内蔵する徹甲芯弾（ＡＰＣＲ）、発射後に砲弾外側の装弾筒が外れて空気抵抗の少ない弾芯だけが目標に飛翔する装弾筒《そうだんとう》付徹甲弾（ＡＰＤＳ）、命中時に弾丸内部の凹状の炸薬が爆発し表面に貼り付けられた金属を融解させて超高速で装甲板に叩きつける成形炸薬弾（ＨＥＡＴ）なども使われた。また、非装甲目標用の弾丸には、時限信管等によって空中で炸裂する榴霰《りゅうさん》弾や、ショット・ガンのように多数の子弾を撒き散らす散弾（キャニスター弾）なども使われた。

戦車の搭載する弾薬は、徹甲弾と榴弾を半分ずつ、加えて煙幕弾や成形炸薬弾あるいは装弾筒付徹甲弾などの特殊な弾薬を少数、という組み合わせが一般的だった。

大戦中の戦車の多くは、車体の前部に機関銃座を持っていた。ドイツ戦車の多くは無線手が前方機関銃手を兼務し、アメリカ戦車では副操縦士が前方機関銃手を兼務することが多かった。戦車によっては、イギリスの巡航戦車Mk.Ⅵクルセイダー Mk.Ⅰのように独立した機関銃塔を持っていたり、歩兵戦車Mk.Ⅳチャーチル Mk.Ⅰのように車体前部に榴弾砲を装備していたりするものもあった。

前方機関銃のおもな役割は歩兵の制圧だ。視野の狭い戦車は、死角から近づいてくる歩兵の肉薄攻撃に意外にもろい。そのため、とくに大戦初期の戦車では、車体の各部に歩兵の接近を防ぐための銃眼が数多く設けられていた。その後、耐弾面で弱点となる銃眼はふさがれる傾向が強まり、大戦末期に登場したソ連軍のＩＳ‐３重戦車やイギリス軍の巡航戦車（Ａ41）センチュリオンは車体前部の機関銃座をはじめから持っていなかった。

歩兵の制圧には、主砲と同軸に装備された機関銃も使用される。この同軸機関銃の照準は砲手の仕事だ。同軸機関銃は、戦車という安定した射撃プラットフォームに乗せられており、主砲用の精密な照準眼鏡を使えるので、三脚架に乗せられた歩兵用の重機関銃に匹敵する命中精度を持っていると考えてよい。砲塔の旋回によって全周を射撃できるため射界も広い。そのため、現在も多くの戦車が同軸機関銃を装備している。日本軍の九七式中戦車や九五式軽戦車は砲塔の後ろ側に機関銃座を備えており、前方の歩兵に対して使用する場合は砲塔を旋回させて機関銃座を前方に向けて前進することがあった。

戦車の各乗員の役割は、だいたい以上のようなものだ。

単車機動—有利な射撃位置に素早く占位するためには、正しい機動が必要とされる—

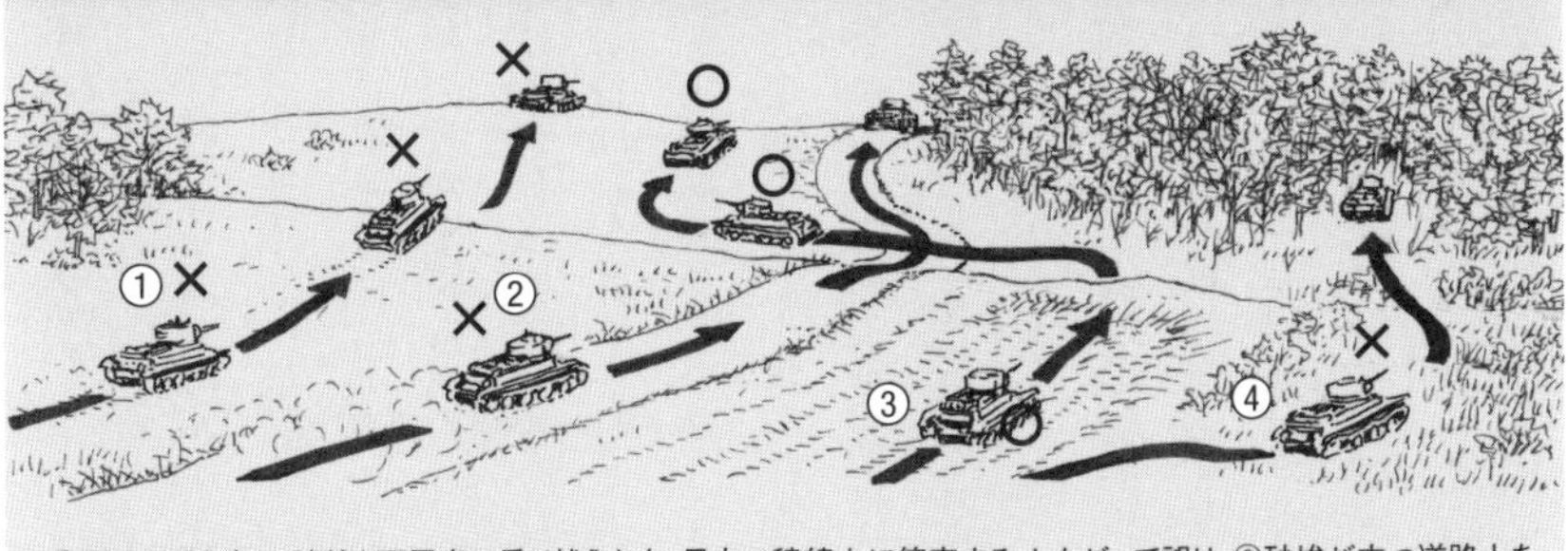

①開けた所を走り、稜線を不用意に乗り越えた上、目立つ稜線上に停車する。したがって誤り。②砂埃が立つ道路上を走り、目標とされやすい森などの切れ目に位置する。したがって誤り。④目立たないが、軟弱地が多い低地を走り、遮蔽されているからといって森を進む。戦車の機動力を殺してしまっている。これも誤り。正しい機動は③。砂埃も立たず轍も目立たない畑を走り、前方の丘の影沿いに進む。停車の際は窪みなどを利用している。

下っ端の戦車兵はたいてい装填手をやらされる。腕っ節の強さが勝負の力仕事で、いくつかの砲弾の種類さえ覚えておけば、とりあえずは使い物になるからだ。操縦手は、行軍中の小休止でも点検や修理で休む暇も無いため、ドイツ軍では食事の準備などの雑務は免除されることが多かったという。代わりに雑務を押し付けられるのは無線手だった。砲手は副車長格で、車長が負傷した時には代役を務めることもある。若い下士官が砲手で経験を積み、やがて車長に昇格することも少なくない。車長は、歩兵でいえば分隊長に相当し、古参の下士官が務めることが多い。車長の指揮能力がその戦車の戦闘力を大きく左右したことはいうまでもない。

ただし、どんなに乗員が優秀でも、その戦車の持つ物理的な性能の限界を超えることはできない。たとえどんなに砲手が力んでも、50㎜の貫徹力しかない主砲弾に60㎜の装甲を貫通させることはできないのだ。しかし、どんな強力な戦車でも、優秀な乗員がいなければ持てる性能のすべてを発揮することはできない。その戦車の持つ性能の限界の中で、いかにして限界ギリギリまで能力を引き出していくのか。それが個々の戦車兵に課せられた任務なのだ。

戦車小隊の攻撃

では、戦車1両レベルの話はこれくらいにして、小隊レベルに話を進めよう。

戦車は、基本的に部隊として集団で行動する。その部隊の最小単位が小隊だ。第二次世界大戦中、主要各国軍の戦車小隊はおおむね3~5両で構成されていた。ドイツ軍では1個小隊5両が基本だったが、4両編制や3両編制もあった。アメリカ軍では5両、イギリス軍では3両、日本軍は3両、ソ連軍は当初は5両でのちに3両編制を、それぞれ基本としていた。

小隊長は、少尉や中尉といった下級将校が務め、残りの戦車の車長でもっとも上級の下士官は、小隊軍曹として小隊長をアシストすることが多い。もし、小隊長車が撃破されて小隊の指揮を継続できなくなったら、小隊軍曹が小隊長代理として小隊の指揮権を引き継ぐことになる。

攻撃時の小隊の前進隊形は、一列縦隊（英語ではColumn、ドイツ語ではReihe）、一列横隊（英語ではLine、ドイツ語ではLinei）、楔形隊形（英語でWedge、ドイツ語でKeilまたは Kette）などのバリエーションがあり、これらを状況に応じて使い分けていく。

一列縦隊は、縦隊の側面に対して大きな火力を発揮できるが、前後方向に対しては火力の発揮が制限される。反対に一列横隊は、前後方向には全火力を発揮できるが、側面に対しては十分な火力を発揮することができない。楔形隊形は両者の中間的な隊形で、正面および側面に対して一定の火力発揮が可能だ。一列縦隊は森の中の一本道で隊形を横に開くことができない時、煙幕内や夜間など視界の悪い時などに使われる。

通常は小隊長車が先頭を走る。ただし他の戦車があらかじめ偵察に出ている時などは、その戦車に先頭車を任せることもある。一列横隊は、丘の稜線を乗り越える時や煙幕の切れ目から出る時、そして突撃時などに使われる。もし、丘の稜線を1両ずつ越えたりすれば、装甲の薄い腹を見せた瞬間を1両ずつ狙い撃ちされるだけなので、小隊の全車両が一気に稜線を乗り越えるのが正解だ。楔形隊形は、敵との戦闘が予期される状況でもっとも良く使われる。小隊長車は、小隊の戦車数が奇数なら先頭車に、偶数なら左右の先頭車のどちらかに位置することが多い。ちなみにドイツ軍では通常左側に位置することになっていた。

ただし、実戦ではこれらの隊形が杓子定規に維持されることはなく、戦場の地形に合わせて臨機応変に変形させた。たとえば、楔形隊形で前進中、小隊の進路に小さな丘があった場合、隊形を維持するために一部の戦車だけが無防備に丘の上に登るようなことは避けなければならない。単独で丘の上に出ても敵の砲撃の良い的になるだけだからだ。この場合、隊形を一時的に崩すことになっても、丘に登らずに回りこむように機動するのが正しい。

状況によっては小隊をさらに分割して前進することもある。一例をあげると、停止射撃を基本としていたドイツ軍では、前進時に小隊を2両ずつの半小隊に分けて交互に前進させることが多かった。4両編制の小隊ならば、2両が前進している間、残りの2両は停止して前進中の戦車を掩護する。ちょうど歩兵分隊が射撃班と突撃班に分かれて互いに掩護し合いながら前進するのと同じだ。戦術の基本は、戦車においても歩兵と同じ「ファイア・アンド・ムーブメント」なのだ。

小隊を分割して前進させる場合、先行する分隊を超越して前進する「交互躍進」と、先行する分隊に追いついたところで前進を止める「逐次躍進」の2通りのやり方がある。一般に、交互躍進は前方の状況が比較的ハッキリしており速やかな前進が必要な時、逐次躍進は前方の状況がハッキリせず慎重な前進が求められる時に選択される。

どちらの方法をとるにしても、１回の躍進距離は主砲の有効射程の半分程度にとどめておく。有効射程を越えて前進すると、停車している味方戦車の掩護射撃を受けられなくなってしまうからだ。前進中の戦車が攻撃を受けた時、停止中の味方戦車がすかさず発砲して敵を制圧できるようにしておかなければ、小隊を分割した意味がなくなってしまう。

小隊が前進中に敵戦車と遭遇した場合、小隊の一部で交戦しつつ、小隊の主力を側面に迂回させることもある。戦車の装甲は正面よりも側面や後面の方が薄いので、

躍進―戦車小隊のファイア・アンド・ムーブメント―

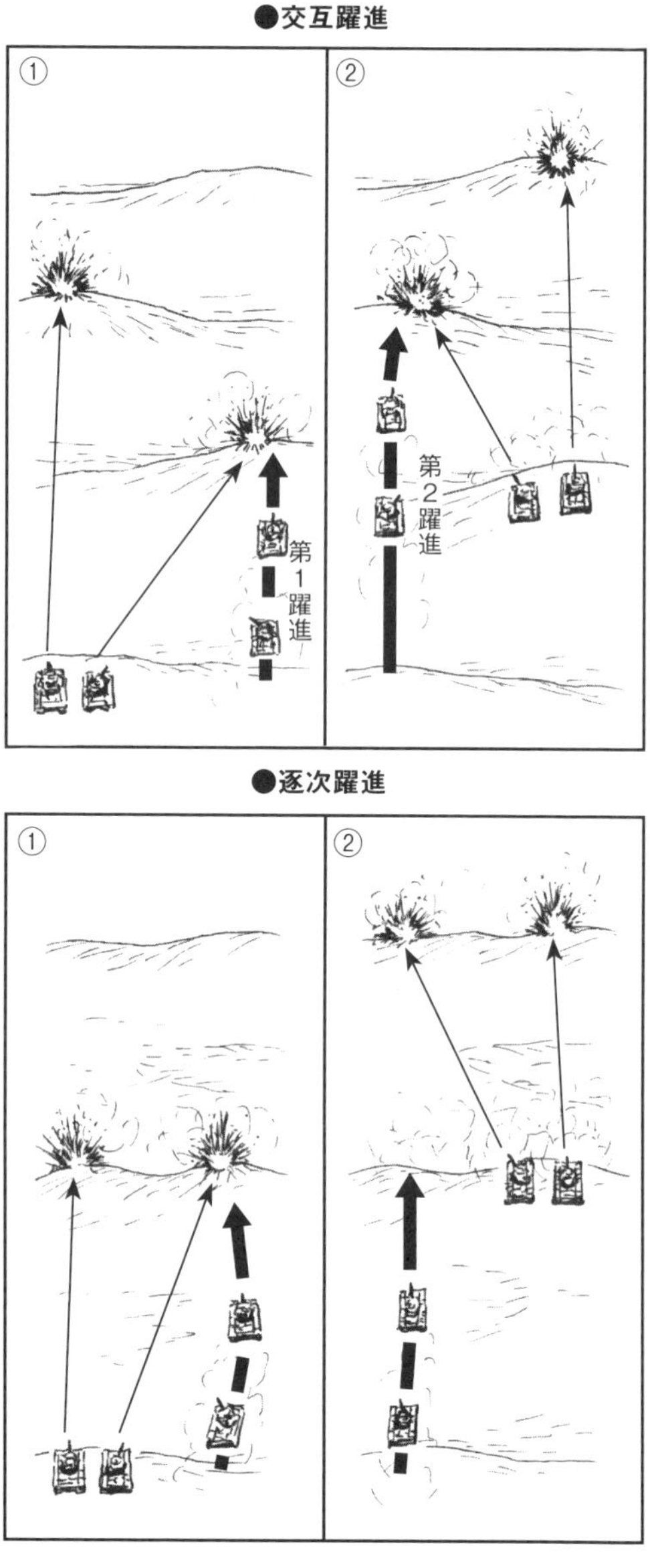

敵との接触が切迫した時点から、戦車部隊は相互に支援可能な状態で小刻みにダッシュ（躍進）を繰り返す。敵と接触したら相互に火力支援をおこない躍進する。文中で述べられているように、前方の状況が判明し、速やかな前進が求められているときに「交互躍進」が、状況が不明で不意に敵の攻撃を受ける恐れがある場合に「逐次躍進」が使用されるのが一般的だ。要は火力（ファイア）を重視した機動（ムーブメント）か、機動（ムーブメント）を重視した火力（ファイア）かの違いである。

首尾よく回り込むことができれば遠距離からでも比較的容易に敵戦車を撃破することができるからだ。

実際、ドイツ軍の重装甲のティーガーIを連合軍の非力なM４中戦車が撃破するには、よほど至近距離まで近づくか、装甲の薄い側面や後面に回り込むしかなかったし、そのM４中戦車を日本軍のさらに非力な九七式中戦車で撃破するのは、同じく至近距離まで引き付けるか側面や後面に回り込むしかなかった。性能の劣る戦車の乗員は、それを運用でカバーするしかないのだ。

ただし、冒頭で述べた初期のフランス戦車のように、戦車間の連絡がうまく取れなかったりすると、小隊を分割して交互に前進するなどといった細かい戦術行動をとることがむずかしい。ソ連軍の戦車部隊は、とくに独ソ戦の初期には無線機や練度の高い下級将校の不足といった問題があり、小隊単位で細かい戦術行動を取ることはあまりなく、中隊単位で大雑把な戦術行動をとることが多かった（ただし中隊の定数は17両ないし10両、一部は7両が基本でドイツ軍より少なかった）。

同様に大戦末期のドイツ軍の戦車部隊でも、東部戦線での戦車兵の大量消耗やそれを穴埋めするために戦車兵の訓練期間を短縮したことなどによって、乗員の錬度や下級将校の指揮能力が低下しつつあり、大戦初期のような戦術的優位を保てない要因のひとつになっていた。これに対して日本軍では、大戦後期まで戦車兵を大量に消耗するような戦車戦がほとんど無かったため、大戦末期の硫黄島や占守島《しゅむしゅとう》の戦いを見ても日本軍の戦車兵の練度の高さが感じられる。

戦車小隊の防御

防御時は、茂みや町外れの家屋の中、できれば稜線や戦車壕など有利な地形を利用して布陣する。地形をうまく利用することができれば、敵の来襲時に「ハルダウン」の有利な態勢から射撃を開始することができるからだ。戦車を陣地に入れたら、敵に発見されないよう入念な偽装を施す。この時、過剰な偽装によって視察装置の視界や武器の操作が妨げられないように注意する。主陣地の後方には予備陣地を用意しておく。予備陣地への移動経路は敵から見えないことが望ましい。1個小隊の防御陣地の幅はだいたい200~400m程度になる。

小隊長は、陣地からめぼしい射撃地点（距離標定点）までの距離や方位をあらかじめ測定し、射撃図を作成して正確な砲撃をすばやく実施できるよう準備しておく。そして、最後に自分の小隊の戦闘準備が整っているか点検する。

敵の攻撃を受けたら、小隊長は直属の上官である中隊長に敵の兵力や装備等を報告する。そして、小隊の防御陣地全体に目を配り、小隊の各車に目標を割り当てる。火力の不必要な重複を避けて必要な集中を行なうのだ。小隊の射撃は、基本的には敵戦車を撃破できる距離まで敵戦車を引き付けてから開始される。

もし、その位置での戦闘の継続が困難になったら、後方の予備陣地まで後退することになる。こちらが稜線越しに布陣していた場合、前進してくる敵戦車は稜線に乗り上げる時に装甲の薄い車体底面を見せ、続いて稜線を下る時に同じく装甲の薄い車体上面を見せるので、その瞬間を狙って再び射撃を行なう。こ

戦車壕にダッグインし、ハルダウンの態勢で敵を待ち構える、
イギリス軍のシャーマン・ファイアフライ

こで敵戦車が1両ずつ稜線を越えてきたら、小隊の集中射撃によって片端から撃破することができる。こうした地形の利用によって、攻撃側の戦車部隊は防御側の戦車部隊よりもはるかに大きな損害を出すことになるだろう。

敵戦車が敗走に移ったら、陣地を出て追撃をかけることもある。ただし、深追いは禁物で主砲の射程距離程度にとどめておく。

小隊が単なる戦車の寄せ集めではなく、ひとつの部隊として戦闘力を発揮できるかどうかは、小隊長の指揮能力にかかっている。小隊の砲撃が特定の敵戦車に不必要に重複し、まったく砲撃を受けない敵戦車の接近を許してしまうようでは、ひとつの部隊として戦闘力を発揮しているとはいえない。小隊としての戦闘力を最大限に引き出すこと。それが戦車小隊長の任務なのだ。

戦車小隊の防御

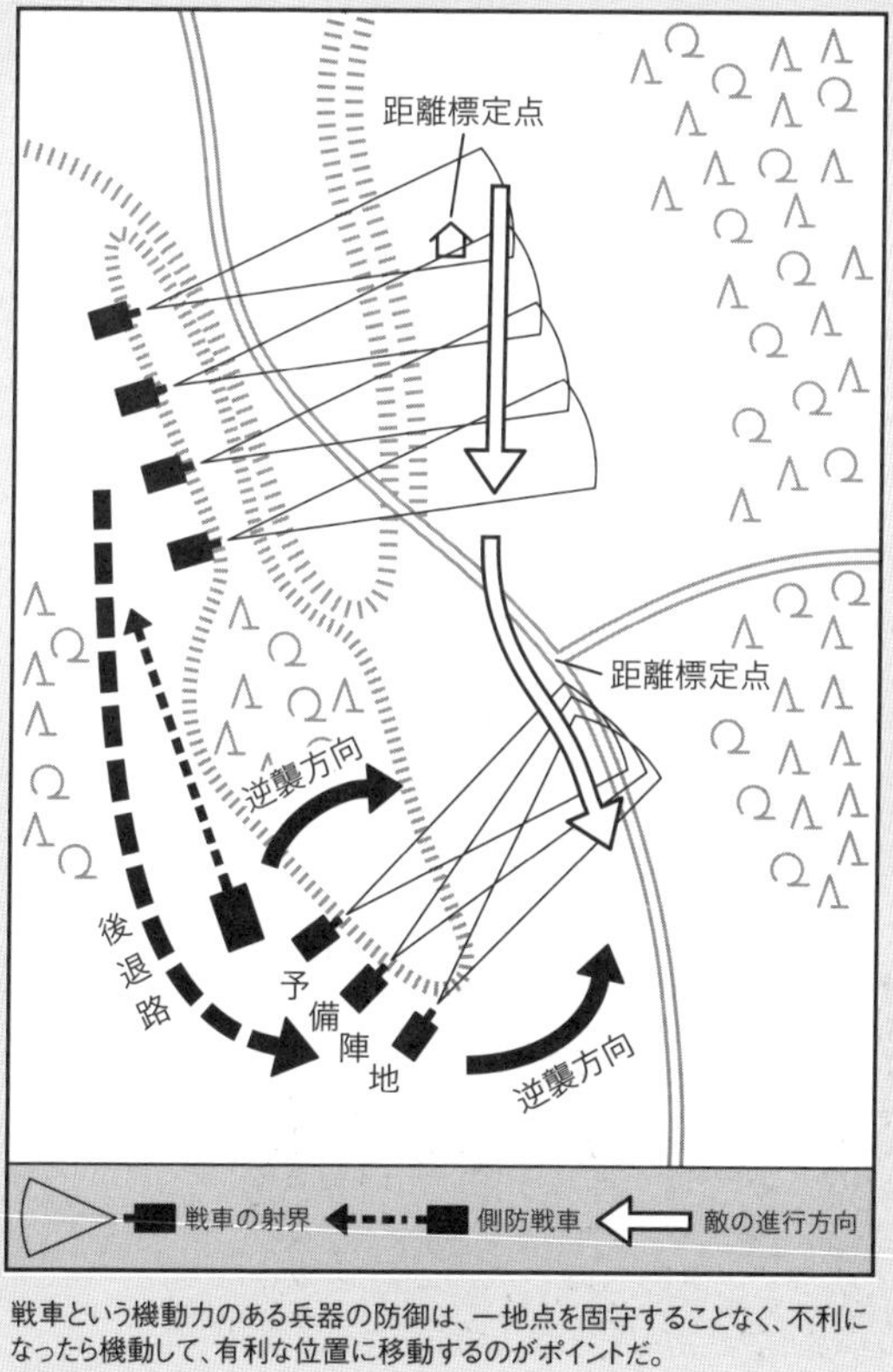

戦車という機動力のある兵器の防御は、一地点を固守することなく、不利になったら機動して、有利な位置に移動するのがポイントだ。

第2章　戦車中隊〜連隊

編制と運用思想

一般に各国の戦車部隊の編制にはその国の運用思想が反映されており、各部隊に配備されている戦車にはその思想を実現するための機能が与えられている。

たとえば、戦車学校で新しい運用思想やそれに基づいた戦術が発案されると、学校の教官による図上演習や教導部隊による実験演習などが行なわれる。そこで新しい戦術の正当性が認められれば、教範類に改訂が加えられて、各部隊ではその戦術を実現するために必要な改編が実施される。

戦車に対しては、用兵側から新しい運用思想に基づいた要求、すなわち運用要求が出されて、それを満たすために新型の戦車が開発される。この運用要求は、戦車部隊の中で各々の戦車が果たす役割、つまり戦車部隊全体の運用思想の中で決定されること

T-26軽戦車の前で地図を見ながら打ち合わせを行うソ連軍の戦車兵たち

はいうまでもない（もっとも、現実には予算上の制約や生産能力の不足などさまざまな事情から、すべての戦車部隊で理想的な編制を実現できず、個々の戦車に必要な機能が与えられないことも少なくないのだが……）。

そして第二次世界大戦中の戦車部隊の運用思想は、国ごとにかなり異なっており、中隊以上の部隊編制にも大きな差があった。また、大戦中に運用思想や編制が大きく変化した国も少なくない。そのため、単車や小隊レベルの戦術のように各国共通の一般論をベースに国ごとの特色を付け加えるかたちで述べることがむずかしい。

そこで、この章では、主要な各国軍ごとに戦車中隊および戦車大隊ないし戦車連隊の編制とその根底にある運用思想を分析し、典型的な戦術をピックアップしていくかたちをとろうと思う。

ドイツ軍の戦車大隊の編制と戦術

まずはドイツ軍からだ。

開戦前の構想では、各戦車大隊は4個中隊編制で、第1～第3中隊はⅢ号戦車を主力とし、第4中隊は「重中隊」としてⅣ号戦車が配備されるはずだった。

初期のⅢ号戦車に搭載された3・7cm戦車砲は、対戦車砲をベースに開発されたもので、小口径なので装填が容易で発射速度が速く、初速（砲弾が撃ち出された時の速度）が高くて低伸弾道を持つ対戦車戦闘に適した砲だったが、榴弾の破壊力が小さく歩兵や対戦車砲の制圧能力は低かった。一方、初期のⅣ号戦車に搭載された7・5cm戦車砲は、短砲身で初速が遅く移動目標への命中率は低かったが、大口径で榴弾の威力が大きかった。攻撃時には、この2車種を組み合わせることによって、ちょうど歩兵砲中隊による敵陣地の制圧射撃のもとで各歩兵中隊が前進するような戦術が考えられていたのだ。

　具体的には、まず重中隊のⅣ号戦車が、比較的後方から敵の対戦車砲や対戦車ライフルを持った歩兵などを砲撃して制圧する。続いて、第1～第3中隊のⅢ号戦車が前進して、残った歩兵部隊を同軸機関銃や前方機関銃で掃射しつつ敵陣地を突破、敵の戦車や装甲車が出てきたら戦車砲で撃破する（Ⅲ号戦車の初期型は、機関銃を主砲と同軸に2挺、前方銃座に1挺、計3挺を装備していた）。当時の高速だが装甲の薄いドイツ戦車にとって、敵の対戦車砲はもちろん、歩兵の持つ対戦車ライフルも脅威であり、これらを制圧するために75㎜砲の榴弾火力が求められたのだ。

　しかし、大戦勃発時のドイツ軍では戦車が不足しており、各戦車大隊の第3中隊は人員のみの編制とし

◆Ⅲ号戦車F型
武装:46.5口径3.7㎝砲×1、7.92㎜機関銃×2、最大装甲厚:30㎜、最高速度:40㎞/h、重量:19t

ドイツ軍戦車大隊（1939年）

●第1戦車連隊第1大隊の実際の編制

本部	指揮戦車×3、Ⅰ号戦車×2、Ⅱ号戦車×3
第1中隊	指揮戦車×1、Ⅰ号戦車×2、Ⅲ号戦車×3、Ⅳ号戦車×6
第2中隊	指揮戦車×1、Ⅰ号戦車×7、Ⅱ号戦車×11、Ⅲ号戦車×5
第3中隊	第2中隊に同じ
第4中隊	Ⅱ号戦車×5、Ⅳ号戦車×14

●戦力定数指標に定められた理論上の編制

本部	指揮戦車×2、Ⅱ号戦車×7、Ⅲ号戦車×4
第1中隊（軽）	Ⅱ号戦車×5、Ⅲ号戦車×17
第2中隊（軽）	第1中隊に同じ
第3中隊（軽）	第1中隊に同じ
第4中隊（中）※	Ⅱ号戦車×5、Ⅳ号戦車×12

※実際は（重）中隊だが軍の公式書類には（中）中隊として記載

て後方に待機させるほどだった。また、本来なら主力となるはずのⅢ号戦車やⅣ号戦車がとくに不足しており、大隊にほんの数両、あるいは1両も配備されないこともあった。そのため、各大隊の編制を統一することができず、装備車両も大隊ごとにまちまちだった。

この頃に戦車部隊の主力となったのは、機関銃搭載のⅠ号戦車と2cm機関砲搭載のⅡ号戦車で、歩兵に対する掃射能力は備えていたものの、対戦車能力が不足していた。そこで、開戦直前のチェコ併合で入手した3・7cm戦車砲搭載のLTvz35（ドイツ軍名称35(t)戦車）を主力とする大隊も編成された。そして対戦車戦闘では、Ⅲ号戦車や35(t)戦車を先頭に立てる戦術が採られたのだ。

対戦車戦闘では、おもに楔形隊形が使われた。戦闘が始まると、比較的高い対戦車能力を持つⅢ号戦車や35(t)戦車を装備する中戦車中隊が前に出て、対戦車能力の低いⅠ号戦車やⅡ号戦車を装備する軽戦車中隊は後方に退く。Ⅳ号戦車を装備する重中隊が中戦車中隊の後方から支援射撃を行なう、といった運

◆35(t)戦車（写真はチェコスロバキア軍のLTvz.35）
武装:40口径3.7cm砲×1、7.92mm機関銃×2、最大装甲厚:25mm、最高速度:34km/h、重量:10.5t

◆Ⅳ号戦車D型（写真はC型）
武装:24口径7.5cm砲×1、7.92mm機関銃×2、最大装甲厚:35mm、最高速度:40km/h、重量:20t

用だ。また、重中隊を小隊規模に分割し、各戦車中隊に分散配備して支援を行なわせることもあった。

ポーランド戦の後、Ⅲ号戦車には5cm戦車砲が搭載されるようになり、さらに長砲身化されて対戦車能力が一段と引き上げられたが、やがて改良による性能向上も限界に達しつつあった。そこで、Ⅳ号戦車に長砲身の7・5cm戦車砲が搭載されるようになり、一層高い対戦車能力が与えられたのだ。

大口径長砲身の戦車砲を搭載し、対戦車能力と榴弾威力を両立させた戦車が登場したことによって、装甲貫徹力の高い主砲を装備する戦車と榴弾威力の大きい主砲を装備する戦車を2本立てで配備する必要がなくなった。長砲身の7・5cm戦車砲を搭載するⅣ号戦車は、大隊の全中隊に配備されるようになり、従来の重中隊は姿を消したのだ。

そして戦車大隊の戦術も、特定の中隊が後方にとどまったり前進したりするものから、全中隊が区別無

◆Ⅳ号戦車H型（長砲身タイプ）
武装:48口径7.5cm砲×1、7.92mm機関銃×2、最大装甲厚:80mm、最高速度:40km/h、重量:25t

◆ティーガーⅠ
武装:56口径8.8cm砲×1、7.92mm機関銃×2、最大装甲厚:110mm、最高速度:40km/h、重量:57t

く互いに掩護しあって躍進するものへと変わっていった。以前の重中隊の役割をすべての戦車中隊が果たすようになったわけで、戦術的な柔軟性は当初の構想よりも大きくなったといえる。

大戦中頃には、攻撃部隊の先鋒となる分厚い装甲と強力な火砲を備えた重戦車を各装甲師団に20両ずつ配備する構想に沿った、強力な8・8cm戦車砲を搭載するティーガーⅠが開発された。大戦後期にはさらに重装甲重武装のティーガーⅡも開発されている。

しかし、生産に手間のかかるティーガーⅠやティーガーⅡは十分な生産数を実現できず、おもに軍直轄の独立の重戦車大隊で集中運用されて、装甲師団への配備はごく一部のエリート部隊でしか実現しなかった。それでも重要な攻勢作戦には独立の重戦車大隊や重戦車中隊を持つエリート装甲師団が投入されて、

Ⅲ号戦車とⅣ号戦車の混成大隊による攻撃戦術

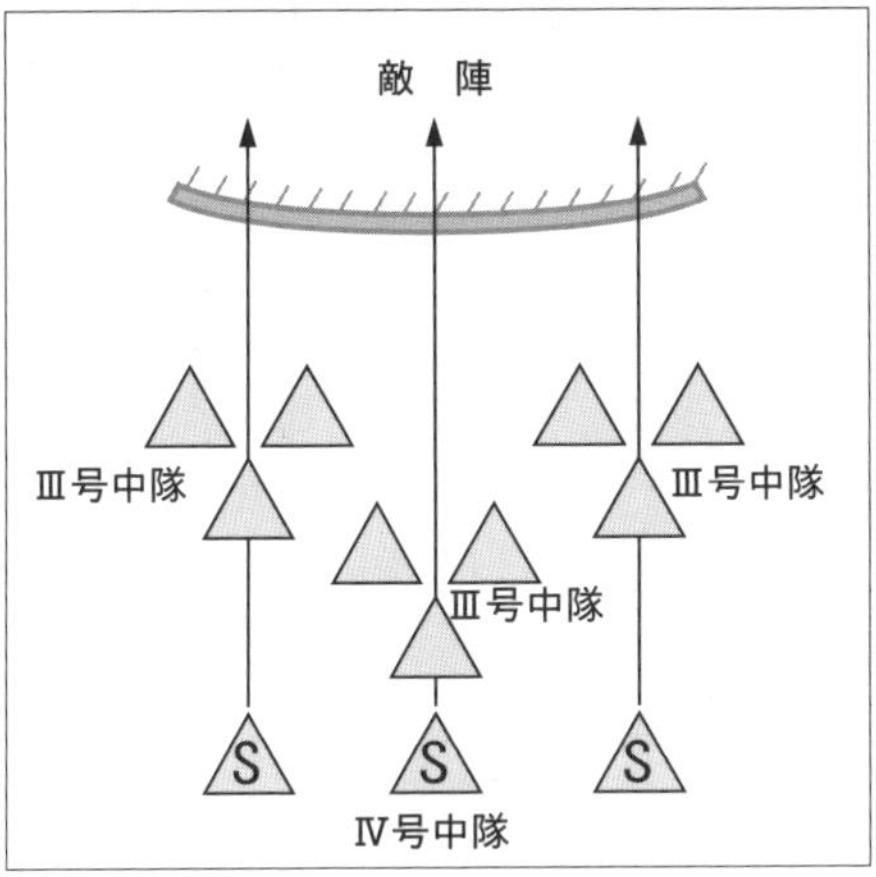

ドイツ戦車隊の基本隊形である逆V字隊形の後方にⅣ号戦車中隊が横隊で位置し、支援射撃を行う。
※三角は小隊を、Sは重中隊を表す

パンツァーカイル

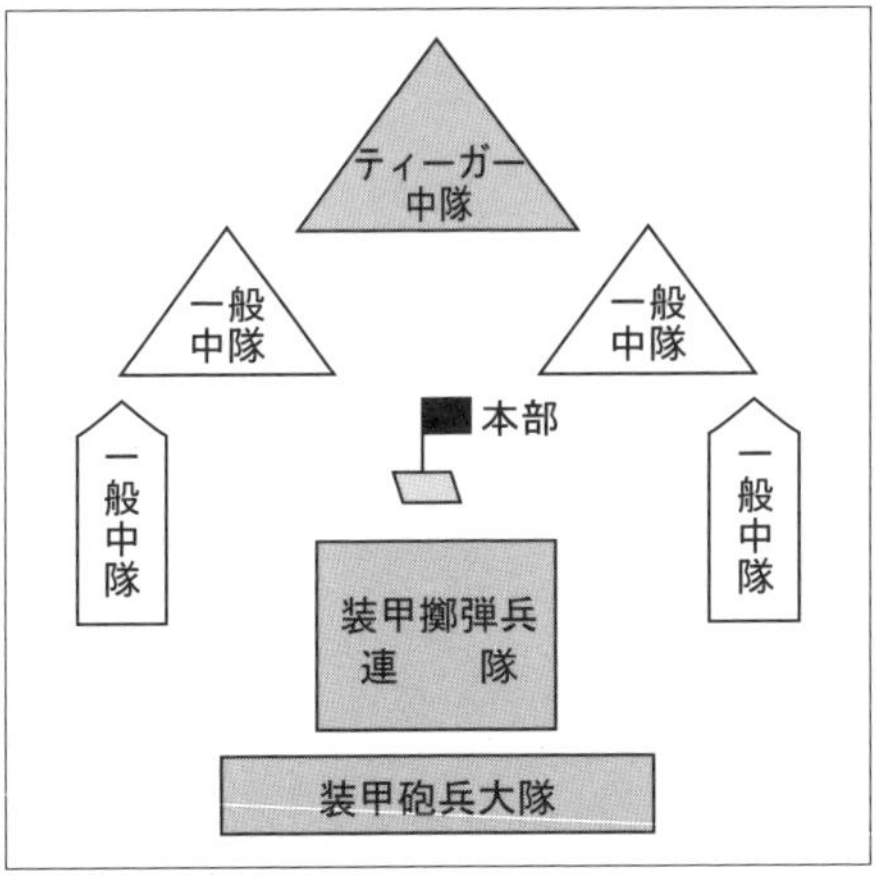

堅陣突破用の特殊な隊形である「パンツァーカイル＝戦車の楔」は、装甲の厚いティーガー中隊を大隊に配属して先頭に立て、装甲擲弾兵（機械化歩兵）連隊を中央に置く。

かなりの成果をあげている。たとえば、ソ連軍の縦深対戦車陣地「パック・フロント」の突破作戦では、当初の構想通りティーガーを装備する重戦車中隊を先頭に、Ⅳ号戦車などを装備する中戦車中隊が後に続く、「パンツァー・カイル」として知られている隊形も使われた。防御力の高い重戦車が先頭に立って敵の対戦車陣地を制圧し、機動力の高い中戦車などが敵陣地後方に戦果を拡張するのだ。

まとめるとドイツ軍では、当初は対戦車戦闘を重視した戦車と対戦車砲の制圧などを重視した支援用の戦車の2車種だったものが、主力の1車種に統合されるとともに、それを支援する重戦車との2本立てに発展していった。それにともなって戦車大隊の戦術も、当初の重中隊による他の中隊の支援から、中隊同士の相互掩護に、そして重要な攻勢作戦では重戦車中隊を先頭に立てるものに変化していったといえる。

日本軍の戦車連隊の編制と戦術

次に日本軍の戦車部隊を見てみよう。

第二次世界大戦参戦時の日本軍の戦車連隊は、連隊の下に大隊ではなく中隊が置かれており、おおむね4個中隊編制をとっていた。戦車部隊の主力は九七式中戦車または八九式中戦車だが、第1中隊には軽快な九五式軽戦車が配備され、全中隊が九五式軽戦車を装備していた戦車連隊もあった。

八九式中戦車や九七式中戦車は、おもに敵陣地の機関銃座やトーチカなどの制圧を目的として開発されたもので、搭載されていた短砲身の57㎜戦車砲は初速が低く、対戦車能力がほとんど無かった。この頃の日本戦車は歩兵直協用の戦車、すなわち歩兵戦車だったのである。歩兵砲や重機関銃に一定の機動力と装甲を与えたもの、と捉えてもよいだろう。

当時の日本軍の教範には「諸兵種ノ協同ハ歩兵ヲシテ其ノ目的ヲ達セシムルヲ主眼トシテ行ハルベキモノトス」と定められていた。つまり、歩兵以外のすべての部隊は、歩兵部隊を支援するために存在していたといっても過言ではない。実際、戦車連隊は中隊単位に分割されて、歩兵支援に投入されることが多かった。ちなみにドイツ軍では、装甲師団に所属する戦車大隊を分割して徒歩歩兵の直協に充てることは考えていない。徒歩歩兵の支援には専用の突撃砲をあてる構想だったのだ。

教範には、歩兵支援を行なう場合、歩兵連隊長は戦車部隊を中隊以下に分割することを避けて、なるべく中隊単位で投入するよう定められていた。戦車中隊の増強を受けた第1線の歩兵大隊長は、戦闘前に戦車中隊長と綿密な打ち合わせを行って、戦車の攻撃目標や戦闘加入の時期などを指示する。戦車中隊は、突撃衝力を維持するために2つに区分される。第1線の戦車隊は突撃の瞬間に歩兵を超越し、突撃中の歩兵に向けられる敵の火力を吸収するとともに敵の機関銃などを射撃して制圧。さらに陣内戦闘に移行して敵火点を制圧する。続いて第2線

◆九五式軽戦車
武装:37口径37㎜砲×1、7.7㎜機関銃×2、最大装甲厚:12㎜、最高速度:40㎞/h、重量:7.4t

◆九七式中戦車
武装:18.4口径57㎜砲×1、7.7㎜機関銃×2、最大装甲厚:25㎜、最高速度:38㎞/h、重量:15t

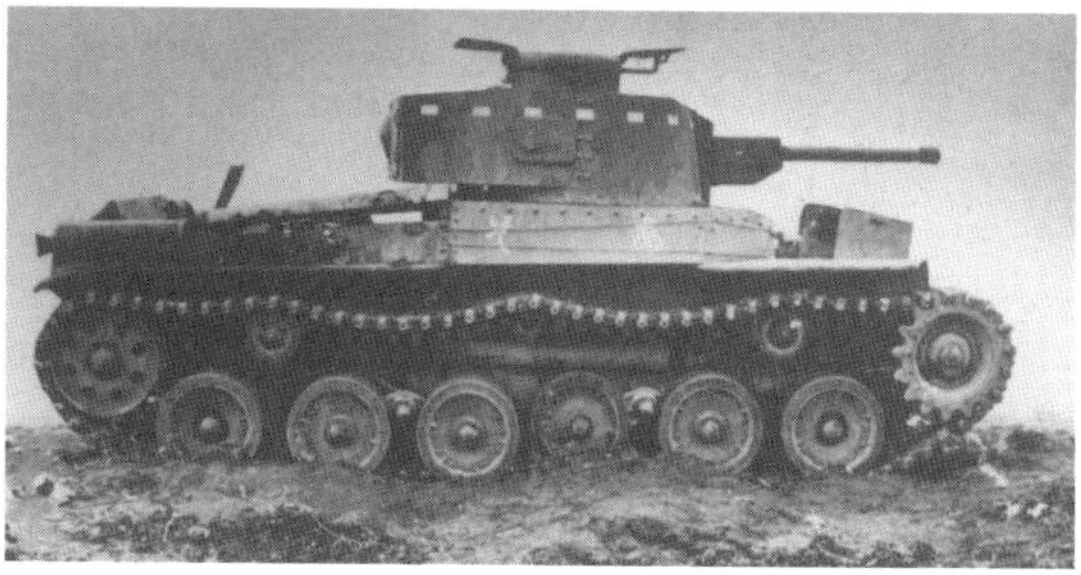

◆九七式中戦車改(新砲塔チハ)
武装:48口径47㎜砲×1、7.7㎜機関銃×2、最大装甲厚:25㎜、
最高速度:38km/h、重量:15.8t

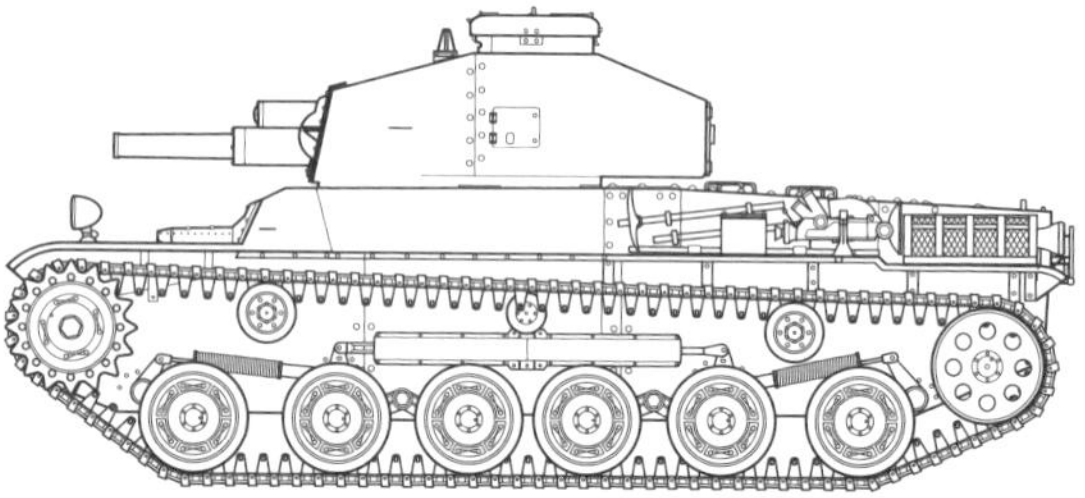

◆二式砲戦車
武装:21口径75㎜砲×1、7.7㎜機関銃×1、最大装甲厚:50㎜、
最高速度:44km/h、重量:16.7t

日本軍戦車連隊(1941年)

編成	装備
本部	九七式中戦車×1、九五式軽戦車×2
第1中隊(軽戦車)	九五式軽戦車×13
第2中隊(中戦車)	九七式中戦車×10
第3中隊(中戦車)	第2中隊に同じ
第4中隊(中戦車)	第2中隊に同じ

日本軍戦車連隊(1944年理論上の編制)

編成	装備
本部	九七式中戦車改×1 九五式軽戦車×2
第1中隊(軽戦車)	九五式軽戦車×13
第2中隊(中戦車)	九七式中戦車改×10
第3中隊(中戦車)	第2中隊に同じ
第4中隊(中戦車)	第2中隊に同じ
第5中隊(砲戦車)	二式砲戦車×10

の戦車隊が第1線の戦車を超越して、敵陣地を縦深にわたって攻撃する。

日本軍は、第二次世界大戦の勃発時点で、各戦車中隊の第4小隊に75㎜級の榴弾砲を搭載する「砲戦車」を配備し、対戦車砲の制圧などを行なわせる構想を持っていた。その後、高初速の47㎜戦車砲を装備した九七式中戦車、いわゆる「新砲塔チハ」が開発され、さらに75㎜野砲を改良して搭載した一式砲戦車や短砲身の75㎜戦車砲を搭載する二式砲戦車が開発された。そして、大戦後期には各戦車連隊の第5中隊が「砲戦車中隊」とされ、小口径の対戦車砲を搭載する戦車と大口径の榴弾砲を搭載する戦車を2本立てで装備する編制が定められた。日本軍は、ここで大戦初期のドイツ軍の運用構想に追いついたといえるだろう。

大戦末期の日本軍では、戦車1両に4～6名の歩兵や工兵を跨乗させて、敵歩兵が携帯している対戦車火器、すなわちバズーカを制圧するとともに、戦車と協同して敵戦車に肉薄攻撃を行なう戦術が考えられていた。「戦車の支援によって歩兵が対戦車攻撃を行なう」という考え方はふつうとは逆に思えるが、対戦車能力の低い日本軍の戦車では、刺突爆雷や青酸ガス手榴弾などを持った歩兵の肉薄攻撃の方が効果的、と考えたのも無理はないだろう。

実は、日本軍は昭和18（1943）年の段階で、75㎜砲搭載の中戦車、105㎜加農や105㎜榴弾砲を搭載する砲戦車、歩兵支援用に75㎜砲または105㎜砲を装備する直協戦車の整備を進めるなど、対戦車戦闘をかなり重視した新しい構想を決めていた。

しかし、現実の軍備は、以前の方針に基づいて開発された47㎜戦車砲搭載の一式中戦車や、これをベースに75㎜野砲を改造して搭載した三式中戦車を量産したところで終戦となり、新構想に基づく戦車はいずれも大量生産されずに終わっている。

まとめると日本軍の戦車は、

日本軍の一般的な歩戦協同戦術

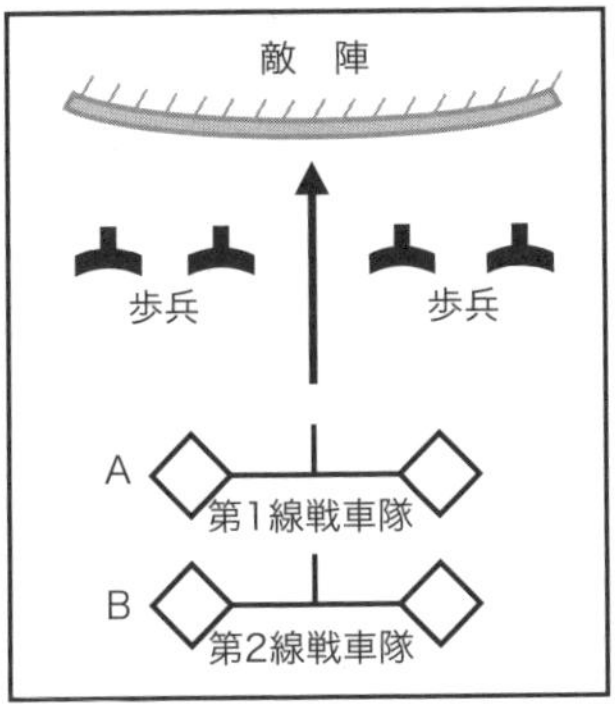

歩兵部隊の後方から前進した戦車隊は、突撃発起の際に歩兵部隊を超越する。

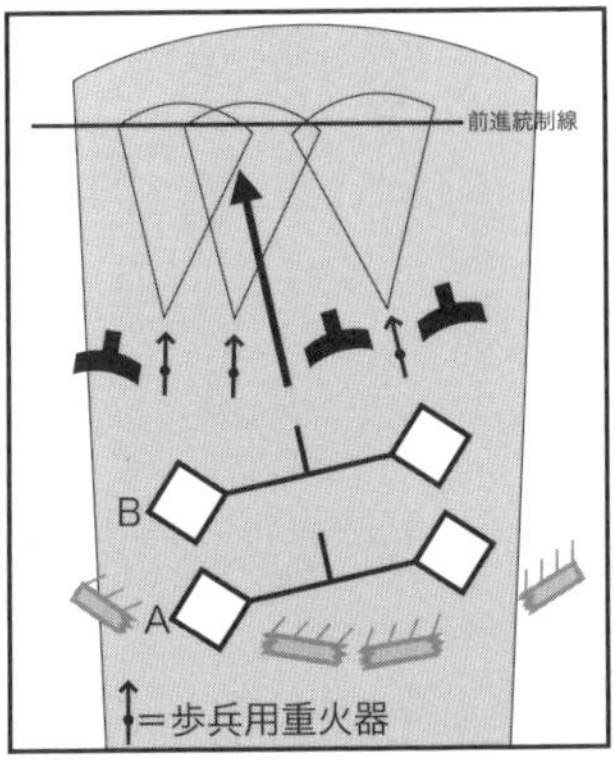

敵陣に突入すると「B」の第2線戦車隊が、「A」の第1線戦車隊を超越し、陣地内を歩兵を先導しながら攻撃。このさい戦車隊は、歩兵用重火器と砲兵の射程内（アミ掛部分）で戦う。

当初の歩兵戦車からドイツ流の支援戦車（砲戦車）との2本立てに移行したが、それ以降は新しい構想に基づいた戦車を量産することができなかった。戦車戦術も歩兵支援一本槍から対戦車戦闘を重視したものに移行しようとしたが、それを実現するためのハードが揃わず、手持ちの非力な戦車と歩兵を組み合わせた肉薄攻撃に傾斜していったといえる。

イギリス軍の機甲連隊と戦車連隊の編制と戦術

続いて、世界で最初に戦車を実戦に投入したイギリス軍を見てみよう。

第二次世界大戦の勃発時、イギリス軍の機甲師団を構成する機甲旅団（アーマード・ブリゲード）所属の機甲連隊には軽と重の2種類があったが、大戦の早い段階で改編が行なわれて両者の区分は消滅した。改編後の機甲連隊は、連隊本部および本部中隊と戦車3個中隊で構成されており、巡航戦車を主力としていた。これとは別に、イギリス軍には軍直轄の戦車旅団（タンク・ブリゲード）があり、おもに歩兵師団の支援に充てられた。戦車旅団に所属する各戦車連隊は3個中隊編制で、こちらは歩兵戦車を主力としていた。

機甲旅団の主力である巡航戦車は、敵戦線後方への突破や追撃用に開発された戦車で、装甲こそ薄いが高い機動力を備えていた。一方、戦車旅団の主力である歩兵戦車は、歩兵直協を目的として開発された戦

◆歩兵戦車Mk.Ⅱマチルダ Mk.Ⅱ
武装:52口径40㎜砲×1、7.92㎜機関銃×1、最大装甲厚:78㎜、最高速度:28㎞/h、重量:26.91t

車で、速度は遅いが装甲は厚いという特徴を持っていた。イギリス軍の戦車部隊は突破追撃部隊と歩兵直協部隊の2本立て、両部隊で主力となる戦車も巡航戦車と歩兵戦車の2本立てだったのだ。

しかし、歩兵戦車Mk.Ⅱマチルダや巡航戦車Mk.Ⅵクルセイダーなどに搭載された2ポンド（口径40㎜）砲は榴弾の用意がなく、中隊本部にわずかに配備されていた榴弾砲搭載のCS（Close supportの略で近接支援の意）型戦車にのみ榴弾が支給されていた。とくに理解しがたいのが歩兵支援を任務とする歩兵戦車にも榴弾が支給されなかったことで、北アフリカで歩兵戦車Mk.Ⅱマチルダと戦ったドイツ軍のロンメル将軍も「Mk.Ⅱは歩兵戦車と呼ばれているのに、敵歩兵に撃つべき榴弾が用意されていないのは何故だろうか。実に興味深い」との回想を残している。このように、イギリス軍の機甲連隊や戦車連隊は、装備していた戦車のほぼすべてが対戦車戦闘を主眼とするもの

◆巡航戦車Mk.Ⅵクルセーダー Mk.Ⅱ
武装:52口径40㎜砲×1、7.92㎜機関銃×1～2、最大装甲厚:51㎜、最高速度:64.4㎞/h 重量:19.3t

◆巡航戦車Mk.Ⅵクルセーダー Mk.ⅡCS
武装:25口径76.2㎜砲×1（他はクルセーダーMk.Ⅱに同じ）

で、ドイツ軍でいえば重中隊が無い戦車大隊、日本軍でいえば砲戦車中隊の無い戦車連隊のようなものだった。

そして、榴弾を持たないイギリス戦車は、標的面積の小さいドイツ軍の対戦車砲を徹甲弾の直撃でしか破壊することができず、その制圧に苦労することになった。北アフリカでドイツ軍の8・8㎝高射砲がイギリス軍の戦車部隊を相手に伝説的な活躍を見せた背景には、見通しのよい砂漠で持ち前の長射程を生かせただけでなく、イギリス戦車の榴弾火力の不足という要素も大きかったのだ。

大戦中期になると、アメリカ製で榴弾の威力が大きい75㎜砲を搭載するM3中戦車のイギリス軍仕様であるグラントや、同じくアメリカ製のM4中戦車シャーマンの配備が始まり、さらにイギリス製の歩兵戦車や巡航戦車にも榴弾を発射可能な75㎜砲を搭載した新型が開発されて、イギリス戦車の榴弾火力の不足はようやく解決されることになった。

◆巡航戦車グラント

武装:28.5口径75㎜砲×1、50口径37㎜砲×1、7.62㎜機関銃×4、最大装甲厚:51㎜、最高速度:38km/h、重量:28.1t

話を戦車部隊に戻すと、歩兵支援をおもな任務とする戦車連隊では、歩兵大隊1個につき戦車中隊1個、歩兵中隊1個につき戦車小隊1個の割合で歩兵部隊に配属されて、各戦車部隊は歩兵部隊長の指揮下に入ることが多かった。そして各戦車部隊は、歩兵の直協任務に従事したのだ。

大戦初期の歩兵支援戦術は、歩兵大隊の直前に戦車中隊が横隊を組んで、敵陣地に向かって波のように前進するというものだった。前述のように榴弾を搭載していない歩兵戦車は、もっぱら同軸の機関銃などで歩兵の攻撃を支援することになる。そして歩兵戦車は、味方の歩兵部隊が敵陣地に突撃を敢行して敵兵を掃討し敵陣地を完全に確保するまでとどまり、味方の歩兵部隊などに所属する対戦車砲部隊が前進してきたら交代して後方に下がり、整備や補給を受ける。いうなれば、重装甲に守られた自走機関銃座兼自走対戦車砲といった運用だ。

大戦の中期以降、ドイツ軍の歩兵にパンツァーファウストやパンツァーシュレックなどの携帯対戦車火器が支給されるようになると、見通しの悪いボカージュ地帯（密生する生垣で細かく区切られた北フランス独特の地形）の進撃では、歩兵部隊が前に出てドイツ歩兵の対戦車班を狩り出す戦術が採られるようになった。

そして大戦末期には、75㎜砲を搭載する歩兵戦車が敵の火点を潰して味方の歩兵部隊を支援し、戦車の支援を受けた歩兵部隊が敵の対戦車班から歩兵戦車を護る、という歩戦協同戦術の一つの完成形を見た。

ところで、大戦後期のイギリス軍の戦車部隊にはひとつ頭の痛い問題があった。ドイツ軍のティーガーIやティーガーIIなどの重戦車は、機甲連隊のシャーマンや戦車連隊のチャーチルの後期型に搭載された75㎜砲では歯が立たないほどの分厚い正面装甲を備えていたのだ。

イギリス軍機甲連隊（1941年）

本部	巡航戦車×3
第1中隊	巡航戦車×15、CS型巡航戦車×2
第2中隊	第1中隊に同じ
第3中隊	第1中隊に同じ

※戦車連隊も装備が「歩兵戦車」になるのみでほぼ同一編制

イギリス軍戦車連隊（1943年）

本部	軽戦車×11、対空戦車×8
第1中隊	観測戦車×2、歩兵戦車×16
第2中隊	第1中隊に同じ
第3中隊	第1中隊に同じ

※チャーチル歩兵戦車装備部隊は、各中隊に対戦車自走砲4〜8両装備

そのため、機甲連隊に所属するシャーマンの小隊には、シャーマンをベースにイギリス軍が独自に高い貫徹力を持つ17ポンド（口径76・2㎜）砲を搭載したシャーマン・ファイアフライが配備されるようになった。

また、戦車連隊のチャーチル中隊には、アメリカ製で3インチ（76・2㎜）砲を搭載するM10自走砲（ウルヴァリン）や、これをベースにイギリス軍が独自に17ポンド砲を搭載したM10C自走砲（アキリーズ）の小隊が1～2個増強されるようになった。これらの防御力は低いものの強力な対戦車火力を持つ自走砲は、攻撃開始前に見通しのよい射撃陣地を確保し、敵戦車が出現したらすぐさま射撃してチャーチル中隊の前進を掩護した。

まとめると、イギリス機甲連隊の戦車は、榴弾の用意がない巡航戦車一本から、これに榴弾火力の大きい75㎜砲搭載のアメリカ製中戦車を加えた二本立ての時期を経て、75㎜砲を搭載するアメリカ製中戦車と新型の巡航戦車に一本化され、さらに対戦車能力の高い17ポンド砲搭載の戦車が加えられた、といえる。

◆歩兵戦車Mk.Ⅳチャーチル Mk.Ⅲ
武装:6ポンド（43口径57㎜）砲×1、7.92㎜機関銃×2、最大装甲厚:102㎜、最高速度:24.8㎞/h、重量:39.6t

◆巡航戦車シャーマンVC ファイアフライ
武装:56.8口径76.2㎜砲×1、12.7㎜機関銃×1、7.62㎜機関銃×1、最大装甲厚:76㎜、最高速度40.2㎞/h、重量:32.7t

アメリカ軍の戦車大隊の編制と運用思想

アメリカ軍では当初、敵陣地の攻撃はおもに独立の戦車大隊に支援された歩兵師団の役目と考えられており、機甲師団の役目はおもに敵戦線の後方に進出して戦果を拡張することと考えられていた。

アメリカ軍が、北アフリカでドイツ軍と戦い始めた頃、機甲師団に所属する戦車大隊は、37㎜砲搭載のM3軽戦車を主力とする軽戦車大隊と75㎜砲搭載のM4中戦車を主力とする中戦車大隊の2種があり、どちらも大隊本部および本部中隊、戦車中隊3個で構成されていた。

戦車大隊の本部中隊には迫撃砲や75㎜榴弾砲を搭載するハーフトラック（前がタイヤで後ろが履帯の車両。半装軌車）が配備されており、対戦車砲の制圧や煙幕弾の発射などを行なう。軽戦車大隊は敵陣内の機関銃座の制

◆M4A1シャーマン中戦車（75㎜砲）
武装:37.5口径75㎜砲×1、12.7㎜機関銃×1、7.62㎜機関銃×1、最大装甲厚:76㎜、最高速度:38㎞/h、重量:30.7t

◆M3スチュアート軽戦車
武装:50口径37㎜砲×1、7.62㎜機関銃×5、最大装甲厚:38㎜、最高速度:58㎞/h、重量:12.7t

圧や歩兵の攻撃前進の掩護などを担当する。中戦車大隊は敵陣地を突破して後方に進出し敵の司令部や砲兵部隊を攻撃する。

もし、敵の戦車部隊が出現したら、M10自走砲や牽引式の対戦車砲などを装備する戦車駆逐大隊を呼ぶ。対戦車戦闘は専門の対戦車部隊に任せるというのが、当時のアメリカ軍の基本的な考え方だったのだ。

そのため、主力となる中戦車の主砲には対戦車能力はあまり重視されず、榴弾威力の大きい75㎜砲が搭載されていた。それでも75㎜砲の貫徹力はⅢ号戦車の長砲身5㎝戦車砲よりも高かったのだから、アメリカ軍がこれで十分と考えたのも無理はないだろう。

ところが、いざ実戦でドイツ軍の戦車と戦ってみると、大威力の火砲を搭載する代わりに装甲を犠牲にしていたM10自走砲などの対戦車車両は、防御力が弱すぎて攻勢作戦に使えず、かといって主力のM4中戦車搭載の75㎜砲は対戦車能力が十分とはいえなかった。

そこでM4中戦車に高い対戦車能力を持つ76㎜砲が搭載されることになった。しかし、この76㎜砲は対戦車能力こそ高かったが、榴弾威力は従来の75㎜砲より劣っていた（また黄燐発煙弾が75㎜砲では一般的に使用されていた一方で76㎜砲には支給されていなかったようだ）。

そのため、従来の75㎜砲型も継続して生産されるとともに、105㎜榴弾砲を搭載する支援用のM4中

◆M10戦車駆逐車

武装:50口径76.2㎜砲×1、12.7㎜機関銃×1、最大装甲厚:50㎜、最高速度:49㎞/h、重量:29.9t

戦車の生産も始められて、前述の75㎜砲搭載のハーフトラックに代わって大隊本部中隊に配備されるようになった。つまり、アメリカ軍は、M４中戦車を対戦車能力の高い76㎜砲搭載型と榴弾威力の大きい１０５㎜砲搭載型に分化させたのだ。ただし、大量に生産された75㎜砲搭載型も使用され続けている。

76㎜砲を搭載するM４中戦車の配備によって、アメリカ軍の戦車大隊は従来よりも一段上の対戦車能力を得た。しかし、アメリカ軍の戦車大隊は、ドイツ軍のパンターやティーガーが出てきても、側面や背後に容易に回りこめるような地形に恵まれたとき以外は、あまり積極的に戦おうとはしなかった。前進時には戦車砲にあらかじめ発煙弾を装填しておき、強力な敵戦車に遭遇したらすばやく煙幕を展開して後退する戦術をとっていた部隊もあったほどだ。なぜなら、無理に戦わなくても、味方の砲兵部隊の支援砲撃や空軍による対地攻撃を要請すればよかったからだ。どうしても敵の強力な重戦車を自力で撃破しなければならない場合には、一部をおとりにして敵の注意を引き付けて側面や後方に回り込むなど、数で圧倒する戦術をとった。

歩兵師団を支援する独立の中戦車大隊は、基本的には機甲師団所属の中戦車大隊と同じ編制をとっていた。各歩兵師団に増強された独立戦車大隊は、中隊規模に分割されて歩兵連隊に分散配備されることが多かった。そして、初期の日本戦車やドイツ軍の突撃砲と同様に歩兵支援に従事した。なかでも榴弾威力の大きい１０５㎜砲を搭載したM４中戦車は、歩兵支援に最適と好評だったという。

雑誌の戦史記事などを見ると「戦車部隊を分散させて歩兵支援に投入する時代遅れ

アメリカ軍中戦車大隊（1942年）

本部	M4中戦車×2、M4半装軌式自走迫撃砲×3、T30半装軌式自走榴弾砲×3
第1中隊	M4中戦車×17
第2中隊	第1中隊に同じ
第3中隊	第1中隊に同じ

※軽戦車大隊はM3軽戦車装備で編制は同じ

アメリカ軍戦車大隊（1943年）

本部	M4中戦車76㎜砲×2、M4中戦車105㎜砲×3、M4半装軌式自走迫撃砲×3
第1中隊	M4中戦車76㎜砲×18
第2中隊	第1中隊に同じ
第3中隊	第1中隊に同じ
第4中隊	M3軽戦車×17

の戦術」といった記述を目にすることがある。しかし、第二次世界大戦では、戦車や突撃砲といったハード面での多少の違いはあるものの、おもな参戦国のすべてが歩兵支援に何らかの装甲戦闘車両を投入している。回転砲塔を持たず生産工数が少ない突撃砲を開発したドイツ軍は先進的で、機甲部隊の主力戦車と歩兵支援用の戦車を共通化していたアメリカ軍は時代遅れ、とは一概に言えないだろう（もっともアメリカ軍は、対戦車戦闘に関しては戦車駆逐車をあてにしすぎた、というケガの功名があったのだが）。

たしかに大戦初頭の段階では、戦車部隊と同じ速度で移動できる機械化歩兵部隊などを組み合わせて機甲部隊を編成するという発想は先進的だったといえるだろう。しかし、全軍を機械化できない以上、徒歩編制の歩兵部隊が残るわけで、それを支援するために装甲戦闘車両を配備するのは当然のことといえる。その意味では、歩兵の支援に戦車を投入すること自体は時代遅れでもなんでもないのだ。

まとめると、アメリカ軍の機甲部隊は、対戦車戦闘に関しては、戦車駆逐大隊が担当することになっていた時期はもちろん、76㎜砲搭載のM4中戦車が配備されたのちもあまり積極的とはいえず、砲兵や空軍の支援に頼る傾向が強かったといえる。その一方で、歩兵支援には比較的積極的であり、とくに各歩兵師団に配属された独立の戦車大隊は歩兵部隊の支援で大きな活躍を見せている。

ソ連軍の戦車連隊／戦車大隊の編制と運用思想

最後はソ連軍だ。

1941年6月の独ソ戦開戦時、ソ連軍の戦車師団に所属する各戦車連隊は、重戦車大隊1個、中戦車大隊2個、軽火炎放射戦車大隊1個の計4個大隊を基幹とする編制をとっていた。そして、重戦車大隊は重戦車中隊3個、中戦車大隊は中戦車中隊3個、軽火炎放射戦車大隊は火炎放射戦車中隊3個をそれぞれ基幹とする編制になっていた。

しかし、同年8月には従来の戦車師団よりも編制規模が小さくて扱いやすい戦車旅団が導入され、さらに独ソ戦の緒戦で大損害を出す中で編制規模の縮小が相次いだ。たとえば1942年3月時点での戦車旅団の編制は、戦車大隊2個（翌4月には3個に増やされる）、自動車化歩兵大隊1個を基幹としており、各戦車大隊は戦車中隊3個を基幹とすることになっていた。これらの戦車大隊の装備車両は、第1中隊がKV重戦車、第2中隊がT‐34中戦車、第3中隊がT‐26軽戦車といった具合に各車種が入り混じったものだった。

こうした編制は、純粋に戦術的な要求に沿ったものとはいいがたく、手元の兵力で可能な編制を導入したという側面が強い。また、乗員や下級指揮官の練度の低さや車載無線機の不足ともあいまって、戦車大隊の戦術は重戦車中隊が中戦車中隊の後方に展開して支援を行なうといった程度で、ドイツ軍の戦車大隊のような連携の取れた戦術を想定することはほとんど不可能だった。独ソ戦の初期には、T‐34やKVなど同時期のドイツ戦車よりも優秀なスペックを持つ戦車を装備していた一部の戦車部隊が単独でドイツ軍の前線を突破して後方の砲兵陣地まで侵入することもあった。しかし、そうした戦果を確

◆T-26軽戦車（1939年型）
武装:46口径45mm砲×1、7.62mm機関銃×2、最大装甲厚:20mm、最高速度:30km/h、重量:10.25t

保し拡張する手段が無く、そうした成功の多くがその場限りに終わった。

　その後、機動力の低い重戦車や攻撃力の低い軽戦車は、戦車旅団隷下の戦車大隊の編制から外されて、T-34中戦車に統一されることになる。1944年8月時点での戦車大隊は戦車中隊2個を基幹とする小ぶりな編制だが、大隊レベルで車種が統一されて機動力が揃ったことによって、大隊全体が同一行動を取れるようになった。ようやく、この頃から戦術的な要求に沿った編制が取られるようになり、ソ連軍の戦車部隊は編制上のハンデを負わずに戦えるようになっていったのだ。一方、鈍重な重戦車を集めた独立重戦車連隊は、歩兵直協などにまわされた。

　ソ連軍では、戦車に数名の短機関銃などを持つ歩兵を乗せる「タンク・デサント（戦車跨乗）」があった。一例として、戦車部隊と戦車に跨乗させた歩兵部隊による機動力を活かした奇襲攻撃を見てみよう。まず

◆T-34中戦車（1941年型）
武装:42.5口径76.2㎜砲×1、7.62㎜機関銃×2、最大装甲厚:45㎜、最高速度:55㎞/h、重量:28.5t

◆KV-1重戦車（1941年）
武装:42.5口径76.2㎜砲×1、7.62㎜機関銃×3、最大装甲厚:90㎜、最高速度:35㎞/h、重量:45t

攻撃部隊を2つの梯隊《ていたい》に分けて、第1梯隊の戦車には歩兵を乗せず、第2梯隊の戦車のみに短機関銃を持つ歩兵を跨乗させる。そして第1梯隊は、敵の対戦車砲や機関銃などを制圧し、第2梯隊の突入路を切り開く。第2梯隊は、第1梯隊を支援しつつ敵陣地に突撃して敵陣地との間合いを一気に詰める。第2梯隊の跨乗歩兵は、戦闘直前に戦車から降りて、敵歩兵の攻撃から味方の戦車を守りつつ敵の歩兵を近距離から攻撃する、といったものだ。

歩兵部隊の支援が無い戦車部隊は、対戦車ロケット砲などの携帯対戦車火器を持つ歩兵の近接攻撃には意外にもろい。陸の王者である戦車といえども、とくに見通しの効かない市街地などでの戦闘では、味方の歩兵部隊による掩護が欲しい。

しかし、一般に高い機動力を持つ戦車部隊に歩兵部隊を随伴させるためには、ある程度の機動力と防御力を持った車両が必要だ（とくに低速の歩兵戦車ならば徒歩でも随伴可能だろうが）。そのため、他の主要各国軍では、おもに軽装甲を備えた兵員輸送用のハーフトラックが使われた。ところが、ソ連軍の歩兵部隊にはこの種の車両が非常に少なかったので、戦車で代用せざるをえなかったのだ。他国軍の機械化歩兵は小口径弾や砲弾片から乗員を防護する装甲を備えた兵員輸送車などに乗っていたのに対して、ソ連軍の跨乗歩兵はむきだして戦車の手すりにしがみつくだけだから、とうぜん損害も多かった。

この戦車部隊と歩兵部隊などの他の部隊との協同の重要性については、次章以降でくわしく述べてみたい。

ソ連軍戦車大隊（1941年12月）

- 本部　T-34×1
  - 第1中隊　KV重戦車×5
  - 第2中隊　T-34×7
  - 第3中隊　T-26×10

ソ連軍戦車大隊（1943年11月）

- 本部　T-34×1
  - 第1中隊　T-34×10
  - 第2中隊　第1中隊に同じ

第3章　機甲師団

機甲師団と機動力

まず機甲師団（＊1）とは何か、というところから話をはじめてみたい。

基本的に連隊以下の各部隊は、歩兵部隊なら歩兵、砲兵部隊なら砲兵、と単一の兵種で構成されている。たとえば戦車連隊は、戦車部隊のみで構成されて、歩兵部隊や砲兵部隊は所属しないのが一般的だ。

しかし、戦車部隊は、敵戦線を突破する能力こそ高いが、地域を確保する能力は低い。これに対して歩兵部隊は、散開して塹壕を掘り相互に支援可能な陣地を構築することで、小兵力でも一定の広がりを持つ「面」を確保することができる。

また、戦車はハッチを閉めるとペリスコープ（潜望鏡）の死角から忍び寄ってくる敵歩兵の肉薄攻撃を受けやすくなる。敵歩兵による肉迫攻撃を防ぐには味方の歩兵部隊による掩護が必要だ。

このような理由から歩兵部隊と戦車部隊の協同、いわゆる「歩戦の協同」は戦車戦術の基本中の基本とされている。

戦車部隊が戦闘を継続するためには、歩兵部隊以外にもさまざまな部隊の支援が必要だ。たとえば、敵の敷設した対戦車地雷の処理には工兵部隊の支援がいるし、敵の砲兵部隊を制圧する砲兵部隊も欲しい。

そのため、機甲師団は戦車、歩兵、砲兵、工兵といったさまざまな兵種の部隊で構成される「諸兵種連合部隊」となっている。戦車部隊を支援するさまざまな部隊を、戦車部隊を中心として単一の部隊に編合したものが機甲師団なのだ（歩兵部隊を中心とした師団ならば歩兵師団になる）。

＊1＝なお第二次大戦中の日本軍では戦車部隊を主力とする師団を「戦車師団」と呼んでいたが、同じく戦車部隊を主力とするドイツ軍のPanzerdivisionは「装甲師団」、アメリカ軍のArmored Divisionやイギリス軍のArmoured Divisionは「機甲師団」、ソ連のTankovogo Diviziyaは「戦車師団」と訳されることが多い。ここでは、これらの師団を総称して「機甲師団」という言葉を使うことにする。

戦車部隊を含む各兵種の部隊を編合する際に、まず問題となるのが各部隊の機動力の差だ。第一次世界大戦中に戦車が登場した時、戦闘部隊の主力は歩兵部隊であり、戦車部隊は歩兵の支援部隊でしかなかった。そして歩兵師団に増強された戦車部隊は、徒歩で移動する歩兵部隊やその他の支援部隊と基本的には大差のない速度で移動した。第一次世界大戦では、戦車部隊の登場以降も、各部隊の機動力に大きな変化は起こらなかったのだ。

ところが1920年代の終わり頃になると、ドイツのハインツ・グデーリアン将軍（当時まだ佐官だったが）は、これまでのように徒歩移動の歩兵部隊を中心として低速の歩兵支援用の戦車部隊を編合するのではなく、突破追撃用の快速の戦車部隊を中心として各兵種の支援部隊を編合した「装甲師団（Panzerdivision）」の編成を提唱するようになった。そして、快速の戦車部隊がその威力を十分に発揮するためには、すべての支援部隊が戦車部隊に随伴できるだけの速度と戦場での機動力を備える必要がある、と説いたのだ。

戦車部隊を増強された歩兵師団も、戦車部隊を主力とする装甲師団も、戦車を含む諸兵種連合部隊という意味では同じに見える。だが、前者の機動力が徒歩歩兵を基準にしているのに対して、後者の機動力は快速の戦車を基準にしている、という点に決定的な違いがあった。両者の最大の相違点は機動力なのだ。

しかし、すべての支援部隊に、少なくとも路上移動で戦車部隊並みの速度を発揮させるには、トラックなどに乗車させて完全に自動車化する必要がある。さらに戦場の不整地で戦車部隊に随伴できる機動力を実現するには、歩兵部隊や工兵部隊などを装甲兵員輸送車に乗せて、砲兵部隊に自走砲を配備する必要がある。

装輪（タイヤ）式のトラックは、戦車や半装軌式の装甲兵員輸送車に比べると不整地の走破能力が大きく劣っているため、一旦道路を外れると戦車の機動に付いていくことができない。また、非装甲のトラックは、砲兵による榴弾射撃や小火器の銃撃でも大きな損害が出てしまうため、歩兵や工兵は戦場のはるか手前で下車して、戦場を徒歩で移動しなければならない。

一方、半装軌式の装甲兵員輸送車は、トラックをはるかに上回る不整地走破能力と一定の装甲防御力を備えているので、戦車の機動に付いていくことができるし、敵の小口径弾や榴弾の弾片から車内の歩兵を保護することができる。したがって、歩兵は戦闘直前まで下車する必要がなく、状況が許せば乗車戦闘も可能だ。装甲兵員輸送車に乗る歩兵部隊は、ハイスピードで機動する戦車部隊に密着して行動できるので、従来の徒歩歩兵と鈍足の歩兵戦車を組み合わせた歩戦協同部隊よりもはるかに速いテンポで作戦を展開することができるのだ。

砲兵部隊に関しても同じことがいえる。牽引式の火砲は、牽引車から切り離して射撃陣地に進入し砲撃準備を整えるまでにかなりの時間がかかる。撤収時にも同じような手間がかかるので、展開が速い機甲戦に対応して効果的な砲撃支援を行なうことがむずかしい。その点、自走砲は自力で移動や陣地進入ができるので陣地変換も速く、テンポの速い機甲戦の支援に最適だ。

同様に、機甲師団に所属するすべての支援部隊を半装軌車に乗せて装甲化すれば、師団全体の作戦テンポが大幅に向上する。対する敵軍は、機甲師団の作戦テンポに付いていくことができず、主導権を失って効果的な対応を取ることができなくなる。具体的にいうと、防御陣地を固める前に攻撃を受け、反撃は手遅れとなり、増援部隊は移動隊形のまま奇襲されて戦闘力を失っていく。つまり、機甲師団の作戦テンポの速さ自体が大きな武器になるのだ。

この機甲師団は、主要各国軍ごとに運用思想や編制がかなり異なっており、時期による編制の変化も大きいので、一般論としての記述に国ごとの特色を付け加えるかたちで述べることがむずかしい。そこで機甲師団についても前章と同じく、国ごとに編制と運用思想を見ていこうと思う。

機甲師団の速力は戦力である

●歩兵師団の攻撃

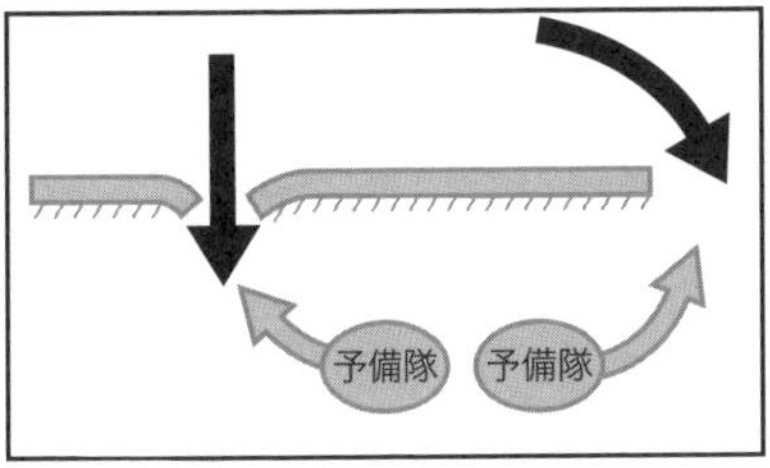

敵味方共に歩兵師団の場合、彼我の機動力が同じなため、突破にしろ迂回にしろ、攻撃は敵の予備隊に阻止される。

●機甲師団の攻撃

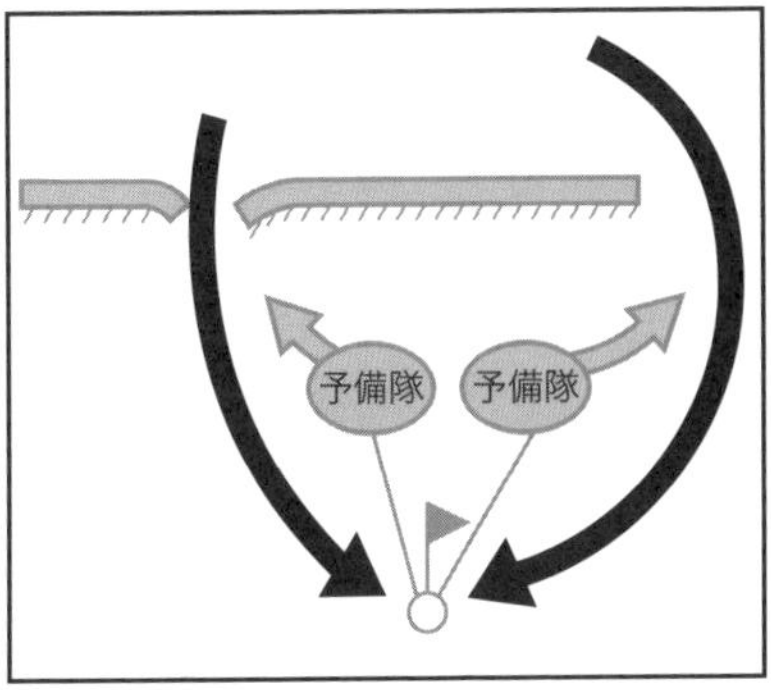

速度の速い機甲師団は敵の後方へ容易に進出し、敵の指揮機構を破壊し、予備隊を無力化できる。 これを敵の行動(指揮)を「麻痺」させるという。

●側面にかまわず前進せよ

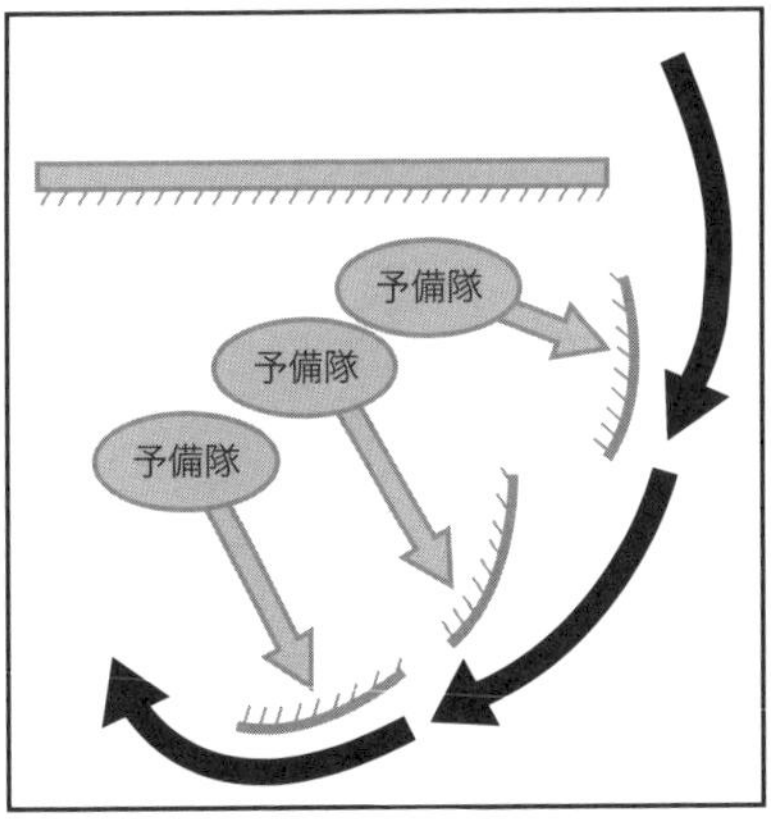

機甲師団が高速で進撃を続ける限り、敵の対応は後手に回り、予備隊を有効に利用した防衛線を構築できず、ついには包囲されてしまう。「機甲部隊の側面は走っている限り安全」と言われるゆえんである。しかし、一旦停止するとその長い後方連絡線を敵に晒すことになる。ここで後続の機械化歩兵が必要になるのだ。

●機甲師団と歩兵師団の速度の違い

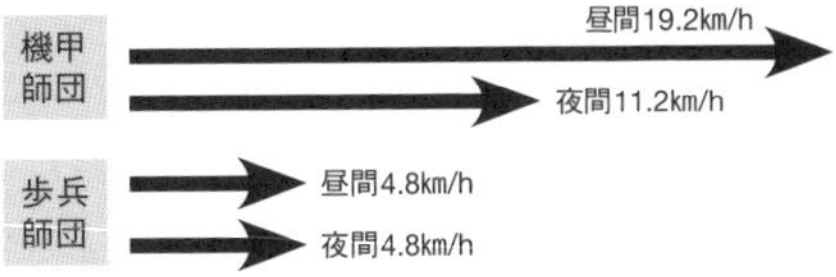

図はドイツ軍の装甲師団と歩兵師団の速度の違いを表したものである。装甲師団は昼間ならば歩兵師団の約4倍の速度で移動できた。

ドイツ軍の装甲師団の編制と戦術

機甲師団の編制を考えるうえでもっとも重要な問題のひとつが、戦車部隊と歩兵部隊の比率だ。戦術上、敵戦線の突破だけを考えるのであれば戦車を増やして打撃力を強化すれば良い。しかし、歩兵が不足すると、地域の確保ができないし、戦車の戦力発揮にも問題が出てくるのは前述したとおりだ。

そしてドイツ軍を含む主要各国の陸軍は、最良の歩戦比率を模索して、大戦中に何度も機甲師団の改編を行っている。

ドイツ軍は、戦車の補充不足など様々な理由によって1943年まで装甲師団の編制を統一することができなかったが、大戦勃発直前の第1装甲師団を例にとると、戦車大隊とオートバイ歩兵を含む自動車化歩兵大隊の数は4対3、オートバイ歩兵を除くと4対2となり、いずれにしても戦車大隊の方が歩兵大隊よりも数が多かった。

その後、演習の分析などから歩兵部隊の不足を認識したドイツ軍は、段階的に自動車化歩兵を2個連隊計4個大隊編制とし、オートバイ歩兵大隊は自動車化偵察大隊と統合した。その一方で、戦車部隊は、独ソ戦前の装甲師団の無理な増設や戦車の生産不足などによって、1943年には基本的にすべての戦車連隊が2個大隊編制となり、戦車大隊と歩兵大隊の比率は2対4に逆転した。グデーリアン将軍は戦車がほぼ半減し装甲師団の打撃力が大幅に低下したことを嘆いたが、地域を確保する能力は逆に向上したといえる。

装甲師団に所属する自動車化歩兵（＊2）は、大戦初期にはほとんど部隊が非装甲の6輪トラックや大型乗用車に乗車しており、Ｓｄｋｆｚ．２５１などの半装軌式の装甲兵員輸送車に乗る部隊はごく一部にと

＊2＝ドイツ軍では、自動車に乗る歩兵やオートバイに乗る歩兵（Schützen）を一般の歩兵（Infanterie）と区別しており、前者はしばしば自動車化狙撃兵やオートバイ狙撃兵と訳されるが、ここでは自動車化歩兵とオートバイ歩兵に統一した。

どまっていた。歩戦の協同による戦力発揮を考えれば、すべての自動車化歩兵部隊を装甲兵員輸送車に乗せて戦車部隊に随伴できる機動力を与えるべきなのだが、生産能力の不足などから十分な数の装甲兵員輸送車を揃えることができなかったのだ。

その後、1942～44年になっても、装甲師団に所属する自動車化歩兵大隊4個のうち1個に装甲兵員輸送車が配備された程度で、自動車化歩兵の装甲化はなかなか進まなかった。

そして大戦末期になると、戦車連隊が戦車大隊と装甲兵員輸送車に乗る装甲擲弾兵大隊（自動車化歩兵大隊を改称）各1個を基幹とするものになり、装甲擲弾兵連隊2個に所属する計4個大隊は、自動車化のみとなったうえに各大隊隷下の小銃中隊は徒歩編制になるなど、グデーリアン将軍が理想とする装甲師団とはかけ離れた姿に落ちぶれてしまった。

装甲師団に所属する自動車化砲兵（のちに装甲砲兵と改称）連隊も、自動車化歩兵連隊とよく似た問題を抱えてい

ドイツ軍が運用した半装軌式（ハーフトラック）の装甲兵員輸送車であるSdkfz.251

装甲砲兵大隊に配備された15㎝自走榴弾砲フンメル

た。開戦当初の自動車化砲兵連隊は牽引式の10・5cm軽野戦榴弾砲を装備する自動車化砲兵大隊2個を基幹としていたが、西方進攻作戦の頃に同じく牽引式の15cm重野戦榴弾砲や10cm重加農を装備する自動車化重砲兵大隊1個が追加された。

さらに1943年には、それまで牽引式の軽野戦榴弾砲を装備していた1個大隊が10・5cm榴弾砲搭載の自走砲「ヴェスペ」2個中隊および15cm重装甲榴弾砲「フンメル」1個中隊を装備する装甲砲兵大隊に改編されて自走化された。戦車部隊への随伴を考えれば砲兵連隊を完全に自走化すべきなのだが、自走砲の不足から3個大隊のうち1個大隊しか自走化できなかったのだ。

同様に装甲工兵大隊も3個ある工兵中隊のうち1個中隊しか装甲化されなかったし、装甲偵察大隊も大戦末期になると半装軌式の装甲兵員輸送車に乗る装甲偵察中隊が減らされて自動車化偵察中隊が増やされた。補給大隊でも大戦末期にはトラックを装備する自動車化輸送中隊が荷馬車による馬匹輸送中隊に置き換えられている。

このようにドイツ軍の装甲師団では、とくに支援部隊の装甲化や半装軌化が不十分であり、大戦末期になると自動車化さえ不完全になって、師団の機動力を制限する大きな要因となった。

そして大戦中の装甲師団は、状況に応じて戦車連隊や装甲擲弾兵連隊、装甲偵察大隊などを基幹として、直接支援を行なう砲兵大隊や工兵中隊など各兵種の支援部隊を増強し、師団よりも小振りな諸兵種連合の戦闘団である「カンプグルッペ」を3個前後、状況に応じて臨時編成して戦闘を行なうことを基本戦術としていた。

たとえば、1943年型および1944年型の装甲師団は、戦車連隊1個、装甲擲弾兵連隊2個を基幹としていたので、戦車連隊基幹のカンプグルッペ1個と装甲擲弾兵連隊基幹のカンプグルッペ2個を編成することができた。また、大戦末期の1945年型装甲師団は、戦車大隊基幹の装甲化されたカンプグルッペを1個、通常の擲弾兵連隊（歩兵連隊を改称）よりも自動車がやや多い程度の装甲擲弾兵連隊基幹のカンプグルッペを2個、それぞれ編成することができた。

ただし、44年型以前の装甲師団では、戦車連隊を2個大隊に分割して1個大隊ずつ装甲擲弾兵連隊に配属したカンプグルッペを2個編成することもあったし、装甲偵察大隊を基幹としたカンプグルッペを編成することもめずらしいことではなかった。カンプグルッペの編成内容は、その時々の状況に応じて柔軟に変化するのだ。各カンプグルッペの指揮官は基幹となる連隊の連隊長が兼務することが多く、通常は指揮官名がそのままカンプグルッペの名称となった。

そして、これは歩兵編の第3章の繰り返しになるが、ドイツ軍では歩兵師団も

ドイツ軍装甲師団（1939年）

- 師団司令部
  - 戦車旅団
    - 戦車連隊 ×2
  - 自動車化歩兵旅団
    - 自動車化歩兵連隊 ×2
    - オートバイ歩兵大隊
  - 自動車化砲兵連隊
  - 対戦車砲大隊
  - 捜索大隊
  - 工兵大隊
  - その他の諸隊

フランス電撃戦　―第1装甲師団のヌシャトー突破（1940年5月11日）―

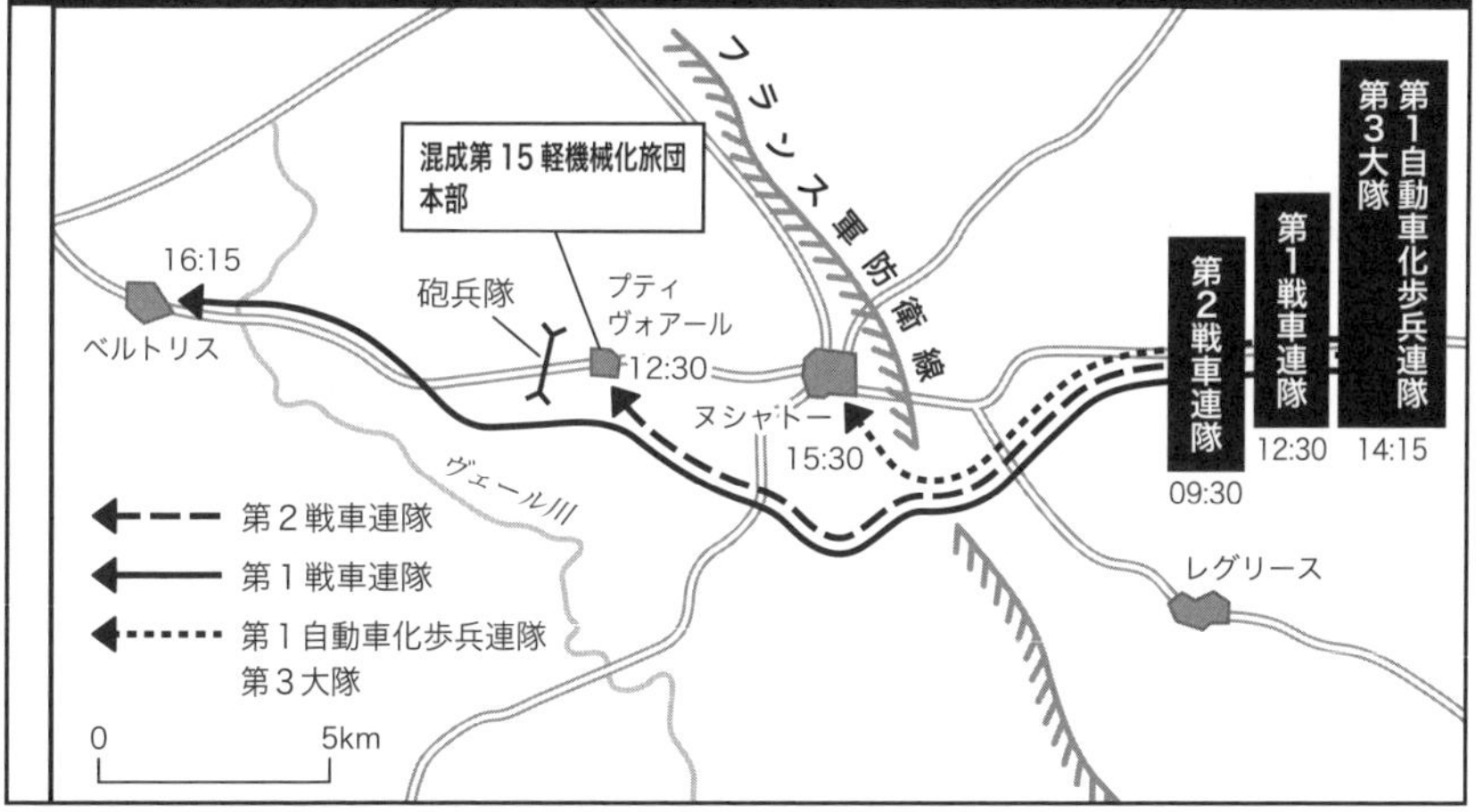

ドイツ国境から約70kmに存在するベルギー南部の交通結節点ヌシャトーに存在するフランス軍防衛線を突破する際、ドイツ第1装甲師団は、防衛線の間隙を縫って直接、敵の司令部と砲兵を攻撃。この混乱に乗じて、より後方のベルトリスを奪取するとともに、ヌシャトーの街は後続の自動車化歩兵が占領した。

第1SS装甲師団とカンプグルッペの編合（1944年12月16日）

第1SS装甲師団司令部

- 第1SS戦車連隊
- 第1SS装甲擲弾兵連隊
- 第2SS装甲擲弾兵連隊
- 第1SS装甲砲兵連隊
- 第1SS装甲偵察大隊
- 第1SS装甲工兵大隊
- 第1SS装甲弾兵大隊
- 第1SS高射砲大隊
- その他の諸隊
- 独立第501SS重戦車大隊
- 空軍第84突撃高射砲大隊

パイパー戦闘団

- 第1SS戦車連隊 ※1
- 第1SS装甲擲弾兵連隊第3大隊
- 第1SS装甲工兵大隊第3中隊
- 第1SS装甲砲兵連隊第2大隊 ※2
- 空軍第84突撃高射砲大隊

サンディッヒ戦闘団

- 第2SS装甲擲弾兵連隊（主力）
- 第1SS装甲砲兵大隊第3大隊
- 第1SS装甲工兵大隊（主力）
- 第1SS高射砲大隊

ハンセン戦闘団

- 第1SS装甲擲弾兵連隊（主力）
- 第1SS装甲砲兵連隊第1大隊
- 第1SS装甲猟兵大隊
- 第1SS装甲工兵大隊第1中隊
- 第1SS高射砲大隊（一部）

クニッテル戦闘団

- 第1SS装甲偵察大隊

※1=1個大隊欠（軍直轄第501SS重戦車大隊配属）
※2=作戦に参加せず

「ラインの守り」作戦での道路割り当てと行軍序列

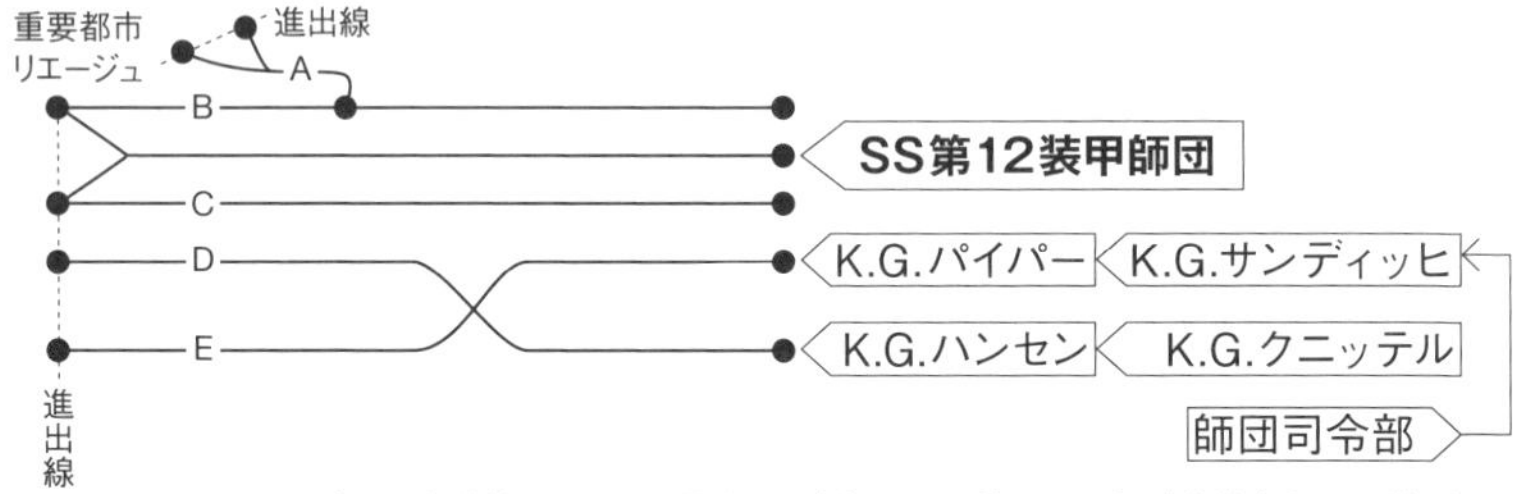

上の表は西部戦線でのドイツ軍最後の大攻勢となった「ラインの守り」作戦（バルジの戦い）での、師団からカンプグルッペへの編合例である。下は行軍序列で、攻撃力の高いパイパー戦闘団とハンセン戦闘団（装甲猟兵大隊の駆逐戦車が配属）が先鋒となっている。

歩兵連隊基幹のカンプグルッペを臨時に編成して戦った。また、アメリカ軍の歩兵師団は歩兵連隊基幹の諸兵種連合部隊である「RCT（Regimental Combat Team＝連隊戦闘団の略）」を臨時編成し、日本軍の歩兵師団も諸兵種連合の「支隊」をしばしば編成して歩兵団長に指揮させた。このように、第二次世界大戦では師団内に連隊基幹の諸兵種連合部隊を臨時に編成して戦うことがごく一般的に行なわれていたのだ。

話をドイツ軍の装甲師団に戻すと、戦車連隊を基幹とするカンプグルッペには、半装軌式の装甲兵員輸送車に乗る装甲擲弾兵大隊や装甲工兵中隊などの装甲化された部隊が集中的に増強されて、その師団で唯一の完全に装甲化されたカンプグルッペ、すなわち「パンツァーカンプグルッペ（Panzerkampfgruppe＝装甲戦闘団）」となることが多かった。一方、装甲擲弾兵連隊を基幹とするカンプグルッペには、自動車化された装甲猟兵（戦車駆逐）中隊などの各部隊が増強され、場合によっては戦車連隊から引き抜かれた戦車中隊が増強されることもあった。

装甲師団の攻撃時には、突破能力が高いパンツァーカンプグルッペを先頭に立てるのが基本だ。機動力も高いパンツァーカンプグルッペの砲撃支援は、おもに自走化された砲兵大隊が担当する。パンツァーカンプグルッペが突破に成功したら、後続の自動車化されたカンプグルッペは、自動車化歩兵をトラックなどから下車させて対戦車砲を装備する装甲猟兵などとともに突破口を確保し、可能なら突破口をさらに拡大する。自動車化されたカンプグルッペの直接支援を担当するのは、軽野戦榴弾砲を装備する自動車化砲兵大隊だ。長射程大威力の火砲を持つ自動車化重砲兵大隊は、敵の砲兵部隊を制圧する対砲兵戦など師団の全般支援を担当する。

敵戦線の突破に成功したパンツァーカンプグルッペは、さらに前進を継続して敵戦線後方奥深くの敵の砲兵陣地や司令部、補給処などを蹂躙《じゅうりん》する。この時、パンツァーカンプグルッペの戦線後方への迅速な機動に随伴して砲撃支援を与えるのは、機動力に優れた自走砲だ。その後方には、3つ目の自動車化されたカンプグルッペが続き、パンツァーカンプグルッペが蹂躙した地域を確保する。前述のように突破口を確保している自動車化されたカンプグルッペは、敵の突破口に対する圧力が弱まったら歩兵をトラックなどに乗車させて、パンツァーカンプグルッペの後を追う。突破口の確保や地域の確保は後続の歩兵師団に任せて、装甲師団はさらに前進を継続して戦果を拡張していくのだ。

しかし、装甲師団とはいっても、敵戦線を突破して、そのまま後方奥深くまで突進できる装甲化された兵力は、増強連隊規模のカンプグルッペ1個に過ぎない。他の装甲化されていないカンプグルッペは、戦闘のたびに歩兵をトラックなどに乗り降りさせなければならず、これを直接支援する砲兵中隊も射撃のたびに火砲を牽引車から外して射撃陣地に据え付けなければならないので、パンツァーカンプグルッペのように戦闘を継続しつつ前進することができない。装甲化された兵力が限定されている以上、装甲師団の戦術上の選択肢もまた限定されたものにならざるを得なかったのだ。

まとめると、ドイツ軍では、戦車だけでなく半装軌式の装甲兵員輸送車や自走砲なども不足していたために、装甲師団を完全に装甲化することができなかった。結局、ドイツの限られた生産力では、グデーリアンが考えていたような理想的な装甲師団を最後まで実現することができなかったのだ。

アメリカ軍の機甲師団の編制と戦術

アメリカ軍は、第二次世界大戦初頭にドイツ軍の装甲部隊がとくに西方進攻作戦でフランス軍を早期に打倒したことなどに刺激されて、1940年7月から機甲師団および自動車化師団の編成に着手した。
アメリカ軍で最初に編成された1940年型機甲師団は、機甲連隊（他国軍でいう戦車連隊のこと）3個と機甲歩兵連隊（半装軌式の装甲兵員輸送車などに乗る機械化された歩兵連隊のこと。ドイツ軍の装甲擲弾兵連隊に相当）1個を基幹としており、戦車大隊と機甲歩兵大隊の数を比較すると9対2で初期のドイツ軍の装甲師団以上に戦車偏重の編制をとっていた。

この編制を見ると、当時のアメリカ軍における機甲師団の戦術上の位置付けは、ほぼ純粋に追撃などの戦果拡張のための兵力であり、地域の確保はほとんど考えられていなかったことがわかる。その後、演習などで歩兵部隊の不足が認識され、1941年型機甲師団では機甲歩兵大隊が1個増やされたが、それでも戦車大隊と機甲歩兵大隊の数は9対3で戦車偏重の編制だった。

次に編成された1942年型機甲師団では、画期的な編制が導入された。師団内に特定の所属部隊を持たない司令部組織である「コンバット・コマンド（Combat Command＝戦闘団司令部）」を2つ置いて、機甲連隊や機甲歩兵連隊、機甲野戦砲兵大隊（自走砲を装備する野戦砲兵大隊のこと）などの各部隊を状況に応じて柔軟に所属させるシステムを採用したのだ。これはドイツ軍の装甲師団などで臨時に編成されるカンプグルッペのシステムを正規の編制の中に取り込んだものといえる。なお、主力となる戦車部隊は2個連隊、機甲歩兵部隊は1個連隊で、戦車大隊と機甲歩兵大隊の数は6対3と依然として戦車兵力にかたよった編制になっていた。

さらに1943年には、機甲連隊と機甲歩兵連隊の本部を廃止し、

アメリカ軍機甲師団（1943年）

- 師団司令部
  - コンバット・コマンドA
  - コンバット・コマンドB
  - コンバット・コマンドR
  - 戦車大隊 ×3
  - 機甲歩兵大隊 ×3
  - 師団砲兵本部
    - 機甲野戦砲兵大隊 ×3
  - 機械化騎兵大隊
  - 機甲工兵大隊
  - その他の諸隊

コンバット・コマンドをA、B、R（Reserve＝予備の略）の3つに増やした1943年型機甲師団が編成された。この1943年機甲師団では、戦車大隊が3個に減らされて、戦車大隊と機甲歩兵大隊の比率が3対3とようやくバランスのとれた編制になった。また、師団砲兵本部には機甲野戦砲兵大隊が、機甲工兵大隊には機甲工兵中隊が、それぞれ3個ずつ所属していた。

アメリカ軍が運用した半装軌式の装甲兵員輸送車M3ハーフトラック

M3中戦車やM4中戦車の車台に105mm榴弾砲を搭載した自走砲M7プリースト

そのため、この1943年型機甲師団では、3個あるコンバット・コマンドを司令部として、戦車、歩兵、砲兵各1個大隊および工兵1個中隊が所属する、基本的には同じ部隊構成の戦闘団を3個編成できるようになっていた。

アメリカ軍の機甲師団では、機甲歩兵大隊がM3ハーフトラックなどによって完全に装甲化されており、機甲野戦砲兵大隊も105㎜自走榴弾砲M7プリーストが配備されて完全に自走化されていた。また、機甲工兵大隊など他の支援部隊にも多数のハーフトラックが配備されていたので、各部隊ともドイツ軍の装甲師団のように装甲化か自動車化かといった装備上の大きな格差が無く、各コンバット・コマンドの機動力を高いレベルで統一することができた。つまり、ドイツ軍のグデーリアン将軍の考えていた理想的な装甲師団を最初に実現したのは、ドイツ軍ではなくアメリカ軍だったのだ。

すべてのコンバット・コマンドが装甲化されているアメリカ軍の機甲師団では、ドイツ軍の装甲師団のように特定の戦闘団を攻撃の先頭に立てる必要が無い。ドイツ軍の自動車化止まりの戦闘団に敵戦線後方への突破任務は荷が重くても、支援部隊も含めて高度に装甲化されたアメリカ軍の機甲師団ならば、どのコンバット・コマンドを投入しても迅速な突破と追撃が可能だ。

もし、敵の抵抗が弱ければ、同じ編成のコンバット・コマンド2個を前線に並べて広範囲を一気に占領することもできるし、敵の抵抗が頑強な場合には、特定のコンバット・コマンドに戦車兵力を集中して打撃力を強化し一気に突破を図ることもできる。敵の最前線を突破した後も、進撃路上に敵の拠点があれば先頭のコンバット・コマンドにこれを包囲させて、残りのコンバット・コマンド2個にその拠点を迂回させて前進を続けることもできるし、さらに後方の敵の拠点にぶつかったら、どちらかのコンバット・コマンドにこれを包囲させて、最後のコンバット・コマンドにさらに拠点を迂回させて進撃を継続できる。

１９４４年夏の北フランスで、ジョージ・Ｓ・パットン将軍指揮するアメリカ第３軍所属の各機甲師団が、アブランシュの突破後に見せた戦術もこれに近いといえる。端的にいうと、アメリカ軍の機甲師団の方が、ドイツ軍の装甲師団よりも戦術的な選択肢の幅がはるかに広かったのだ。

　実戦では、コンバット・コマンドAおよびBを主力として前線に、コンバット・コマンドRを予備として後方に置くことが多かった。もともとコンバット・コマンドRの司令部の要員数は、コンバット・コマンドAやBよりも少なく、配属される兵力も前線のコンバット・コマンドAやBを多めに、予備のコンバット・コマンドRを少なめにする傾向があった。ただし、大戦末期になるとドイツ軍の反撃能力が低下し予備兵力の必要性が低下したので、しばしばRを含むすべてのコンバット・コマンドが前線に投入されるようになった。

　一例をあげると、１９４４年12月に始まった「バルジの戦い」で、交通の要衝であるバストーニュ

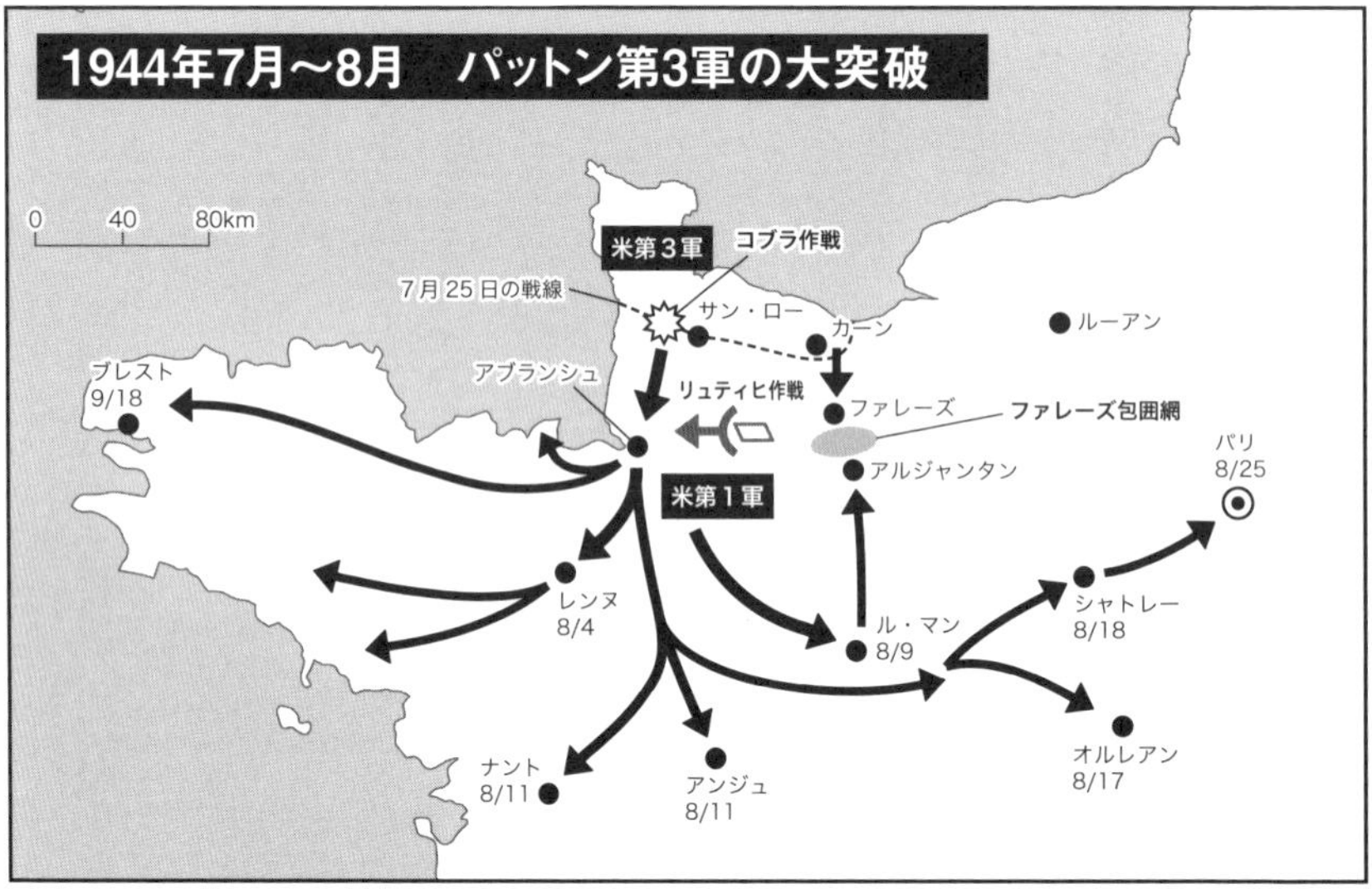

コブラ作戦で戦線を突破したパットン第3軍は、その機動力で北フランスを席巻した。対するドイツ軍装甲部隊は、リュティヒ作戦を発起して突破口を塞ごうとしたが、航空攻撃などにより壊滅した。

を包囲しているドイツ軍部隊を突破して市内への一番乗りを果たし味方の守備隊の救援に成功したのは、第4機甲師団のコンバット・コマンドRだった。この事実こそが、アメリカ軍の機甲師団が持っていた戦術的な柔軟性を象徴しているといえよう。

なお、アメリカ軍では1943年型機甲師団への改編実施後も、一部の機甲師団は1942年型編制のままで残された。戦車兵力の大きい1942型機甲師団は打撃力に優れており、突破作戦の先鋒として必要と考えられていたことによる。そして、実際に突破作戦の先頭部隊として前線に投入されている。

アメリカ軍が1943年型編制で戦車兵力を大幅に削減した理由としては、独ソ戦前のドイツ軍の装甲師団の戦車部隊の縮小を戦訓から引き出した合理的な改編と誤解したことなどがあげられる（実際は装甲師団の無理な増設による戦車不足が大きかった）。

それでも、アメリカ軍は戦車部隊が持つ打撃力と突破能力の重要性を忘れたわけではなかったのだ。

ソ連軍の戦車師団／旅団の編制と戦術

独ソ戦前のソ連軍には、戦車師団2個と機械化師団1個を基幹とする機械化軍団があった。このうち、戦車師団は、戦車連隊2個、自動車化歩兵連隊1個、自動車化砲兵連隊1個を基幹としていた。

しかし、この機械化軍団は編制規模が過大で扱いにくく、さらに1941年6月に始まったドイツ軍のソ連侵攻作戦「バルバロッサ」で甚大な損害を受けたため、他の主要各国軍の機甲師団より規模の小さい戦車旅団が多数編成された。

翌1942年の春頃にはようやく戦車の補充状況が改善し、戦車旅団3個と自動車化歩兵旅団1個を主力とする戦車軍団の編成が始められた。各戦車旅団は戦車大隊2個と自動車化歩兵大隊1個を基幹としていたが、ソ連軍の部隊規模は他の主要各国軍の同じ名称の部隊よりもやや小さく、この頃の戦車軍団はドイツ軍の装甲師団よりふた回りほど小さい規模しかなかった。その後、ソ連軍の戦車軍団と戦車旅団は改編を重ねるごとに強化されていく。

　1942年冬頃までのソ連軍の戦術は、戦車部隊の稼働率の低さ、各部隊の充足率の低さ、指揮官や兵士の練度の低さなどが重なって、稚拙なものにならざるを得なかった。砲兵部隊は攻撃部隊に柔軟な砲撃支援を与えることができず、自動車化歩兵部隊は戦車部隊と連携して協同攻撃を行なうことができず、支援を与えられない戦車部隊は単独で突出してドイツ軍の対戦車砲や歩兵の肉迫攻撃によって撃破される、といった具合だ。

　とくにソ連軍の自動車化歩兵部隊には、半装軌式の装甲兵員輸送車が欠けており、トラック類も不足していたため、戦車部隊に随伴可能な歩兵部隊が不足していた。この問題を解決するためにソ連軍が採用したのが、第一部でも説明した戦車に歩兵を乗せる「タンク・デサント」（戦車跨乗）だ。

　戦車旅団所属の自動車化歩兵大隊を小部隊に分割して各戦車大隊に増強するまでは、他の主要各国軍の戦闘団と大きな差はない。だが、増強された自動車化歩兵部隊は、他の主要各国軍のように自前の装甲兵

ソ連軍戦車旅団（1943年）

- 旅団本部
  - 戦車大隊 ×2
  - 自動車化歩兵大隊
  - 対戦車砲中隊
  - 対戦車銃中隊
  - 高射機関銃中隊
  - その他の諸隊

ソ連軍戦車軍団（1944年）

- 軍団司令部
  - 戦車旅団 ×3
  - 自動車化歩兵旅団
    - 自動車化歩兵大隊 ×3
    - 砲兵大隊
    - 重迫撃砲大隊
    - その他の諸隊
  - 重戦車連隊
  - 重自走砲連隊
  - 軽自走砲連隊
  - 重迫撃砲連隊
  - 高射機関砲連隊
  - 偵察大隊
  - オートバイ大隊
  - 対戦車砲大隊
  - その他の諸隊

員輸送車やトラックに乗って戦車部隊の後に続くのではなく、戦車の外部に取り付けられた手すりにつかまるなどして戦車部隊と一緒に移動した。確かに歩兵を戦車に乗せてしまえば、歩兵部隊の機動力は戦車部隊とまったく同等になるので、歩戦の協同には何の問題も生じない。ドイツ軍の装甲師団のように各戦闘団（カンプグルッペ）の間で機動力に大きな格差が生じることもない。その意味では理想的な歩戦協同部隊ともいえるだろう。ただし、その歩兵が戦車に剥き出しのまましがみついている状態で攻撃を受ければ大きな損害が出ることになる。

当初、タンク・デサント部隊は、おもに敵戦線後方の司令部や補給処などを破壊して迅速に撤退するという戦術を使っていたが、やがて攻撃部隊の先鋒も務めるようになった。

攻勢作戦を担当する軍には、複数の戦車旅団や戦車軍団が配属されて、敵戦線をしばしば数10㎞単位で突破した。これらの戦車部隊がほとんど単

T-34-85戦車の車体の上に跨乗して移動する、いわゆる「タンク・デサント」戦術をとるソ連の歩兵たち

独で敵戦線の後方に突出することもあったが、ドイツ軍に後方を遮断されて包囲されると補給が切れて壊滅することになる。

　これをドイツ側から見ると、敵の戦車部隊にしばしば戦線を突破されたが、時には戦術的な撤退を行ってでも突破口をすぐにふさぎ、装甲化されたカンプグルッペを中心とする「火消し部隊」が敵の戦車部隊に背側から機動打撃を加えて撃破し、機動防御に見事成功という話になる。1943年2月に始まった「第三次ハリコフ戦」におけるソ連軍のポポフ機動集団の末路などは、その典型例といえる。

　1944年になると、たとえば1月の「コルスン包囲戦」のように、ソ連軍の戦車部隊がかつてのような無謀な突進を続けることはなくなった。また、この頃には、戦車部隊の主力となっていたT-34中戦車が85㎜砲搭載のT-34-85に更新され始めるとともに、米英のレンドリースによるトラックなどが充足されたことによって、各支援部隊の機動力も向上していった。

　ソ連軍の機甲部隊は、他の主要各国軍が持っていた間接（照準）射撃を基本とする上部開放式（オープントップ）の自走榴弾砲を欠いていたが、攻勢時などに増強される独立の自走砲連隊が装備する密閉式戦

第3次ハリコフ攻防戦
（1943年2月21日～3月14日）

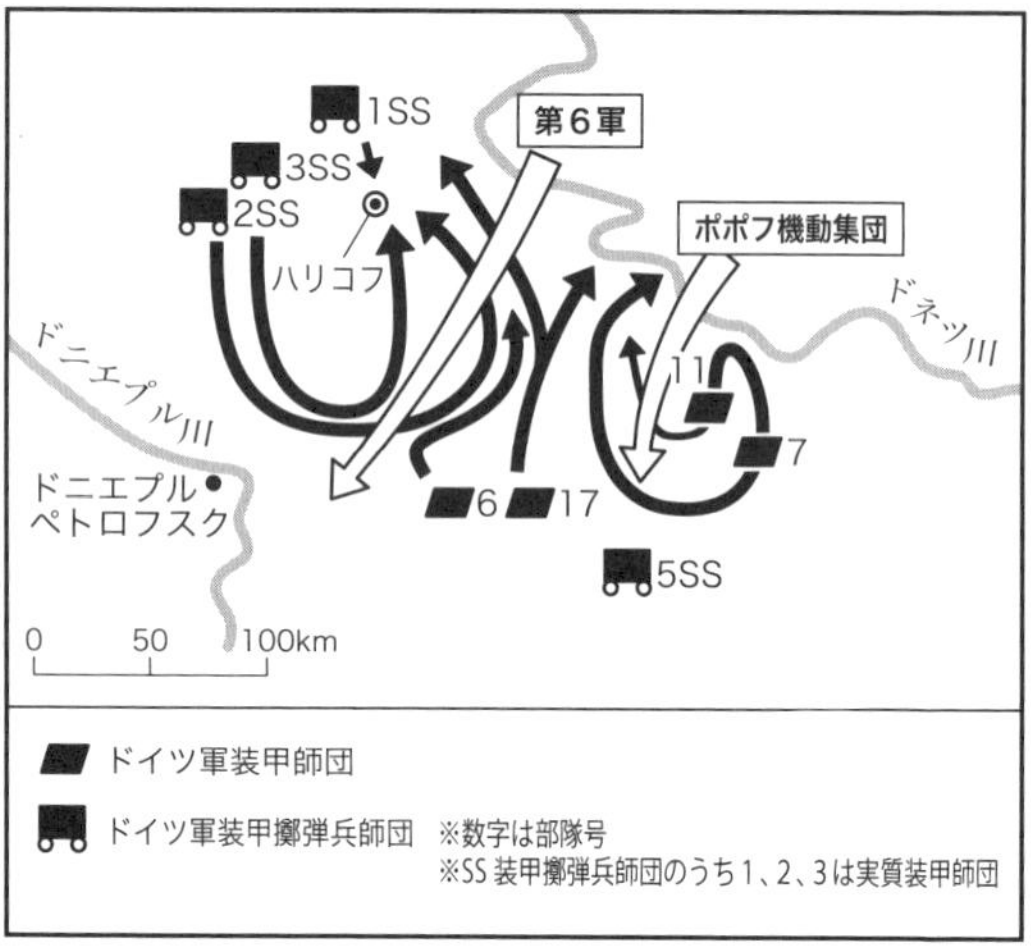

ドニエプル川に突進し、ハリコフ以東ドネツ南岸のドイツ軍の包囲を企図したソ連軍であったが、躍進距離が長すぎ、前進速度が鈍ったところを、ドイツ軍の機動防御により後方連絡線を断ち切られ、潰滅した。

闘室に大口径の榴弾砲などを搭載した自走砲の直接（照準）射撃でおぎなった。

対するドイツ軍では、歩兵師団の戦力が著しく低下し、ソ連軍に大した損害も与えられずにあっけなく突破を許すようになった。また、装甲師団の戦力も低下し、ソ連軍の襲撃機による対地攻撃などもあって思うような機動打撃がやりづらくなっていった。

これらの相乗効果によって、同年6月に始まった「バグラチオン」作戦では、ソ連軍の機甲部隊がドイツ軍のお株を奪う見事な大突破を見せるに至っている。

まとめるとソ連軍は、歩兵を戦車に乗せて輸送し、自走榴弾砲による間接射撃の代わりに自走砲の直接射撃による支援を重視するなど、ドイツ軍やアメリカ軍とは異なるアプローチで特色ある機甲戦術をつくりあげたといえるだろう。

ソ連軍のオストプロイセンへの機甲突破（1945年1月）

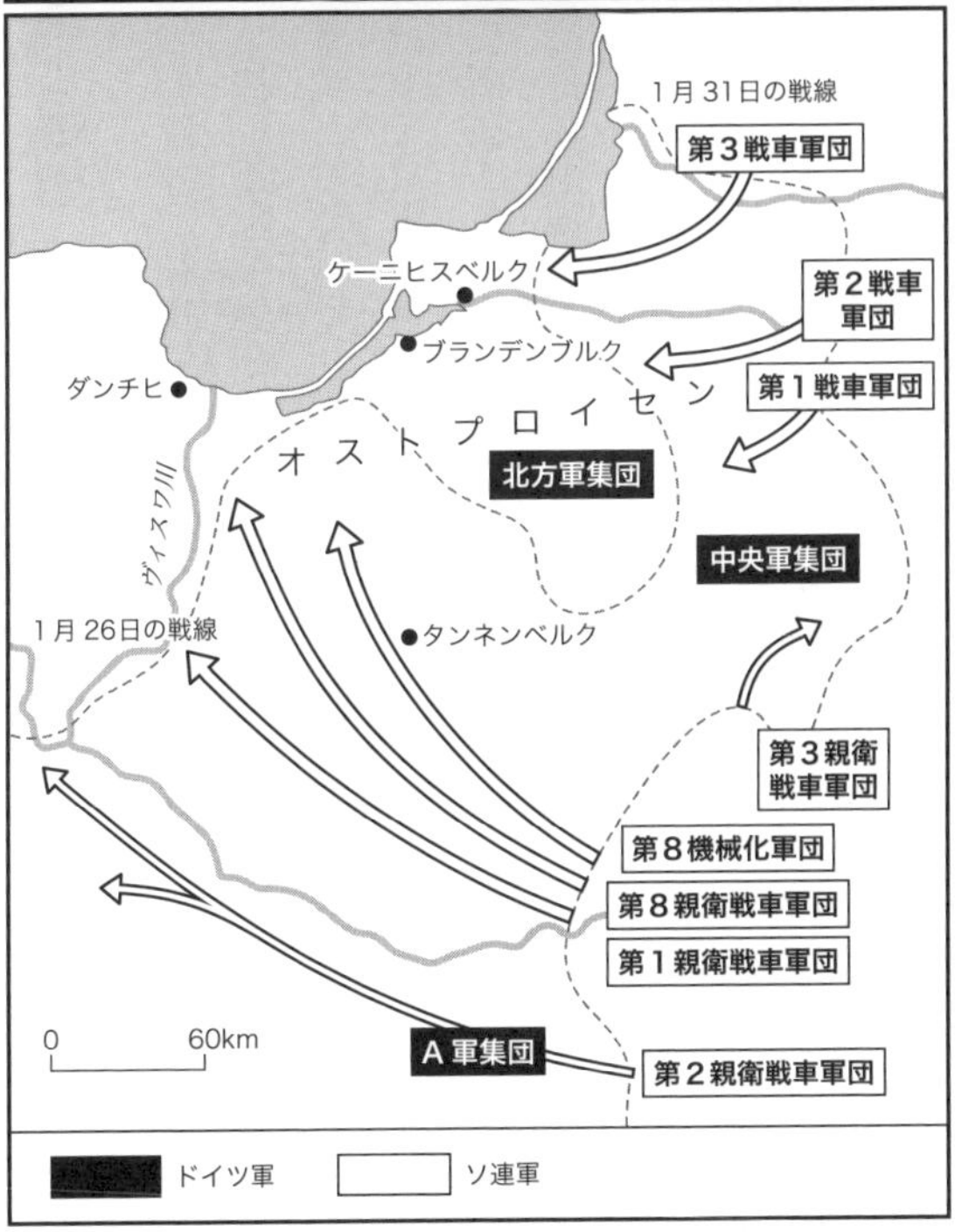

ソ連軍は、弱体化したドイツ軍のさらに戦線の薄い場所に戦車軍団を集中して突破。1943年の第3次ハリコフ戦時と異なり、充分な自動車化狙撃兵と支援部隊を持つソ連軍は、長駆してヴィスワ川の線に到達、ドイツ北方軍集団の包囲に成功した。
※地図上に表記してあるソ連軍は戦車軍団のみ

イギリス軍の機甲師団の編制と戦術

大戦初期のイギリス軍の機甲師団の編制は、軽機甲連隊3個を基幹とする軽機甲旅団と、重機甲連隊3個を基幹とする重機甲旅団の計2個旅団を基幹としていた。もっとも、機甲連隊とはいっても規模はドイツ軍の戦車大隊とそれほど変わらない。機甲師団に所属する歩兵部隊は、これらの機甲旅団ではなく、支援群に所属する自動車化歩兵大隊2個に過ぎなかったから、歩戦の兵力比はおおむね6対2と見てよい。つまり、初期のイギリス軍の機甲師団も、他の主要各国軍と同じように戦車偏重の編制をとっていたのだ。

1942年になると中東戦域の機甲師団で、戦車連隊（大隊規模）3個および自動車化歩兵大隊1個を基幹とする機甲旅団1個と、自動車化歩兵大隊3個を基幹とする自動車化歩兵旅団1個を組み合わせた新編制が採用されて、戦車連隊（ただし大隊規模）と歩兵大隊の比率は3対4に逆転した。

イギリス軍では、ドイツ軍のカンプグルッペやアメリカ軍のコンバット・コマンドのように、状況に合わせて部隊の編成内容を柔軟に変化させるフレキシブルなシステムを採用せず、師団内の正式な編制として戦車主体と歩兵主体の旅団を置き、これに師団直轄の通信大隊や衛生隊などから通信小隊や衛生分隊などの後方支援部隊を分派して配属するかたちを採った。

イギリス軍機甲師団（1940年前半）

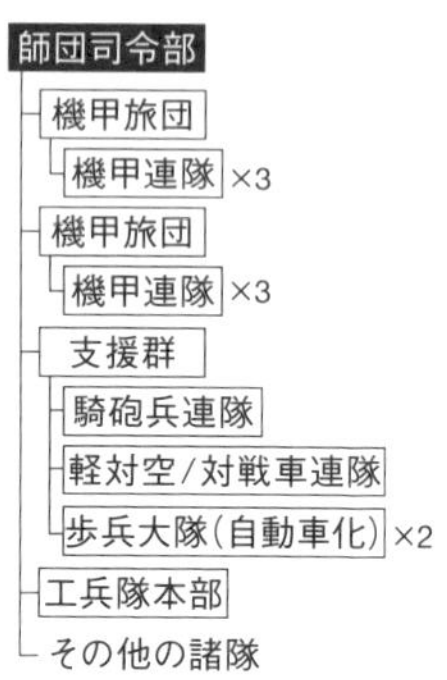

イギリス軍機甲師団（1944年）

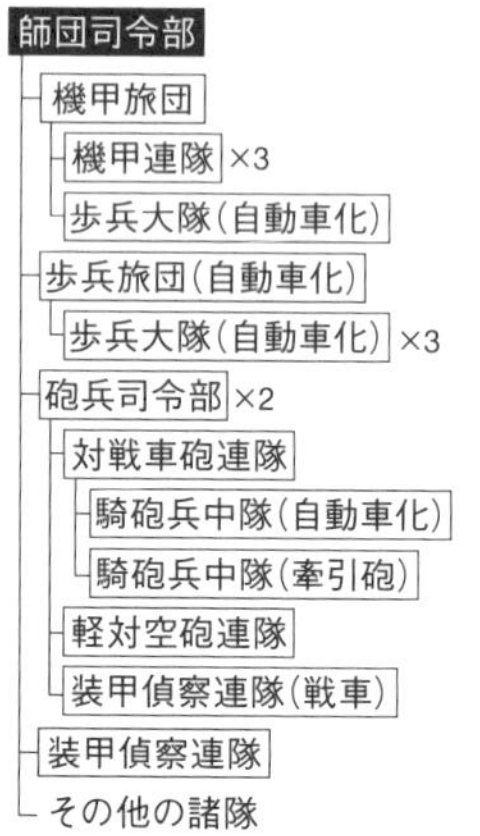

このように建制の部隊を基本とするメリットとして、戦場で行動を共にする部隊が固定化されているので、臨時編成の戦闘団に比べると部隊の団結心や相互の信頼関係、部隊間の連携能力を育てやすいことがあげられる。

そしてイギリス軍の旅団は、他の主要各国軍の臨時編成の戦闘団よりも独立性が高く、とくに北アフリカ戦の前半はしばしば旅団単位である程度独立した作戦行動をとる傾向が強かった。このうち戦車を主力とする機甲旅団は、単独の機動打撃部隊として行動することが多く、ドイツ装甲師団のように自動車化歩兵部隊と密接に協同してテンポの速い機動戦を展開することはあまりなかった。逆にいうと、当時のイギリス軍の機甲師団は、師団という規模を生かした戦術をあまりとらなかったといえる。

しかし、北アフリカ戦後半の第二次エル・アラメイン戦の頃から、同戦域の英連邦軍の兵力が大きくなったこともあって、師団がまとまって行動する傾向が強くなっていく。

そして本国の機甲師団でも、中東戦域の機甲師団に準じて、機甲旅団1個と歩兵旅団1個を組み合わせた新編制が採用されるようになった。

1944年7月、ノルマンディー戦線を進撃するイギリス第7機甲師団の巡航戦車クロムウェル。快速の巡航戦車も開発したイギリス軍だったが、大規模な機甲部隊による突破から包囲撃滅作戦を敢行することはほとんどなかった

この編制の欠点は、打撃力に優れた機甲旅団を先頭に立てて敵戦線を突破し、その突破口を後続の歩兵旅団が確保しても、先頭を進む機甲旅団の後に続いて地域を確保すべき3番目の歩兵旅団が無いことだった。仮に機甲旅団が敵戦線後方への大突破に成功しても、機甲旅団が通過した地域を確保して戦果を大きく拡張することができなかったのだ。

もっとも、イギリス軍の機甲師団の戦術は、どちらかというと機甲旅団に支援された歩兵旅団の平押しといったかたちが多く、ドイツ軍やソ連軍のように快速の機甲部隊による敵戦線の突破と後方奥深くへの急速な前進によって敵部隊を一気に包囲撃滅する、といった戦術はほとんど見られなかった。逆にいうと、そのような戦術をそもそもあまり考えていなかったので、3番目の歩兵旅団の必要性が無かった、ともいえる。

ふたつ目の欠点として、機甲旅団の兵力構成が戦車に偏っていたために歩兵が不足していたことがあげられる。そのため、たとえば近衛機甲師団では、1944年9月に開始された「マーケット・ガーデン」作戦の際には、機甲旅団から機甲連隊を1個引き抜いて歩兵旅団の歩兵大隊1個と入れ替えており、あらかじめ両旅団内の歩戦の兵力バランスを修整している。

それでもイギリス軍は、1944年に行なわれた改編でも大掛かりな手直しをせず、機甲旅団1個と歩兵旅団1個を基幹とする師団編制の骨格には手を加えなかった。その理由の一つとして、イギリスの人的資源が枯渇しかけていたことがあげられる。もう、これ以上歩兵部隊を増やせなかったのだ。

また、機甲師団の編制だけでなく戦術も、機甲旅団に支援された歩兵旅団による平押しという基本は、大戦終結まで大きく変わらなかったといえる。「バルバロッサ」作戦のドイツ軍の装甲師団、「バグラチオン」作戦のソ連軍の戦車軍団、あるいはパットン第3軍所属のアメリカ軍の機甲師団によるアブランシュからの突進のような、快速の諸兵種連合部隊による敵戦線の突破と迅速な戦果の拡張から大規模な包囲へ、といった近代的な機甲戦術を見せることは最後までなかったのだ。

日本軍の戦車師団の編制と戦術

日本軍初の戦車師団が編成されたのは、1942年に入ってからのことだ。

この戦車師団は、戦車2個連隊からなる戦車旅団2個、つまり戦車連隊計4個と機動歩兵（半装軌式の装甲兵車などに乗る機械化された歩兵のこと。アメリカ軍の機甲歩兵、ドイツ軍の装甲擲弾兵に相当する）連隊1個を基幹としていた。各戦車連隊は戦車中隊5個を基幹としていたので、実質的な規模はやや規模の大きい大隊程度、機動歩兵連隊は3個大隊編制だったから、歩戦のバランスは他の主要各国軍の初期の機甲師団よりも良かったといえる。

ただし、実際には装備の調達が間に合わず、機動歩兵連隊の装甲兵車はトラックで代用、戦車連隊の砲戦車中隊は旧式の中戦車を装備、といった状態だった。1944年3月に開始された「一号作戦」、いわゆる「大陸打通作戦」を前に、新設の戦車第三師団を視察した支那派遣軍総司令官の畑俊六大将は「戦力すこぶる低く正規のものの2分の1、ソ連のものに比し2、3割に過ぎざるべし。機動兵団としての戦力発揮は前途なお遼遠なり」と嘆いている。

日本軍の戦車師団は、中国大陸の戦闘で、状況に応じて戦車旅団や戦車連隊、機動歩兵連隊などを基幹とする諸兵種連合の支隊を臨時編成し戦った。ただし、日本軍のトラック乗車の機動歩兵は、道路インフラの貧弱な中国の奥地などでは十分な機動力を発揮できないことがあり、とくに雨天で道路が軟弱になると行軍に苦労した。そのため、戦車部隊のみの支隊を臨時編成して突破部隊として運用することもあった。

南方に送られた戦車師団は1個だけで、それも他の戦域に戦車連隊を引き抜かれたり、海上輸送の途中で輸送船を撃沈されて戦車を失ったりして、完全な戦車師団としての作戦行動を取ることができなかった。それでも、状況に応じて戦車旅団や戦車連隊、機動歩兵連隊を基幹として諸兵種連合の支隊を臨時編成するという基本戦術に変わりはなかった。

大戦末期になると、戦車連隊3個を基幹とする本土決戦用の戦車師団が新編された。各戦車連隊には、支援用の砲戦車中隊や自走砲中隊、半装軌式の装甲兵車などに乗る機械化歩兵と戦闘工兵の機能を兼ね備えた作業中隊が所属し、戦車を主体とする諸兵種連合部隊となっていた。ただし、師団内に機動歩兵連隊や機動砲兵（自動車化ないし自走砲編制の砲兵のこと）連隊が無いため、砲撃支援は軍直轄の砲兵部隊が頼りで、地域を確保する能

フィリピン・ルソン島で鹵獲された、日本陸軍戦車第二師団戦車第七連隊の九七式中戦車改。南方に送られた戦車師団はこの戦車第二師団だけだったが、米のM4シャーマンや歩兵のバズーカなどの前に壊滅した

日本軍本土決戦用戦車師団（1945年）

- 師団司令部
  - 戦車連隊
    - 中戦車中隊 ×2
    - 砲戦車中隊 ×2
    - 自走砲中隊
    - 作業中隊
    - 整備中隊
  - 戦車連隊（編制は上記戦車連隊に同じ）
  - 戦車連隊（編制は上記戦車連隊に同じ）
  - 機関砲隊
  - その他の諸隊

日本軍戦車師団（1943年）

- 師団司令部
  - 戦車旅団
    - 戦車連隊 ×2
  - 戦車旅団
    - 戦車連隊 ×2
  - 機動歩兵連隊
    - 機動歩兵大隊 ×3
  - 機動砲兵連隊
  - 速射砲（対戦車砲）大隊
  - 防空隊
  - 工兵隊
  - その他の諸隊

力はほとんどなかった。
だが、戦術的には海岸に上陸した敵部隊への突入だけを考えるのであれば、突破後に地域を確保する必要は無い。敵部隊を海に追い落としてしまえば任務完了なのだから、その意味では合理的な編制といえる。これを見てもわかるように、日本軍の本土決戦用の戦車師団における機甲戦術とは、機甲部隊をほぼ純粋に打撃力として用いるものだったのだ。

関東軍のシベリア進攻計画

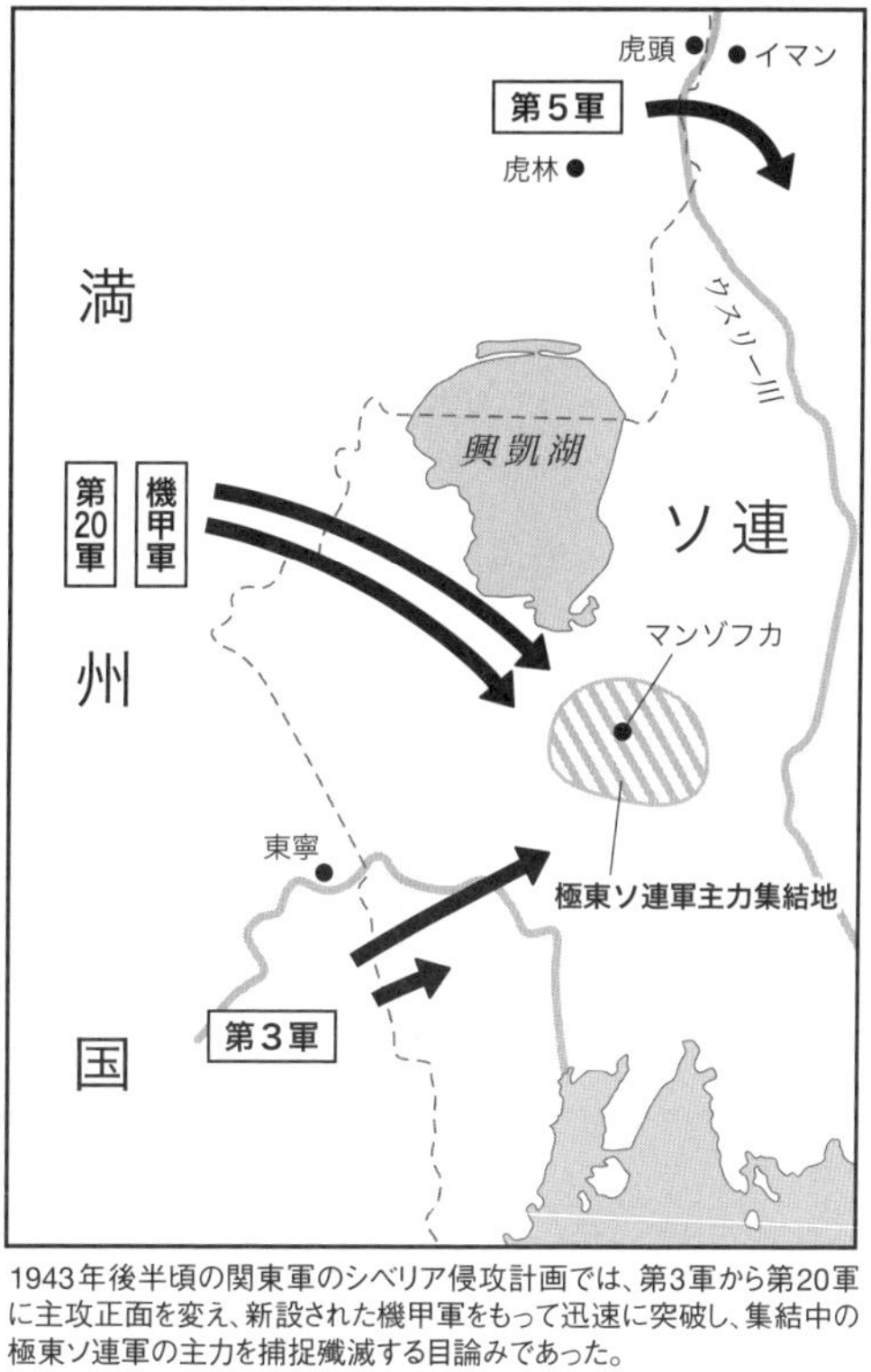

1943年後半頃の関東軍のシベリア侵攻計画では、第3軍から第20軍に主攻正面を変え、新設された機甲軍をもって迅速に突破し、集結中の極東ソ連軍の主力を捕捉殲滅する目論みであった。

理想的な機甲師団とは？

こうして主要各国軍の機甲師団の戦術を見てみると、装甲兵員輸送車や自走砲などの装備の不足が師団の編制内容にかなりの影響を与えており、機甲師団の戦術を制限する大きな要因になっていたことが感じられる。なかでもドイツ軍は、近代的な機甲戦術の生みの親となったにもかかわらず、装甲師団を完全に半装軌化、装甲化、自走砲化できず、理想とする編制を作り上げることができなかった。大戦中にそれを実現できたのは、アメリカ軍だけだったのは前述した通りだ。

とはいえ、大戦中のアメリカ軍では機甲師団こそ完全に装甲化されていたが、一般の歩兵師団はトラック装備の輸送大隊の増強を受けて完全に自動車化される程度だった（それでも他国軍の多くの歩兵師団の自動車の配備数と比べればたいしたものだが）。

その歩兵師団も、第二次世界大戦後の冷戦時代には、戦車や歩兵戦闘車、自走砲などを大量に装備して、機甲師団とほとんど変わらない機械化歩兵師団に改編されている。冷戦最盛期のアメリカ軍の機甲師団と機械化歩兵師団は、戦車大隊と機械化歩兵大隊の比率がわずかに違うだけで、両者とも実質的には機甲師団と呼びうる編制だった。つまり、アメリカ軍が出した答えは、空挺師団や山岳師団などの特殊な師団を除く全師団の機甲師団化だったのだ。

また、アメリカ軍以外の主要各国軍でも、冷戦が激化する頃には一部の軽歩兵部隊などを除いて自動車化歩兵は時代遅れとなり、装甲兵員輸送車や歩兵戦闘車に乗る機械化歩兵が当たり前になった。たとえば、西ドイツ（ドイツ連邦共和国）軍の装甲師団に所属する装甲擲弾兵大隊はすべて歩兵戦闘車に乗ることになったし、ソ連軍の自動車化歩兵師団では、隷下の自動車化歩兵連隊3個のうち1個は歩兵戦闘車または

1980年後半、アフガニスタン紛争に投入されたソ連軍の歩兵戦闘車BMP-1。歩兵戦闘車は兵員を輸送する機能だけでなく、大口径の機関砲や対戦車ミサイルなど強力な武装を有しているのが特徴だ

湾岸戦争地上戦 —シュワルツコフの左フック—

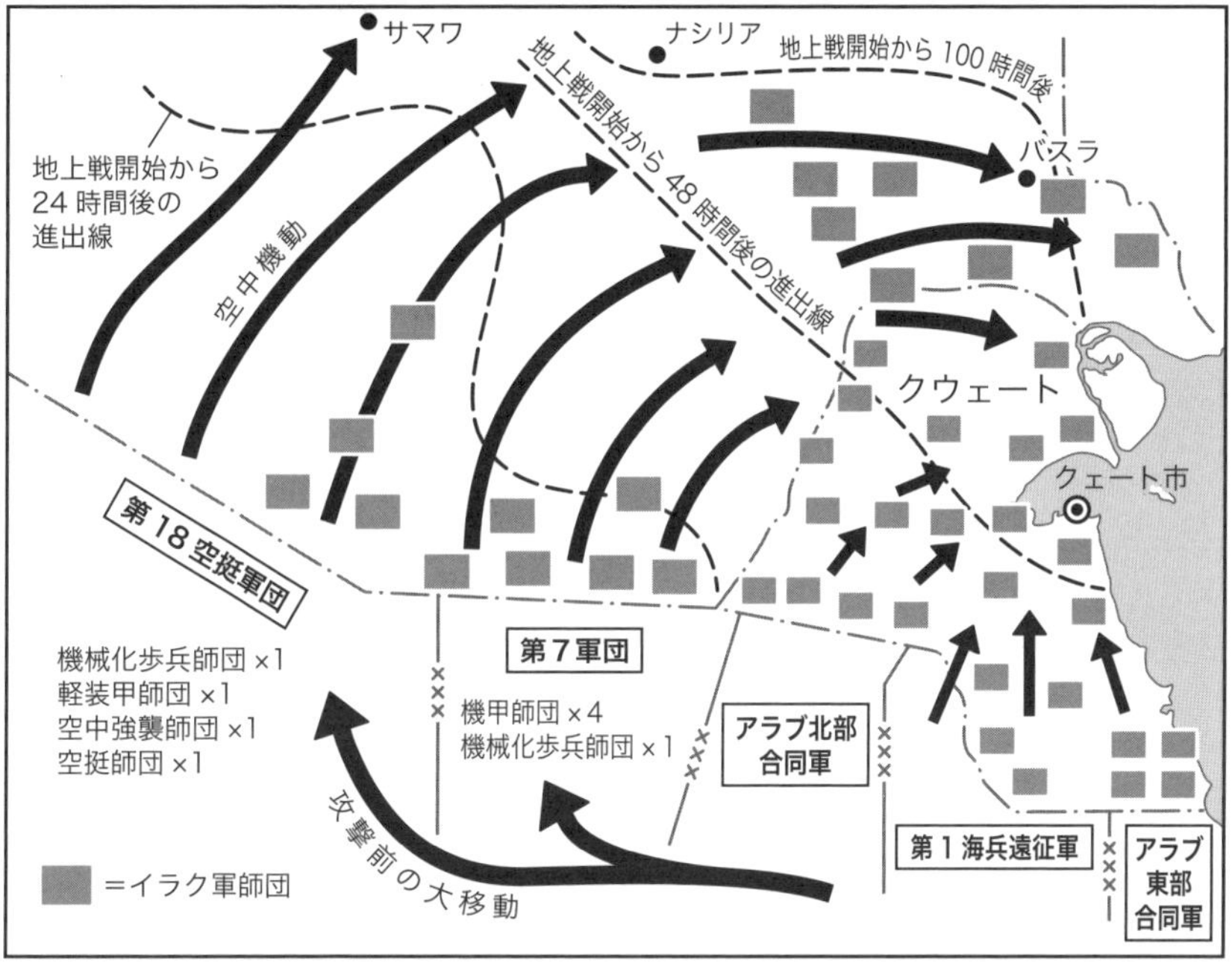

多国籍軍は、実質5個の機甲師団から成る第7軍団をもって、イラク軍を突破包囲した。敵の深奥部への進撃による包囲は、50年を経ても変わらない機甲作戦の本質だ。

湾岸戦争時(1991年)のアメリカ軍機甲師団

師団司令部
- 旅団本部 ×3
- 戦車大隊 ×6 ※1
- 機械化歩兵大隊 ×4 ※2
- 野戦砲兵旅団
- 航空旅団
- 師団支援コマンド
- その他の諸隊

※1…機械化歩兵師団では機甲大隊は5個
※2…機械化歩兵師団では歩兵大隊は5個

装軌式の装甲兵員輸送車に乗り、残り2個連隊は装輪式の装甲兵員輸送車に乗ることになっていた。

振り返ってみれば、第二次世界大戦はドイツ軍のポーランドへの進攻で幕を開け、フランス戦、北アフリカ戦、独ソ戦、連合軍のイタリアや北フランスのノルマンディーへの上陸作戦などを経てドイツ本国に至り、欧州における戦いは幕を閉じた。この戦いの経過こそがそのまま機甲戦術の発達の過程だったといえよう。

そして、大戦前にドイツ軍のグデーリアンらが理想とした機甲師団の編制が主要各国軍で実現したのは、第二次世界大戦終結後の冷戦時代のことだったのだ。

1991年2月、湾岸戦争の「砂漠の嵐」作戦で砂漠を疾走するアメリカ陸軍第3機甲師団のM1A1エイブラムズ戦車。右奥にはM2ブラッドレー歩兵戦闘車が見える

第三部

砲兵部隊

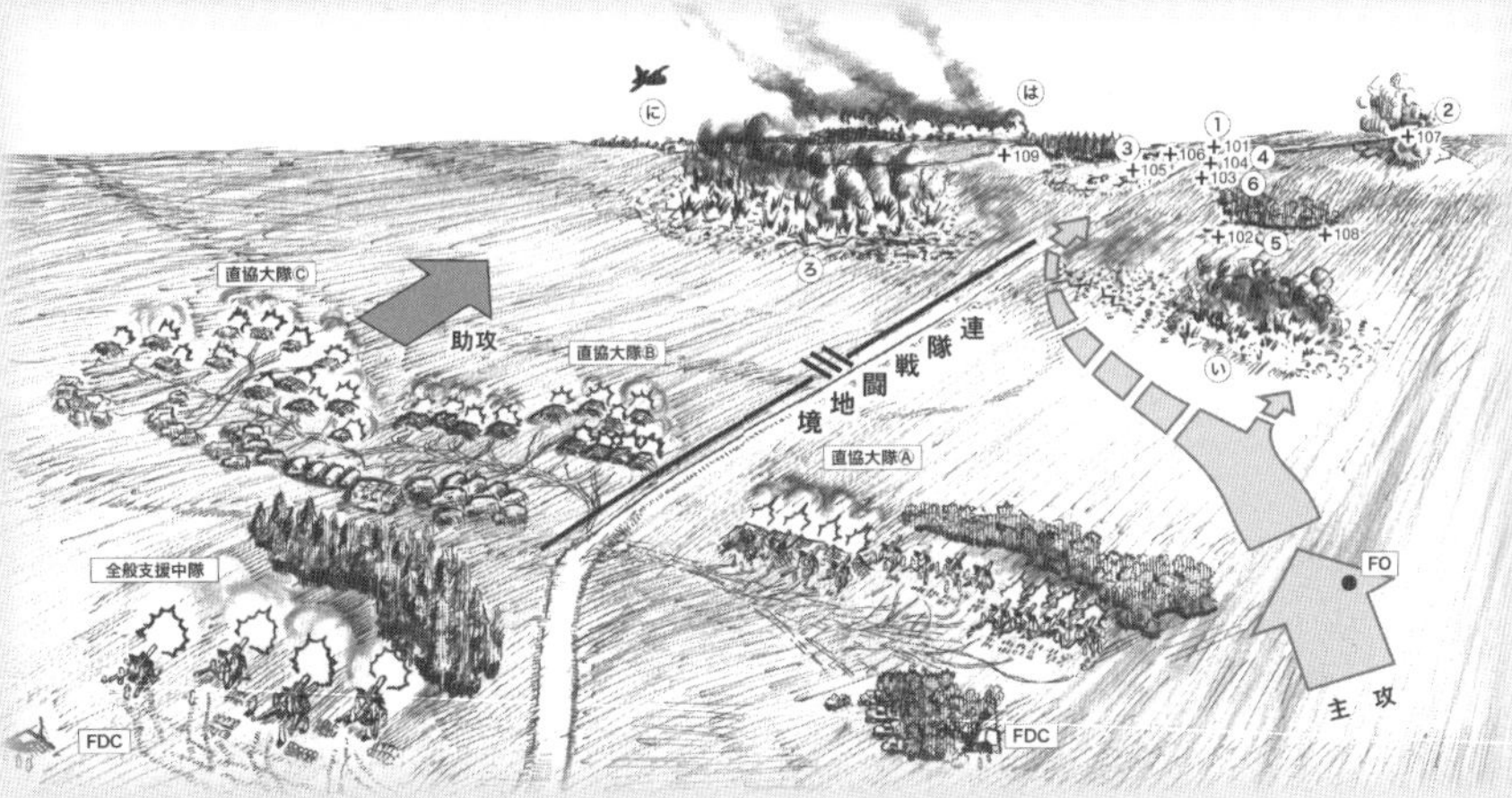
に
は
ろ
い
①
②
③
④
⑤
⑥
+101
+102
+103
+104
+105
+106
+107
+108
+109
直協大隊Ⓒ
助攻
直協大隊Ⓑ
連隊戦闘地境
直協大隊Ⓐ
全般支援中隊
FDC
FDC
FO
主攻

火砲の基礎知識

この章は、第二次世界大戦時の主要各国の砲兵部隊、なかでも歩兵師団に所属する砲兵部隊を中心に取り上げてみようと思う。

本題に入る前に、まず火砲や弾薬などのハードについて、運用の説明に必要な基礎的な事柄を中心にざっと触れておこう。

そもそも火砲にはさまざまな種類がある。

火砲のもっともオーソドックスな分類法は、砲身の長さと弾道によって区別する方法だ。砲身の長さを表すときには「口径」という言葉が使われる。ここでいう「口径」とは砲身の内径のことではなく、砲身の長さが砲身の内径の何倍かを表すものだ。より厳密には「口径長」という。たとえば、長さ1m＝1000㎜の砲身を持つ口径50㎜の砲は、砲身長が口径の20倍になるので20口径50㎜砲となる。

大まかにいって、砲身長が20口径以下の火砲を迫撃砲または臼砲《きゅうほう》（英語ではMortar。以下同じ）、20口径から30口径のものを榴弾砲（Howitzer）、30口径以上のものを

カニ眼鏡と呼ばれた砲隊鏡（双眼鏡式大型望遠鏡）で射弾観測するドイツ軍の砲兵

加農砲または単に加農（ガンまたはキャノン。ただしガンは銃砲全般、キャノンは小口径の銃を除く砲全般を指す場合にも使われる）と呼ぶ。ただし、ソ連軍では榴弾砲的な運用をする長砲身の加農砲を加農榴弾砲（ガン・ハウザー）と呼び、現在では榴弾砲的な運用をする火砲は、たとえ50口径の長砲身砲でも榴弾砲と呼ばれることが多いなど、国や時代によっても分類が大きく異なるので注意が必要だ。

　迫撃砲、榴弾砲、加農砲のそれぞれの弾道を比較すると、迫撃砲は通常45度以上の角度で発射されるため弾道が高い山なりになるのに対して、加農砲は比較的浅い角度で発射されるため弾道が低い。榴弾砲は両者の中間でやや湾曲した弾道を描く。砲弾が砲身を離れる時の速度、すなわち初速を比較すると、迫撃砲がもっとも低初速で、加農砲がもっとも高初速、榴弾砲はその中間だ。

　一般に、命中精度は高初速で弾道が低伸し横風

ドイツ軍の17㎝加農。口径は172.5㎜、口径長は47と長く、戦闘重量17.5トン、射程は29,600mに及ぶ重加農砲で、師団より上の軍団直轄の重砲部隊で運用された

ソ連軍の軍司令部直轄の砲兵連隊に配備されていた152㎜榴弾砲ML20。口径は152㎜、口径長は29、戦闘重量7.27トン、射程は17,230mで、加農榴弾砲（ガン・ハウザー）とも称された

などの影響を受けにくい火砲の方が高い。また、初速が高いということは砲弾の発射時のエネルギーが大きいことを意味しており、その分だけ各部を頑丈に作る必要がある。こうした理由から、加農砲は優れた命中精度を持つものの重量が大きく、反対に迫撃砲は命中精度こそあまり高くないが口径のわりには軽量、といった特性がでてくる。こうした特性の違いを生かして用途別にさまざまな火砲が作られているのだ。

これ以外の特殊火砲として、無反動砲（リコイルレス・ライフル／リコイルレス・ガン）やロケット弾発射機（ロケット・ランチャー）などがある。無反動砲は、発射時に発射ガスを砲口とは反対の方向にも噴出させて反動を打ち消すもの。ロケット弾発射機は、砲身から砲弾を撃ち出すのではなく、ロケット弾自体の推進力で飛翔するものだ。なお、ほとんどの迫撃砲は砲口から弾薬を落とし込んで装填する前装式（マズル・ローダー）だが、砲兵部隊が運用するような大口径の迫撃砲などの中には、通常の火砲のように砲尾の閉鎖機から弾薬を装填する後装式（ブリーチ・ローダー）の迫撃砲ないし臼砲も存在する。

この他の分類法として、火砲を要塞などに設置される固定式と野戦用の移動式に分け、さらに移動方法によって、馬匹や牽引車などによって牽引される牽引砲、分解して馬やラバなどの畜獣に載せられる駄載砲、自力で移動できる自走砲の3種に分類する方法、口径や重量によって軽砲、中砲、重砲に区分する方

口径54cmあるいは60cmの巨大砲弾を発射できたドイツ軍のカール自走臼砲。砲身も60cm砲と54cm砲の二種類あり、写真は54cm砲。54cm砲の口径長は11.5、60cm砲の口径長は8.45という非常に太く短い砲身で、射程は54cm砲が10,060m、60cm砲は4,320mしかない

法などがある。ちなみにアメリカ軍では、口径115㎜以下、重量3ｔまでを軽砲、口径155㎜まで、重量8ｔまでを中砲、口径210㎜まで、重量22ｔまでを重砲、口径210㎜を超え、重量22ｔを超えるものを超重砲と呼んでいた。

砲弾、信管、装薬の基礎知識

次に砲弾、信管、装薬について見てみよう。

砲弾には、榴弾（High Explosive略してＨＥ）、徹甲弾（Armour Piercing略してＡＰ）、発煙弾（Smoke Shell略してＳＭＫ）、照明弾（Illuminating Shell略してＩＬＬ）などの種類があり、用途によって使い分けられる。敵陣地に対する射撃には、おもに榴弾が使用される。榴弾とは、弾殻の内部に砲弾を炸裂させる火薬（炸薬）が充填されている砲弾で、信管の作動によって炸裂し周囲に爆風と破片を撒き散らして人馬を殺傷する。徹甲弾は装甲の貫徹用、発煙弾は煙幕の展開用、照明弾は夜間の照明用だ。

信管とは、必要な時間と場所で砲弾を起爆させるもので、砲弾への装着位置によって弾頭信管と弾底信管の2種に分けられる。機能別には、弾丸が命中すると作動する着発信管、事前に設定された時間が経過すると空中で作動する時限信管、レーダー波を発信し目標や地面に接近すると作動するＶＴ信管などの特殊信管の3種に大きく分類できるが、これら機能を複数組み合わせた複動信管もある。複動信管は、時限機構の作動前に着弾してしまった場合や時限機構が作動しなかった場合でも着発機構が作動するので、不発弾を防ぐことができる。

着発信管は、命中とほぼ同時（約1万分の1～5秒後）に作動する瞬発信管と、命中にわずかに遅れて（約100分の1～15秒後）作動する遅延（延期）信管に分類することができる（弾底信管は、構造上弾頭信管よりも作動がわずかに遅れるため、無延期のものでも厳密には瞬発信管には含まれず、瞬発でも遅延でもない無延期信管に分類される）。また、瞬発と遅延を簡単に切り替えられるものもあり、目標の状況に応じて使い分けられる。たとえば、土が厚く盛られた掩蓋陣地などに対しては、砲弾を地面にめり込ませてから炸裂させた方が有効なので、遅発が選択されることになる。

時限信管には、点火された火薬の燃焼時間で作動秒時をコントロールする火道式と、タイマーで作動秒時をコントロールする時計式の2種がある。製造コストは火道式の方が安く、秒時設定の精度は時計式の方が高い。火砲の発達によって射程距離が伸び、砲弾の飛翔時間が長くなって設定秒時が延びると、火道式では精度が不足するようになったため、やがて時計式に置き換えられていった。

ちなみに信管の秒時設定を行なうことを「信管を切る」というが、これは火道信管の一種である導火線を切断して作動秒時を設定していた頃のなごりで、大戦中の時限信管では時計板を「回して」作動秒時を設定するのが一般的だった。また、時限信管やVT信管を使用して榴弾を空中で炸裂させる射撃を「曳火《えいか》射撃」と呼ぶが、これも砲弾の導火線に火を点けて発射していた頃のなごりだ。

榴弾射撃では、もっぱら着発信管が使用される。ただし時限信管やVT信管を使って曳火射撃を行ない、榴弾を空中で炸裂させて塹壕内の歩兵の頭上から爆風と弾片を浴びせたり、戦車のハッチを閉めさせて視界を限定し戦闘効率を低下させたりすることもある。

装薬とは、砲弾を撃ち出す火薬である発射薬やそれを収めた薬嚢《やくのう》などの組み立て品の総称だ。装薬の入った薬莢と砲弾があらかじめ固定されている固定弾では装填時に装薬の量を加減することができない。一

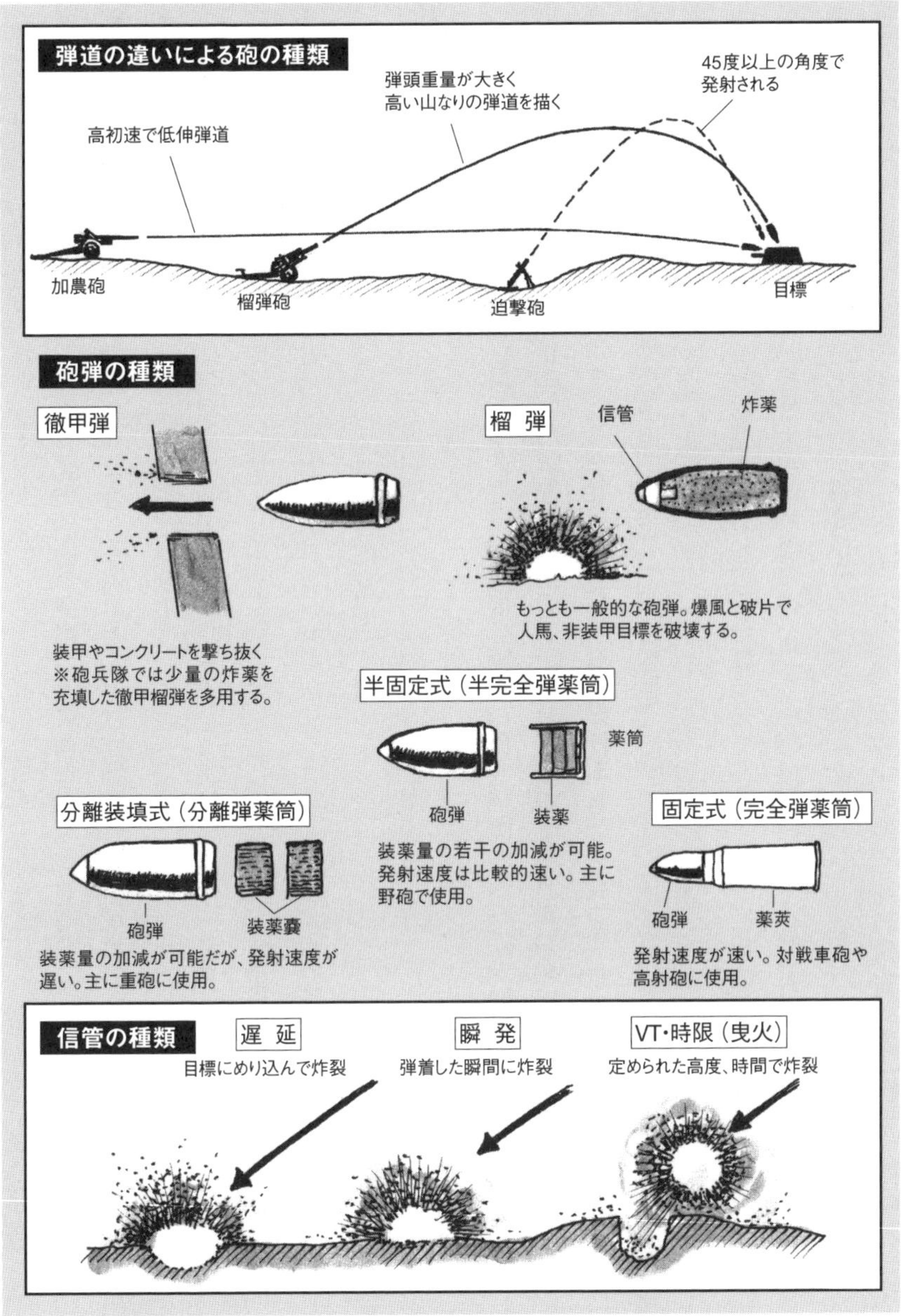
弾道の違いによる砲の種類
45度以上の角度で
発射される
弾頭重量が大きく
高い山なりの弾道を描く
高初速で低伸弾道
加農砲
榴弾砲
迫撃砲
目標
砲弾の種類
徹甲弾
装甲やコンクリートを撃ち抜く
※砲兵隊では少量の炸薬を
充填した徹甲榴弾を多用する。
榴　弾
信管
炸薬
もっとも一般的な砲弾。爆風と破片で
人馬、非装甲目標を破壊する。
半固定式（半完全弾薬筒）
薬筒
砲弾
装薬
装薬量の若干の加減が可能。
発射速度は比較的速い。主に
野砲で使用。
分離装填式（分離弾薬筒）
砲弾
装薬嚢
装薬量の加減が可能だが、発射速度が
遅い。主に重砲に使用。
固定式（完全弾薬筒）
砲弾
薬莢
発射速度が速い。対戦車砲や
高射砲に使用。
信管の種類
遅　延
目標にめり込んで炸裂
瞬　発
弾着した瞬間に炸裂
VT・時限（曳火）
定められた高度、時間で炸裂

方、薬莢と砲弾が固定されていない半固定弾や、薬莢が無く砲弾と装薬を別々に装填する分離装填弾では、装填時に装薬の量を加減することによって射程距離の大まかな調整を行なう。この装薬の調整を「装薬の編合」というが、大戦中に使用された榴弾砲のほとんどは、装薬の編合が可能な分離装填式ないしは半固定弾を使用するものだった。

装薬の使用量を多くすれば射程を伸ばすことができるが、反動が大きくなるため、砲架や閉鎖機を頑丈に作る必要がある。そのため、同口径の火砲で射程の長いものは短いものより重量が大きいのがふつうだ。基本的に射程と重量は相反するものなのだ。

砲兵部隊の編制

ハードの説明はこのくらいにして、ここで主要各国軍の砲兵部隊の編制について簡単に触れておこう。

主要各国軍の歩兵師団には、ふつう連隊規模の師団砲兵部隊が1個所属していた。師団砲兵に所属する各砲兵大隊は、敵の砲兵部隊と撃ち合う対砲兵戦など師団全般の戦闘を支援する全般支援（General Support略してGS）大隊と、各歩兵連隊に対する砲撃支援を担当する直接支援（Direct Support略してDS）大隊の2種に分けられる。

GS大隊は他の大隊よりも長射程大威力の火砲を装備しており、連隊内に1個大隊だけ置かれるのがふつうだ。一方、DS大隊は、GS大隊の装備火砲よりも小口径で軽快な火砲を装備しており、任務上同じ師団に所属する歩兵連隊と同じ数の大隊が置かれることが多かった。ただし、イギリス軍の師団砲兵にはGS大隊が無く、砲兵司令部の隷下に歩兵旅団（実質連隊規模）と同じ数の砲兵連隊（実質大隊規模）が、対戦車砲連隊や対空砲連隊とともに所属していた。

　各砲兵大隊には、通常は4～6門（2門～8門ということもあった）の火砲を装備する砲兵中隊（バッテリー）が3個前後所属していた。砲兵部隊の砲撃は、この中隊を基本単位として行なわれる。前述したように火砲が異なると弾道特性も異なってくるため、少なくとも中隊内の火砲が統一されていないと、各砲が同じデータ、つまり同一の射撃諸元に基づいて射撃を行なうことができない。

　装備火砲を見ると、DS大隊には、ドイツ軍やアメリカ軍では105㎜榴弾砲（ここでいう榴弾砲は後述する野砲よりも大口径の火砲）、イギリス軍で

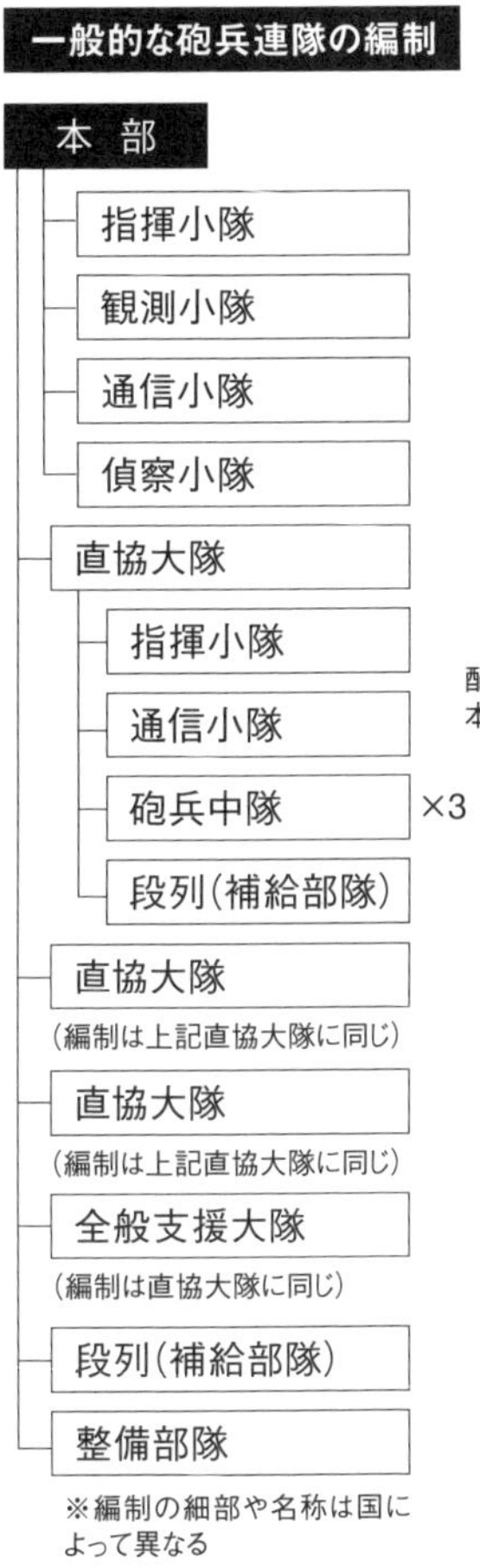

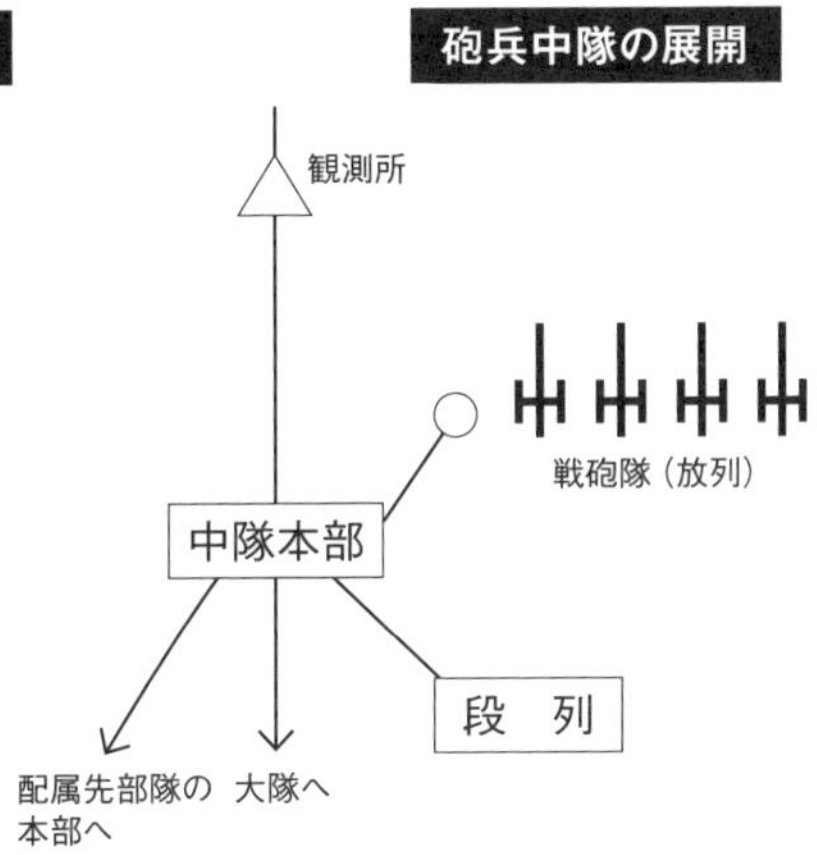

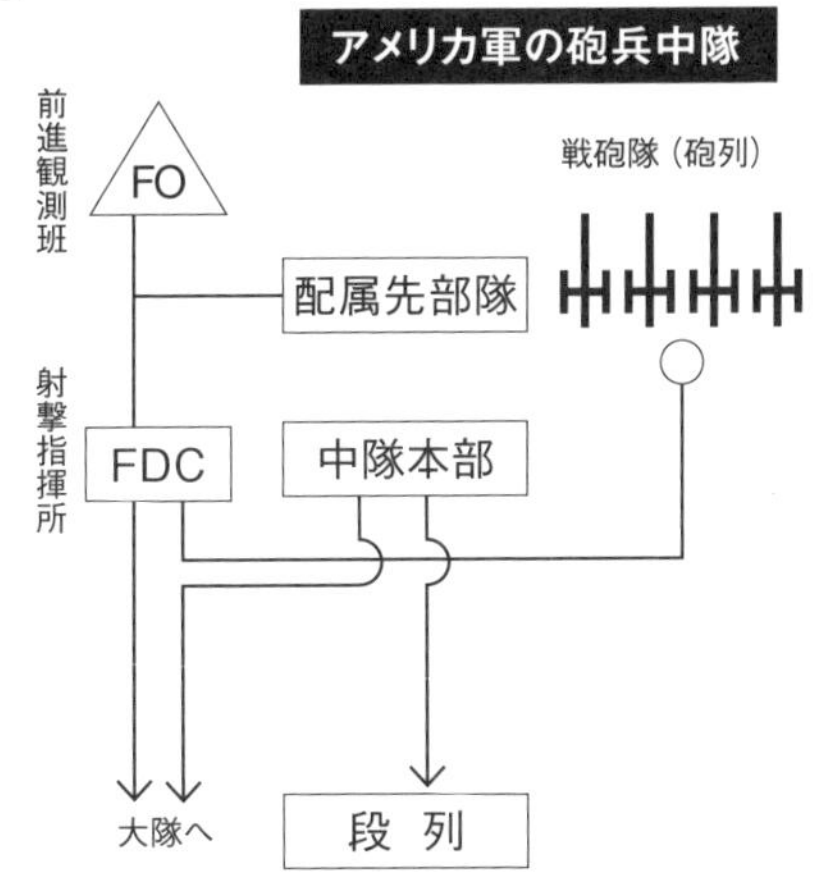

砲兵は、観測・射撃・補給・指揮機構とそれらを繋ぐ通信の全てが揃わなければ、戦闘ができない。その最小単位が中隊である。砲兵中隊＝「バッテリー」の語は、野球のピッチャーとキャッチャーと同じように「一揃い」を意味する。

は口径約88㎜の25ポンド砲、ソ連軍では76・2㎜野砲（もっぱら榴弾を発射する野戦用火砲で多くが車輪付きの砲架を持つ牽引砲）、日本軍では口径75㎜の野砲または山砲（分解して駄載可能で山地戦に対応できる軽量の野戦用火砲）が配備され、GS大隊には、ドイツ軍やアメリカ軍では155㎜榴弾砲、ソ連軍では152㎜ないし122㎜榴弾砲、日本軍では口径105㎜の榴弾砲または山砲が配備されていることが多かった（日本軍の歩兵師団の多くは、山砲を主力とする山砲兵連隊か、野砲を主力とする野砲兵連隊のどちらかが所属しており、それぞれ山砲師団あるいは駄馬編制師団、野砲師団あるいは輓馬編制師団と呼んで区別した）。ただし、師団砲兵の装備編制は、国や時期、あるいは部隊によってかなり大きな差があり、また状況によって独立の砲兵部隊を増強されることもあった。

歩兵師団の師団砲兵が装備する火砲は、主要各国軍とも基本的にすべて牽引砲だったが、日本軍は道路インフラの貧弱な中国大陸での戦いが長かったこともあり、駄載砲を主力とする山砲兵連隊が所属する師団も少なくなかった。アメリカ軍やイギリス軍では比較的早い時期から牽引車やトラックに牽引されるようになったが、ドイツ軍や日本軍では最後まで馬匹牽引ないし駄載が主力であった。各種の牽引車を潤沢に装備していたアメリカ軍は、火砲の重量増加をあまり気にせずに威力を増し射程を伸ばすことができたのに対して、馬匹中心のドイツ軍や日本軍は、砲兵部隊の機動性を維持するためには火砲の総重量を抑えざるを得ず、威力や射程の面で大きなハンデを背負うことになった。

大口径大重量の加農砲や攻城用の重砲、特殊なロケット砲などは、どこの国の軍隊でも、おもに独立の砲兵連隊や砲兵大隊などに配備され、師団より上級の軍団や軍直轄、あるいは方面軍直轄の砲兵部隊として、とくに重要な方面に投入された。これは、移動に大型の牽引車が必要だったり、大口径の砲弾や大量の装薬の補給にとくに大きな労力が必要だったり、特殊なロケット弾を補給する必要があったりしたためだ。

砲兵部隊の展開と射撃準備

次に砲兵部隊の運用の説明に入ろう。まずは部隊の展開と射撃準備からだ。

砲兵部隊は、砲撃開始時刻に間に合うように後方の集結地から移動して前線を射程内に収めるように選定された射撃陣地を占領する。自動車編制の砲兵部隊であれば、移動前の点検と暖気運転程度で移動を開始できるが、駄馬編制や輓馬編制の砲兵部隊は、移動速度そのものが遅いだけでなく、軍馬に水を飲ませたり飼《かい》葉《ば》を与えたり、車両以上にさまざまな手間がかかる。主要各国軍でモータリーゼーションの進展（国によっては第二次世界大戦後になった）に伴って馬匹牽引が廃れていったのは当然のことだったといえよう。

砲兵部隊の行軍速度は、自動

アメリカ軍歩兵師団師団砲兵の全般支援（GS）大隊が運用した155mm榴弾砲M1。口径は155mm、口径長は24.5、戦闘重量5.6トン、最大射程は14,600m

ドイツ軍の師団砲兵のGS大隊が運用した15cm重野戦榴弾砲sFH18。口径は149mm、口径長は29.5、戦闘重量5.5トン、最大射程は13,325m

車牽引と馬匹牽引とを比較できる日本軍の例をあげると、昼間行軍の場合で自動車牽引なら最大で20㎞／h、灯火管制による微灯下の夜間行軍で６㎞／h、馬匹牽引なら急行でも10㎞／h、夜間行軍だと８㎞／hが標準とされていた。

行軍中の隊列の長さ、すなわち行軍長径は、ソ連軍を例にとると、弾薬などの小行李《こうり》を含む野砲大隊で１１００ｍ、同じく砲兵連隊で３８００ｍとされていた。細長い列をなして移動する行軍隊形の砲兵部隊は、ほとんど戦闘力を持たない。独ソ戦初期には、数多くのソ連軍砲兵部隊が、戦線を突破したドイツ軍装甲部隊によって後方で行軍隊形のまま蹂躙されていった。強大な火力を誇る砲兵部隊も行軍中を攻撃されるとひとたまりもないのだ。

射撃陣地は、火砲を固定する駐鋤《ちゅうじょ》をしっかりと打ち込めるように軟弱な地盤を避けて、目標地域に対する射界を遮《さえぎ》る大木などの障害物が無く、部隊が展開できるだけの十分な地積のある場所を選定しなくてはならない。火砲を据え付ける砲床は砲架が水平を保てるように整地し、必要なら木板や鉄板を敷いて水平を出す。必要に応じて火砲を入れる壕を掘り、頭上に偽装網を展張する。

ソ連赤軍師団砲兵のGS大隊が装備した122㎜榴弾砲M-30。口径は121.9㎜、口径長は21.9、戦闘重量2.45トン、最大射程は11,800m

陣地占領に必要な時間は、アメリカ軍を例にあげると築城や偽装にかける手間などを最小限に押さえた場合でも、１０５㎜榴弾砲装備の中隊で7～20分、大隊で40分～1時間ほどかかるとされていた。これが

155㎜榴弾砲装備の中隊だと10～30分、同じく大隊だと1時間～1時間40分ほどかかるとされていた。夜間では、さらに倍近い時間がかかる。

射撃陣地には、誘爆を避けるためにある程度の間隔を開けて弾薬集積所を設置し、弾薬運搬車から降ろした弾薬を集積する。使用する弾薬が多くなれば、弾薬の集積にも時間がかかることになる。砲兵部隊の火力発揮だけを考えれば、発射される弾丸が多いに越したことはない。だが、弾薬の集積にあまり時間をかけすぎると、今度は防御側に陣地を固める余裕を与えてしまうことになりかねない。堅固に構築された陣地は数日から数週間にわた

イギリス軍師団砲兵の直接支援（DS）大隊が運用したQF25ポンド砲。口径は87.6㎜、口径長は31、戦闘重量約1.6トン、最大射程は12,253m

頭上に偽装網が施されたアメリカ軍の8インチ（203㎜）榴弾砲M115

る連続砲撃でも完全に破壊できないのは、第一次世界大戦の戦訓からも明らかだった。砲撃効果とは、攻撃側の火力の大小だけではなく、敵の防御能力との相対的な関係で決まるものなのだ。

　ところで火砲の射撃方法には、火砲に取り付けられた照準眼鏡《がんきょう》などを使って砲側で目標に直接照準をあわせて射撃を行なう直接照準射撃と、観測員からの誘導で目標に間接的に照準をあわせて射撃を行なう観測（間接照準）射撃がある。主要各国軍の砲兵部隊では、敵の近接戦闘部隊である歩兵部隊や戦車部隊から視認できない後方から砲撃を行なう観測射撃を主用したが、大戦中のソ連軍では野砲部隊の直接射撃も多用した。その理由としては、１９３０年代の大粛清や独ソ戦初期の大損害によって多数の砲兵将校を失ったため、観測射撃の能力が大きく低下していたことなどがあげられる。（後述するようなシステムを構築したアメリカ軍を除いて）精確な観測射撃には、専門の教育と訓練をほどこされた砲兵将校を必要とするものだったのだ。

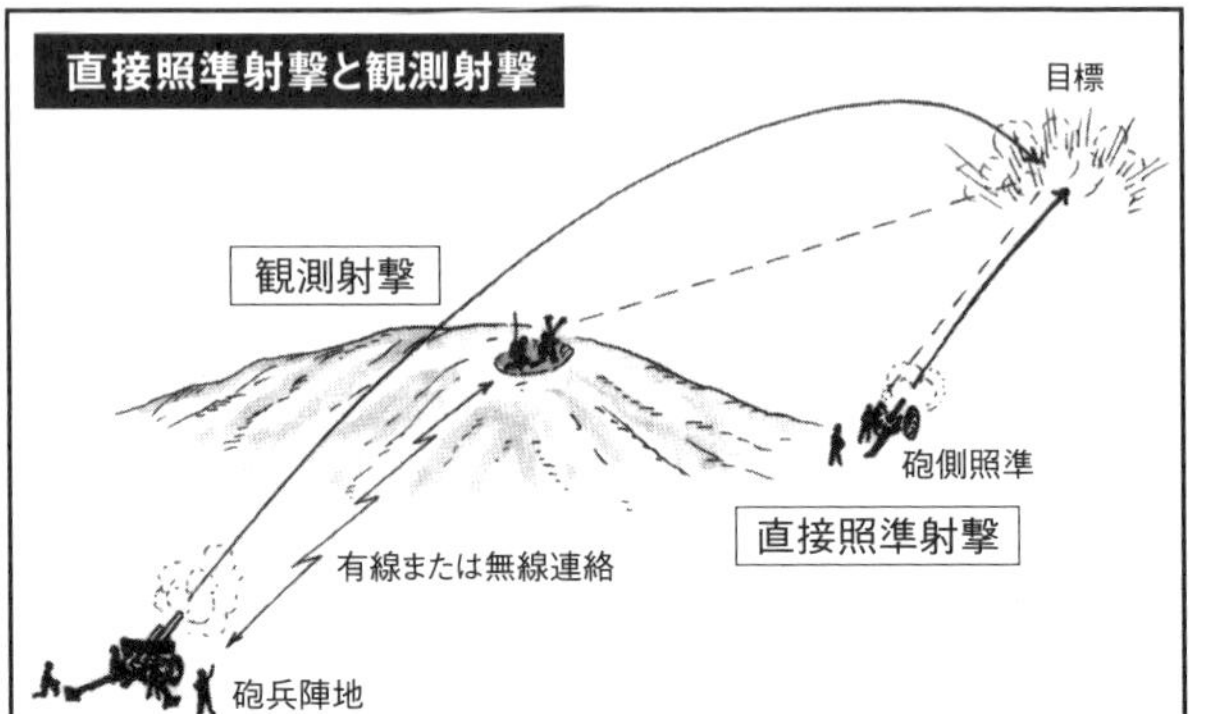

　観測射撃では、目標地域を観測しやすい場所に観測所を開設する必要がある。通常、砲兵部隊の本部には観測班が所属しており、アメリカ軍以外の砲兵部隊ではしばしば大隊長や中隊長がみずから観測班を率いて見通しのよい丘の上などに観測所を開設して砲撃の指揮をとった。戦場を見下ろすことのできる高地は「管制高地」と呼ばれ、敵味方の間で熾烈な争奪戦が繰り広げられることになる。着弾観測の容易な管制高地に観測所を設置できるかどうかで味方の砲兵部隊の火力発揮が大きく左右されるのだから、多少の

犠牲を払ってでも確保するだけの価値があるのだ。

目標地域を一望できるような観測所を設置できない場合には、いくつかの観測所を設置して死角を補い合うようにする。味方の空軍が制空権を確保していれば、観測将校を乗せた観測機を飛ばして見通しの良い空中から観測を実施することもある。反対に敵の空軍に制空権を握られていると、味方の観測機を排除されてしまうし、敵の観測機に空中観測を許すことになる。制空権の獲得は砲兵射撃にも大きな影響を与えるのだ。

アメリカ軍では、前述の観測所とは別に、部隊全体の指揮統制を一括して行なう射撃指揮所（Fire Direction Center略してFDC）を開設する。前進観測員（Forward Observer略してFO）は、先発して管制高地に登ったり、前線の歩兵部隊に随伴したり、観測機に乗ったりして、射撃指揮所に観測結果だけを報告する。面倒な射撃諸元の修整はFDCに詰めている専門の算定員が行なうので、他の主要各国軍のように専門の教育を受けた砲兵将校が観測を行なわなくてもよい。射撃諸元の修整は、地図上に1㎞ごとに引かれた縦横の座標を活用することによって容易に実行できた。読者の中には、アメリカのテレビ映画「コンバット」で、丘の上のトーチカを攻撃する歩兵小隊の小隊長が、無線機を使ってFDCに地図上の座標と前後左右の修整量を連絡し、攻撃前進を隠蔽する発煙弾の砲撃を誘導するシーンをご覧になったことのある方もおられるだろう。ただの歩兵小隊でも、

日本陸軍師団砲兵のDS大隊が運用した機動九〇式野砲。口径は75㎜、口径長は38.4、戦闘重量1.6トン、最大射程は14,000m。初速が速く装甲貫徹力にも優れたため、小改修型が三式中戦車チヌの主砲に搭載されている

師団砲兵の砲撃支援を迅速に誘導できるのは、アメリカ軍の大きな強みであった。

観測所や射撃指揮所と射撃部隊は、通信網で常時結ばれている必要がある。通信が遮断されると、その時点で照準を変更することができなくなるからだ。大戦中はおもに有線電話が使われたが、敵の砲撃による断線や侵入した敵部隊による切断に備えて、回線を多重化しておくことが望ましい。

砲兵部隊では、観測所の開設や射撃陣地の占領と平行して、各観測所や射撃陣地から目標地域までの距離や方位角、高低角などの測量を行ない、それに基づいて火砲の方位角や俯仰角などの射撃諸元を算出する。射撃諸元の算出には、弾道に影響を与える風向や風速、空気密度を変化させ砲弾の空気抵抗を左右する気温や気圧、発射薬の燃焼速度と初速に影響を与える装薬温度、長射程の場合には地球の自転の影響（コリオリ力）なども含まれる非常に複雑な計算が必要であり、専門教育を受けた砲兵将校でもかなりの時間を要する。一例をあげると日本軍では、砲兵連隊が行なう計算の所要時間を現地作業開始から約11時間、大隊ごとに行なう計算の所要時間を同じく約10時間としていた。つまり、半日近くかけてようやく砲撃の準備が整うのだ。もし、師団主力が突破に成功し、砲兵部隊も観測所や射撃陣地を前進させたら、また半日かけて計算をやり直すことになる。

砲兵部隊は、歩兵部隊に比べて装備の調達に多額の費用がかかるだけでなく、多数の馬匹や自動車、訓練で消費される弾薬や磨耗する砲身の交換など、部隊の維持にもかなりの費用がかかる。砲兵将校には、火砲や弾薬に関する工学的な知識はもちろん、測量や射撃諸元に関する数学的な素養も要求される。国民の教育レベルの低い国では、非常に貴重な人材だ。将兵の教育や訓練にも相当の時間がかかる。にもかかわらず、戦場では一回の砲撃準備にこれだけの手間と時間がかかるというのだから、砲兵は歩兵に比べるとずいぶんと贅沢な兵科だ、という話になる。限られた経済力しかない国の軍隊が、砲兵火力を軽視して歩兵戦力に頼りたがるのも無理は無い。

観測射撃の手順

さて、ようやく射撃準備が整ったところで、いよいよ本題である砲兵射撃の説明に入ろう。まずは、師団

測量方法―戦いは測量から始まる―

砲弾を命中させるためには、彼我の相対的な位置を出す必要がある。とくに、見えない敵を遠距離から射撃する観測射撃では正確な測量は絶対必要だった。図は測量方法の基本で、これらを組み合わせて測量を行う。

主な測量器材

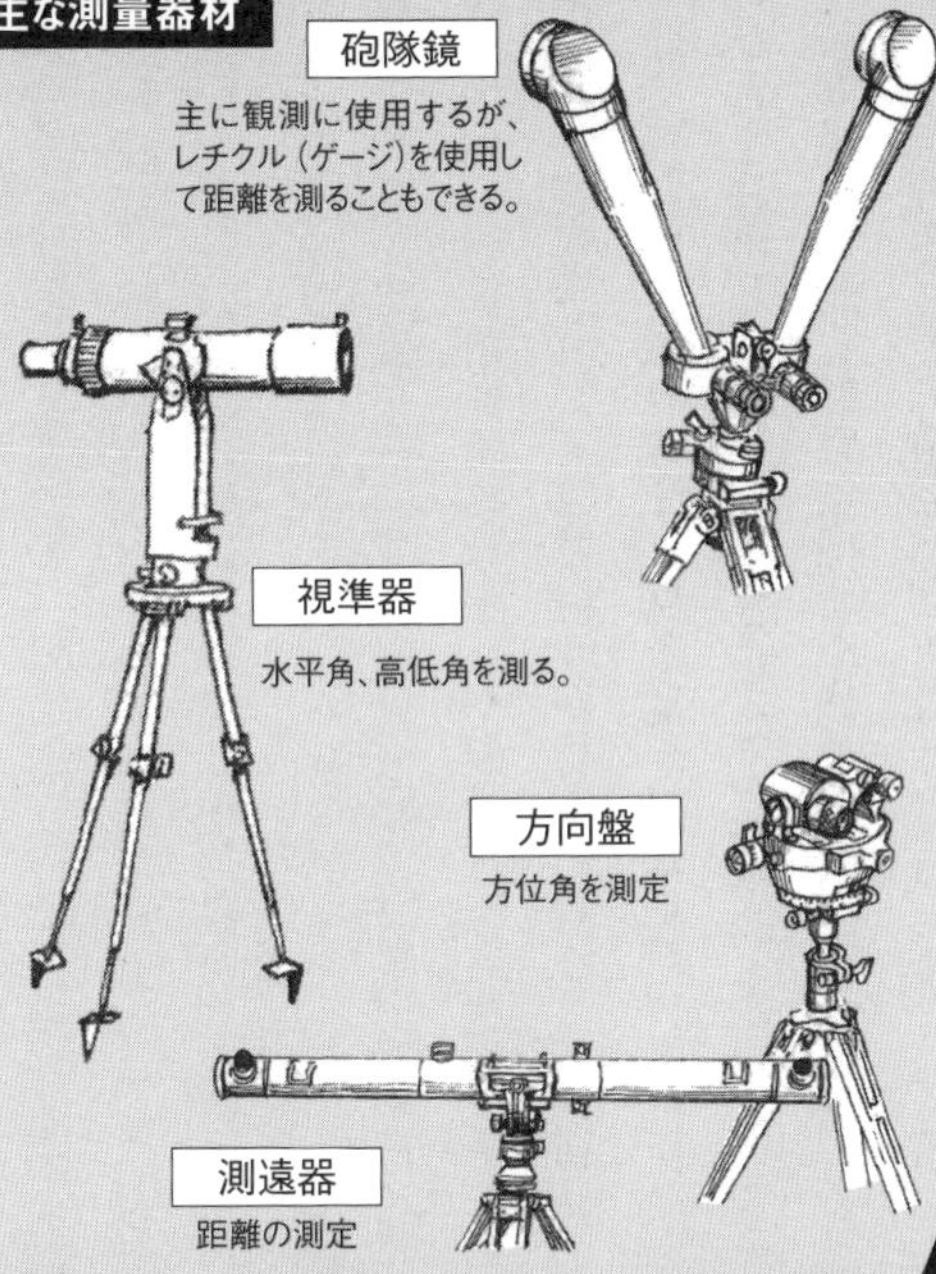

主に観測に使用するが、レチクル（ゲージ）を使用して距離を測ることもできる。

水平角、高低角を測る。

方位角を測定

距離の測定

測量器材にはこの他、四分儀、六分儀、巻き尺、測角器がある。

後方交会法

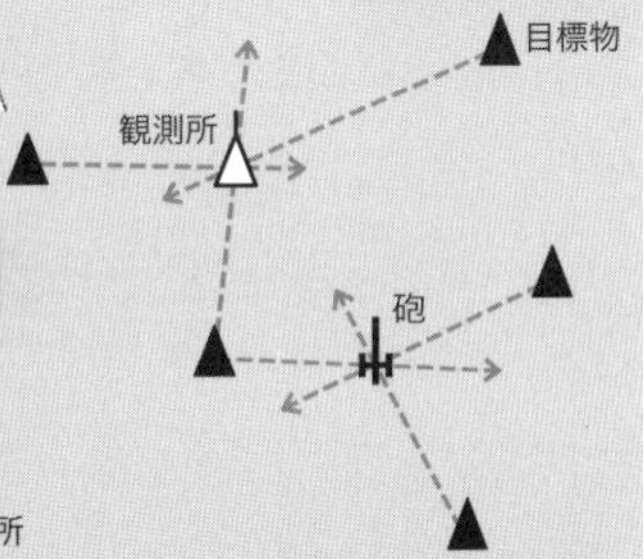

地図上のランドマークとなる施設・地形で、かつ視認できる目標から導いた3線の交点が自己位置。

前方交会法

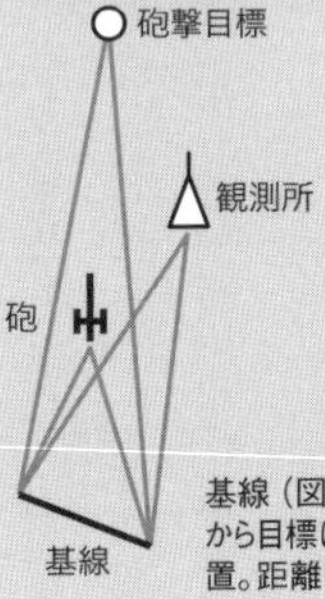

基線（図上に敷く架空の基準線）の両端から目標に伸ばした線の交点が対象の位置。距離は三角関数で出す。

導線法（トラバース法）

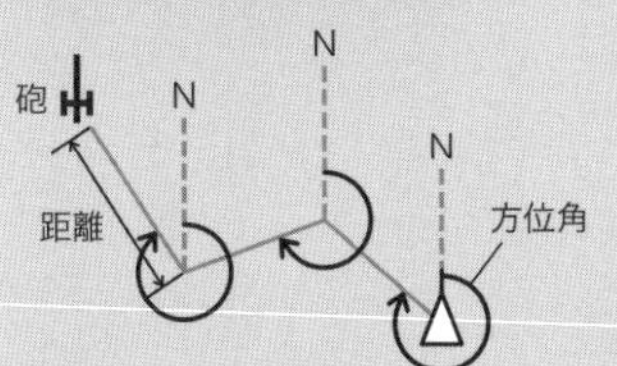

測量原点から線を導き（トラバースして）位置を出す。

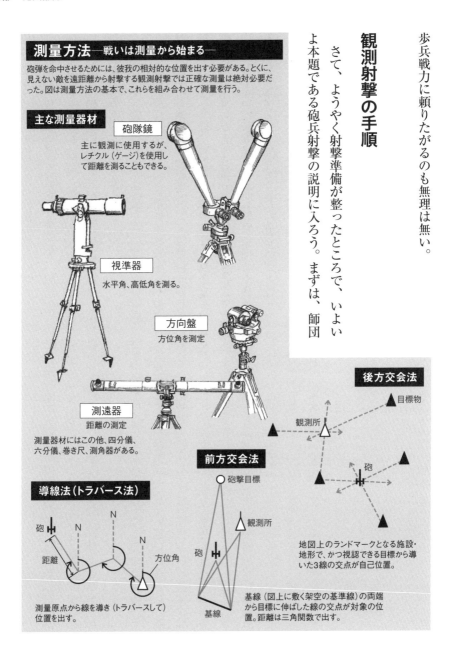

砲兵による射撃で主用される観測射撃についてだ。

観測射撃は、ふつう「試射」「修整射」「効力射」の3段階の手順を踏んで行なわれる。はじめに射撃部隊の基準となる基準砲が、事前に算出された射撃諸元に基づいて目標に対して「試射」を行なう。だが、この砲弾は絶対といっていいほど目標に精確に命中しない。なぜなら、射撃には複雑な計算でも詰めきれない不確定要素が必ず存在するからだ。

観測員は、弾着を観測し前後左右のズレを見極めて射撃指揮所や砲兵大隊ないし中隊本部などに報告する。この観測に基づいて射撃指揮所の算定員や観測将校自身が修整した射撃諸元が基準砲に伝達され、砲身の方位角と俯仰角が変更されて「修整射」が行なわれる。目標地域に命中しなければ再び射撃諸元を修整し、命中するまで修整射を繰り返す。修整射が目標地域に正確に着弾したら、その射撃諸元をもとに各砲の位置の違いなどを修整し、はじめて部隊単位の本格的な射撃である「効力射」に移行する。観測員は、効力射による射撃効果を観測し射撃指揮所や砲兵部隊の本部に報告する。ここで十分な射撃効果が得られて任務を達成したと判断されたら砲撃終了となる。

細かい手順は国や時期などによっても違うが、試射、修整射、効力射という基本的な流れに大きな違いは無い。ただし、陣地防御時など、あらかじめ目標地域に対して入念な試射を行っている場合や緊急時などには、試射や修整射を飛ばしていきなり効力射を開始することもある。

砲兵戦闘の意義

一般に砲兵部隊の戦闘は、敵の砲兵部隊の火力発揮を妨《さまた》げる対砲兵戦から始まることが多い。赤軍（ソ

FO(前進観測員)とFDC(射撃指揮所)による射撃

現在世界の砲兵でスタンダードとなっているFOとFDCを使用した砲撃は、第2次世界大戦時にアメリカ軍が本格的に用いたものである。このシステムの画期的なところは、ターゲット・グリッドと呼ばれる方眼図盤を使用したことであろう。従来の方法ではベテランの観測将校が、観測所の視野（観測目標線）と射線（砲目線）の誤差（左のイラストを参照）を、様々な器材を使用して複雑な計算を行って修正し、射弾の誘導を行っていた。しかしFDCにあるターゲット・グリッドに、観測員、目標、着弾地をプロットし、それを線で繋ぎ図化することで、観測将校は見たままを報告すれば良くなり、またFDCでの砲撃の修正も、簡単で迅速になった。このため、これまでは困難だった、砲撃計画にない目標を前線からの要請で射撃する「臨機目標射撃」や、所属部隊に関係なく射程が届く全ての火砲が同一目標を射撃する「緊急火力集中」といった、前線の状況に合わせた柔軟で大威力の砲撃が行えた。

砲目線(射線)を中心に見た着弾点
（実際には見えない）

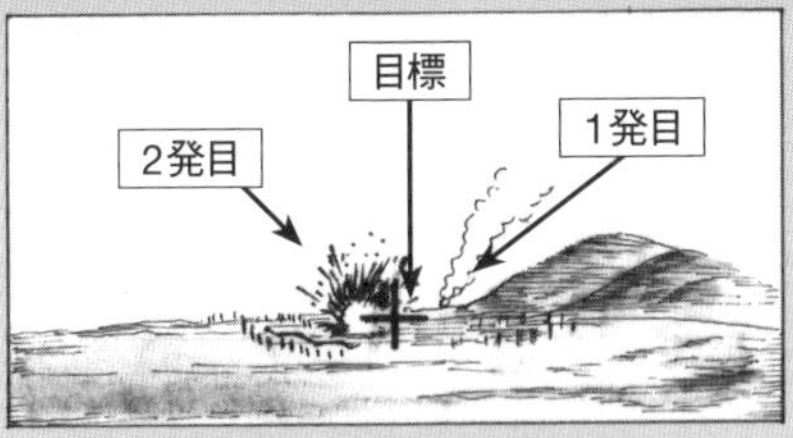

FOから見た着弾点

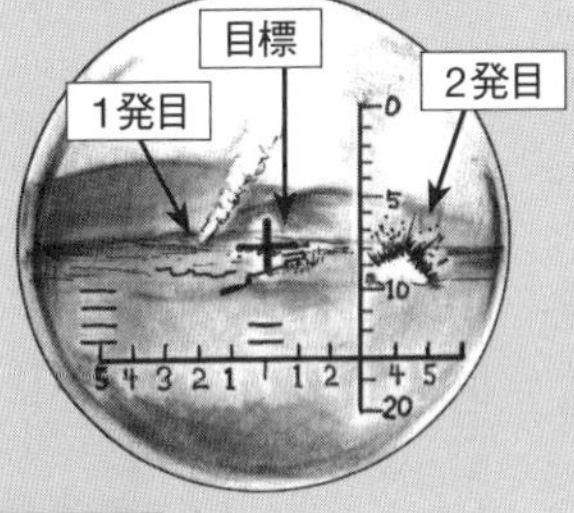

目標、砲、OPの位置関係

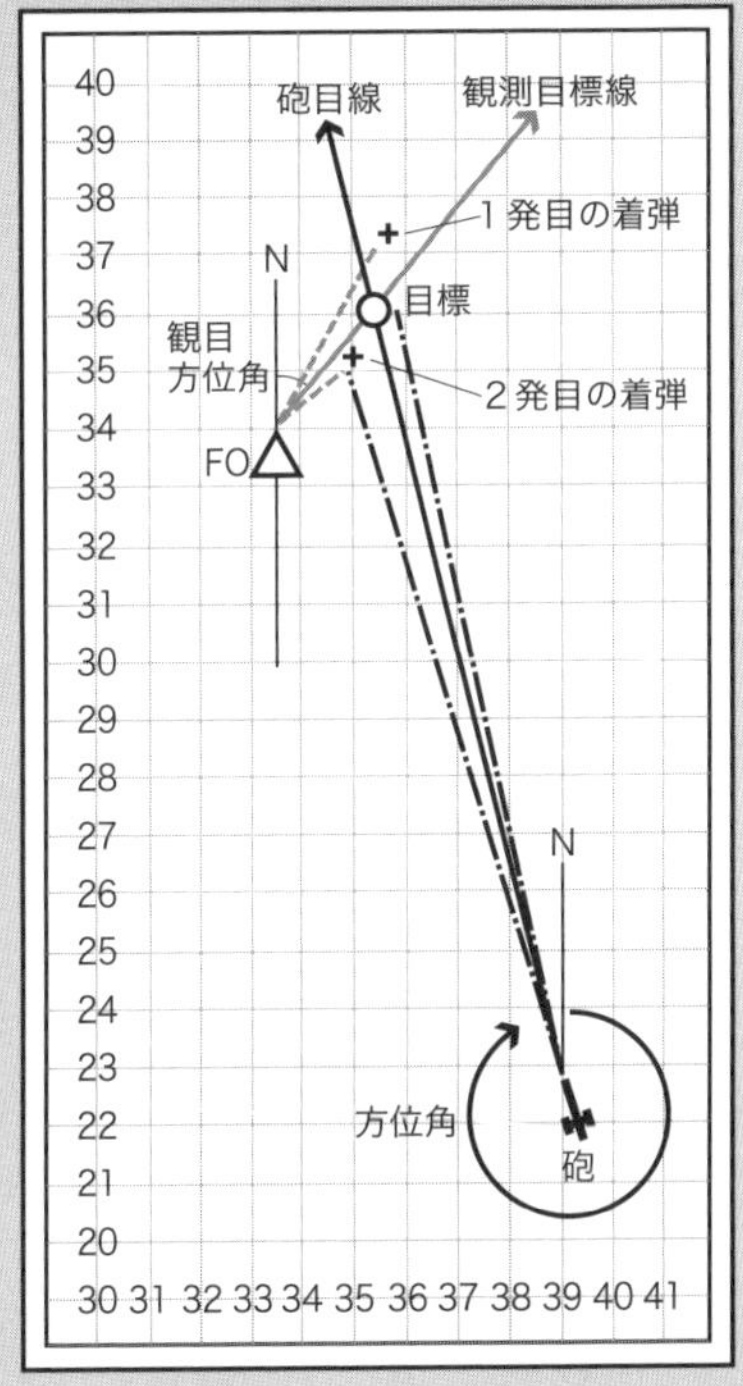

座標の読み方

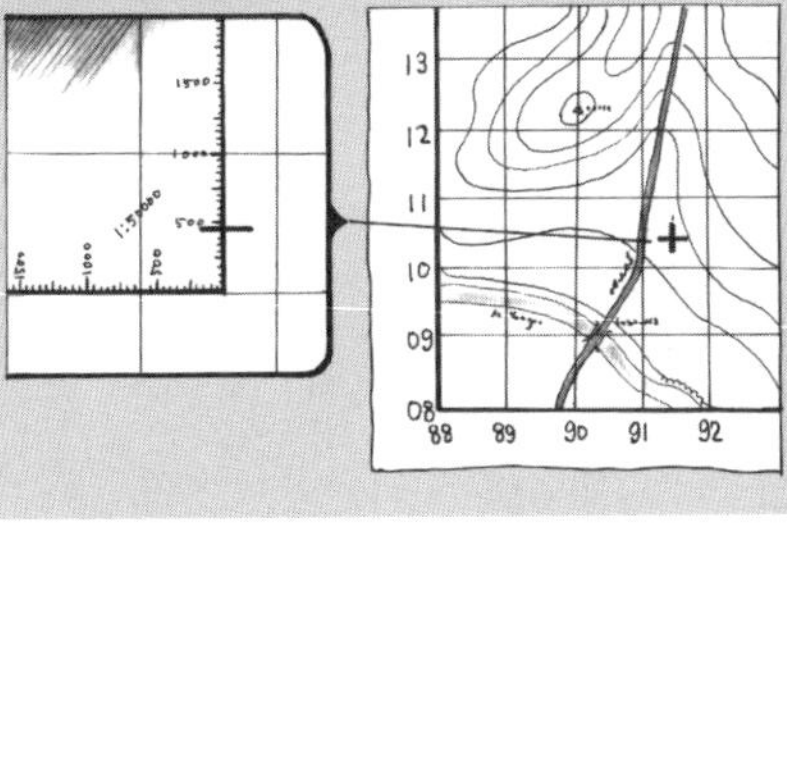

軍用地図には東西・南北に線が引かれ、グリッドを構成する。この線に振られた数字を読むことで位置を示すことができた（座標）。座標は横軸縦軸の順に3桁ずつ6桁を読む。図では915105。座標定規を使用すると8桁、実距離で10m単位で位置を表示できた。

アメリカ軍のFO班と日本軍の観測所の人員比較

アメリカ軍

観測将校	双眼鏡・地図・コンパス・定規等
通信手	背負式無線電話等
ドライバー兼護衛	小銃

日本軍

観測小隊長	双眼鏡・対数表・透明分画板・計算尺等
観測下士官	双眼鏡・対数表・算盤・携帯図板等
観測手	方向板・三脚・標柱・標旗・10m巻き尺等
観測手	測板・長定規・金尺・三叉分度器
観測手	砲隊鏡・三脚・射撃板・コンパス・傾斜計
通信手	有線電話・手旗・ケーブル
通信手	有線電話・手旗・ケーブル
通信手	ケーブルリール・ケーブル2巻
通信手	ケーブルリール・ケーブル2巻

連軍のこと）野外教令に「現代戦は畢竟《ひっきょう》（結局は）其《そ》の大部分は火力闘争に他《ほか》ならず」とあるとおり、現代戦とはすなわち火力戦であり、火力優位の獲得が決定的な重要性を持つ。そのため、味方の砲兵部隊には、敵部隊の火力の根幹である砲兵部隊を撃滅するか、少なくとも自由な火力発揮を妨げることが求められる。

具体的には、敵の砲兵部隊が射撃を開始したら、発砲時の砲口炎から位置を割り出す火光標定や砲声から位置を割り出す音響標定などによって位置を確定し、対砲兵射撃を行なうのだ。対砲兵戦の主力は、師団砲兵なら比較的大口径の榴弾砲を装備する全般支援（GS）大隊、軍団や軍直轄の砲兵部隊なら長射程の重加農砲を装備する独立砲兵大隊などになる。

敵の砲兵部隊が対砲兵射撃を避けるために陣地変換を行えば、再び砲撃の準備を整えるまで砲撃を行えなくなる。つまり、対砲兵戦で敵の砲兵部隊を圧倒することができれば、味方の火力優位を獲得することができ、以後の戦闘を優位に進めることができるのだ。

しかし、どんな標定方法でもそれなりの時間がかかり、砲兵部隊も敵の砲撃による損害を防ぐために築城を行なうので、砲兵兵力や火砲の性能に隔絶した差がないと、対砲兵戦にはなかなか決着がつかない。そうなると砲兵部隊は、対砲兵戦を継続しながら味方の歩兵部隊や戦車部隊などの近接戦闘部隊に対する支援砲撃を展開することになる。支援砲撃の主力となるのは、軽快な小口径の榴弾砲を装備する師団砲兵の直接支援（DS）大隊だ。

味方の砲兵部隊が対砲兵戦で優位を獲得すれば、味方の近接戦闘部隊は敵の砲兵部隊による砲撃を受けることが少なくなり、反対に敵の近接戦闘部隊は、味方の砲兵部隊による砲撃が増えて、味方部隊は戦闘を優位に進められるようになる。要するに対砲兵戦の結果が近接戦闘の優劣に直結するのだ。これこそが「現代戦は畢竟其の大部分は火力闘争に他ならず」という言葉の意味するところなのだ。

陣地攻撃時の砲兵戦闘

では、砲兵戦闘の具体的な流れについて、陣地攻撃を例にもう少し詳しく見てみることにしよう。

攻撃側の砲兵部隊が、味方の近接戦闘部隊が攻撃前進を開始する前に行なう準備砲撃を攻撃準備射撃と呼ぶ。ふつうは前述したように防御側の砲兵部隊の撃滅ないしは制圧を目的とした対砲兵戦から始まり、それと平行して敵陣前に設置された鉄条網などの障害を破壊する破壊砲撃が始められる。幅10ｍ深さ10ｍの網型ないし屋根型鉄条網を完全に破壊するには、射距離５０００ｍの場合で、７・５㎝クラスの榴弾砲なら４００発程度、15㎝クラスの榴弾砲なら２００発程度が必要だった。

対する防御側の砲兵部隊は、攻撃部隊の準備を妨害する攻撃準備破砕射撃を開始する。攻撃側の砲兵部隊と対砲兵戦を行ないつつ、集結中の敵の近接戦闘部隊に対して撃破ないし制圧を目的とした射撃を行なうのだ。もし、この段階で攻撃側の砲兵部隊を制圧して対砲兵戦で優位を獲得し、さらに攻撃側の近接戦闘部隊を制圧することができれば、攻撃計画を頓挫させることができる。ここでは防御側の砲撃が奏功せず、攻撃が続くものとして説明を進める。

続いて、攻撃側の砲兵部隊は、防御側の近接戦闘部隊の立てこもる陣地に対して、撃滅ないし制圧を目

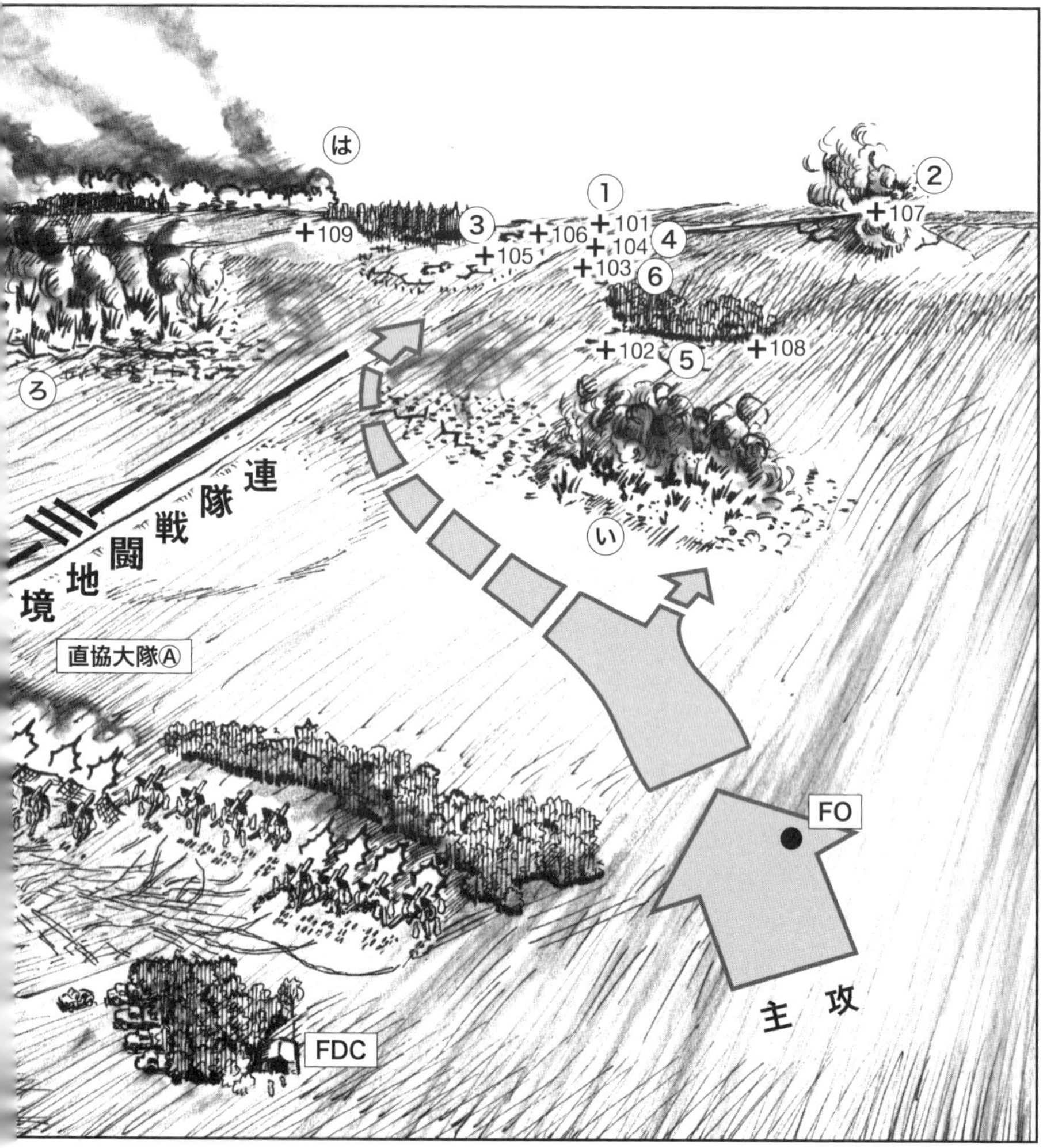
は
③
①
②
＋109
＋105
＋106
＋101
＋104
④
＋103
⑥
＋107
ろ
＋102
⑤
＋108
い
連隊戦闘地境
直協大隊Ⓐ
FO
主攻
FDC

師団砲兵の攻撃支援射撃

イラストは、師団の陣地攻撃を支援する砲兵隊を描いたものである。各直協大隊は、敵の第1線「い」と「ろ」を砲撃している。遮蔽物のない場所を陣地としている「B」「C」大隊と「A」大隊の左翼中隊は偽装網を被せている。手前の全般支援中隊の任務は、主攻部隊の迅速な突破の支援で、そのため敵砲兵の観測所と、第2線陣地の抵抗拠点を目標としている。十字が目標、3桁数字が目標番号（175ページの図表参照）、丸数字は砲撃の順番である。砲撃の優先順位は、師団の作戦計画をもとに綿密に策定される。なお目標108と109は火力集中点と言い、敵の出現ないしは集結などが予測される場所である。「は」は、長距離重砲によって叩かれる敵の重砲陣地。距離と地形の関係で観測が不可能な場合には航空機「に」による観測を行う。

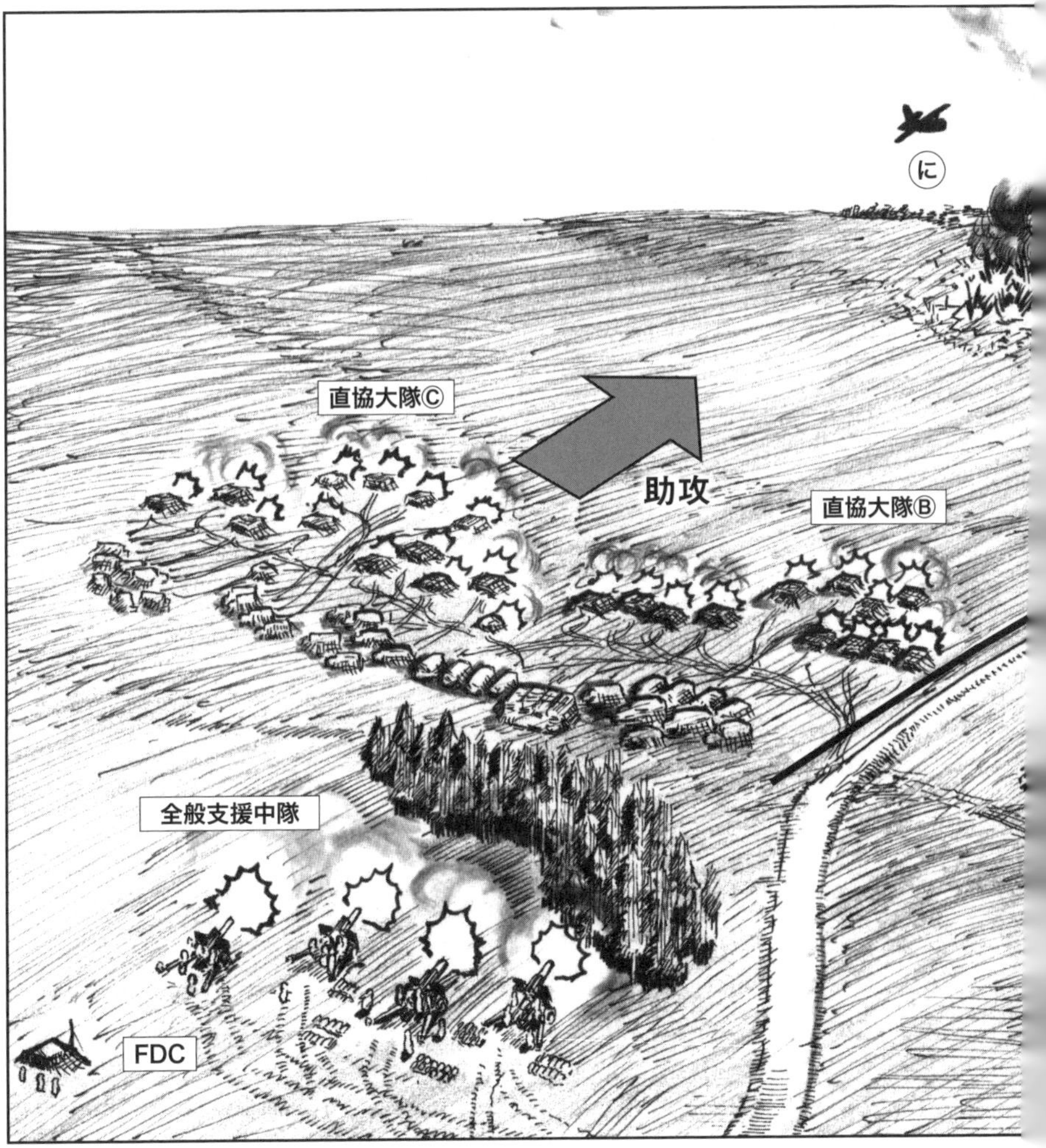

的とした射撃を行なう。撃滅や制圧に必要な弾量は、防御側の陣地構築の度合いによって大きく異なってくるため、一概に示すことができない。第一次世界大戦の中頃までは、防御陣地を破壊して敵兵力を破砕する破壊（撃滅）射撃が重視されていたが、堅固な陣地は長時間の砲撃でも完全に破壊できないことを悟ったドイツ軍は、大戦後半になると短時間に激烈な射撃を行って防御部隊を混乱させ、一時的に抵抗力を奪う無力化（制圧）射撃を重視するようになった。そして第二次世界大戦では、主要各国軍とも第一次世界大戦時のように攻撃前に防御陣地に対して長時間砲撃を続けることが少なくなり、比較的短時間に集中した砲撃を行なうようになった。

火砲が長時間の連続射撃を行なう場合には、砲身の加熱を防ぐため、発射速度を制限する必要がある。逆に短時間で射撃を切り上げる場合には、速いペースで連続発射を行なうことが可能だ。アメリカ軍の例をあげると、105㎜榴弾砲M2A1が最大装薬で射撃を行なう場合の射撃速度は、最初の3分間なら毎分10発、10分間なら40発（毎分4発）、30分間なら80発（毎分2・7発）、それ以上の持続射撃なら毎時120発（毎分2発）が目安とされていた。同様に155㎜榴弾砲M1では、最初の3分間なら毎分4発、10分間なら30発（毎分3発）、30分間なら最大装薬で45発（毎分1・5発）、持続射撃なら毎時60発（毎分1発）が目安とされていた。つまり、ごく短時間の射撃であれば持続射撃の3倍から5倍もの火力を発揮できるのだ。ここにも砲撃を短時間で切り上げる理由があった。

攻撃側の近接戦闘部隊の前進が開始されると、攻撃側の砲兵部隊は攻撃前進支援射撃を行なう。縦深陣地を攻撃する場合には、近接戦闘部隊の前進に合わせて射撃地域を前方に移動させていく移動弾幕射撃が行なわれることもある。攻撃部隊は、砲撃によって制圧されたばかりの敵の陣地線を次々と攻撃していくことになるが、弾幕は事前の攻撃計画にしたがって奥へ奥へと移動していくため、近接戦闘部隊の攻撃の

射撃図表（一部推定）

命令一下、迅速に砲撃を行うために各セクションは、射撃図表を作成する。この3点は、中隊本部（射撃指揮所）で使用するものを（簡略化して）模したものである。目標には数字が振られ（記号やコードの場合もある）、この番号を放列に伝えると、予め準備した諸元（砲側にもこれと同一諸元を各砲の諸元で修正したものがある）にしたがい、各砲は、一斉に目標を指向する。

写景図

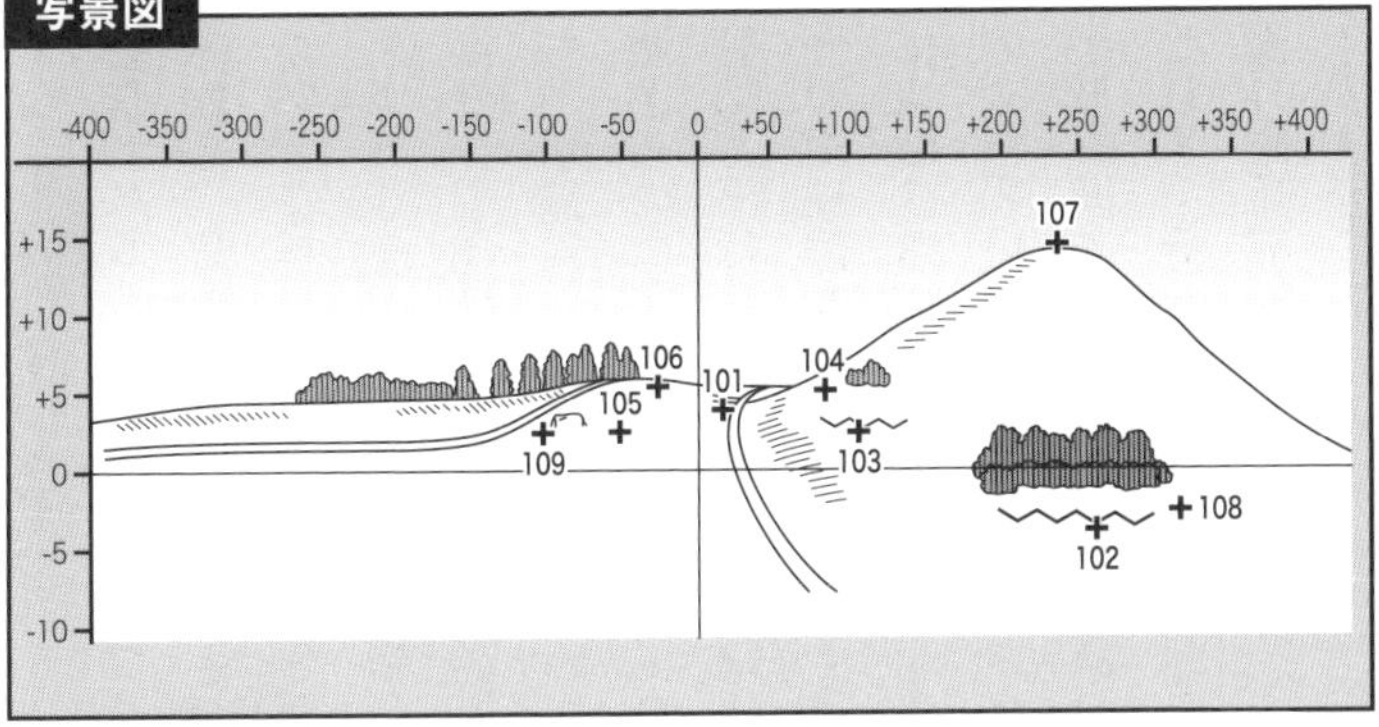

イラストは、写景図と呼ばれる軍用スケッチに目標を書き込んだものである。数字は、円周を6400等分した角度単位「ミル」で、基準砲の首尾線を基準に、右方向は十、左方向は一としている。1ミルは1,000mで、1mの開きになるから、目標の標高から距離が概算できる。

※イラストでは高さを1ミル単位とし、高さを強調している

目標諸元表

M.G＝機関銃

	目標名称	座標	目標高	方向角	射距離	弾種	信管	射法
①	101標点	348239	+5	右35	16,600	煙	瞬発	試射（一距離）
⑤	102塹壕	326190	−5	右266	12,500	榴	瞬発 曳火	弾幕（制圧）
⑥	103塹壕	333214	+3	右106	13,900	榴	瞬発 曳火	弾幕（制圧）
④	104M.G	335217	+7	右88	14,200	榴	瞬発	集中（制圧）
③	105トーチカ	311227	+3	左50	12,750	徹甲/榴	遅発	集中（破壊）
⑦	106掩蔽壕	321230	+7	左25	13,850	榴	遅発	集中（破壊）
②	107観測所	352205	+22	左248	15,200	榴/煙	瞬発	集中（破壊）
	108火力集中点	335185	−3	右320	12,850			
	109火力集中点	310231	+3	左100	13,300			

目標高は、基準砲の標高を0mとした値、丸数字はイラストの番号を表す。

射撃図

目標と、目標への水平距離と方向角を記入した図。目標位置は、座標で示される。（図内の数字は目標番号）

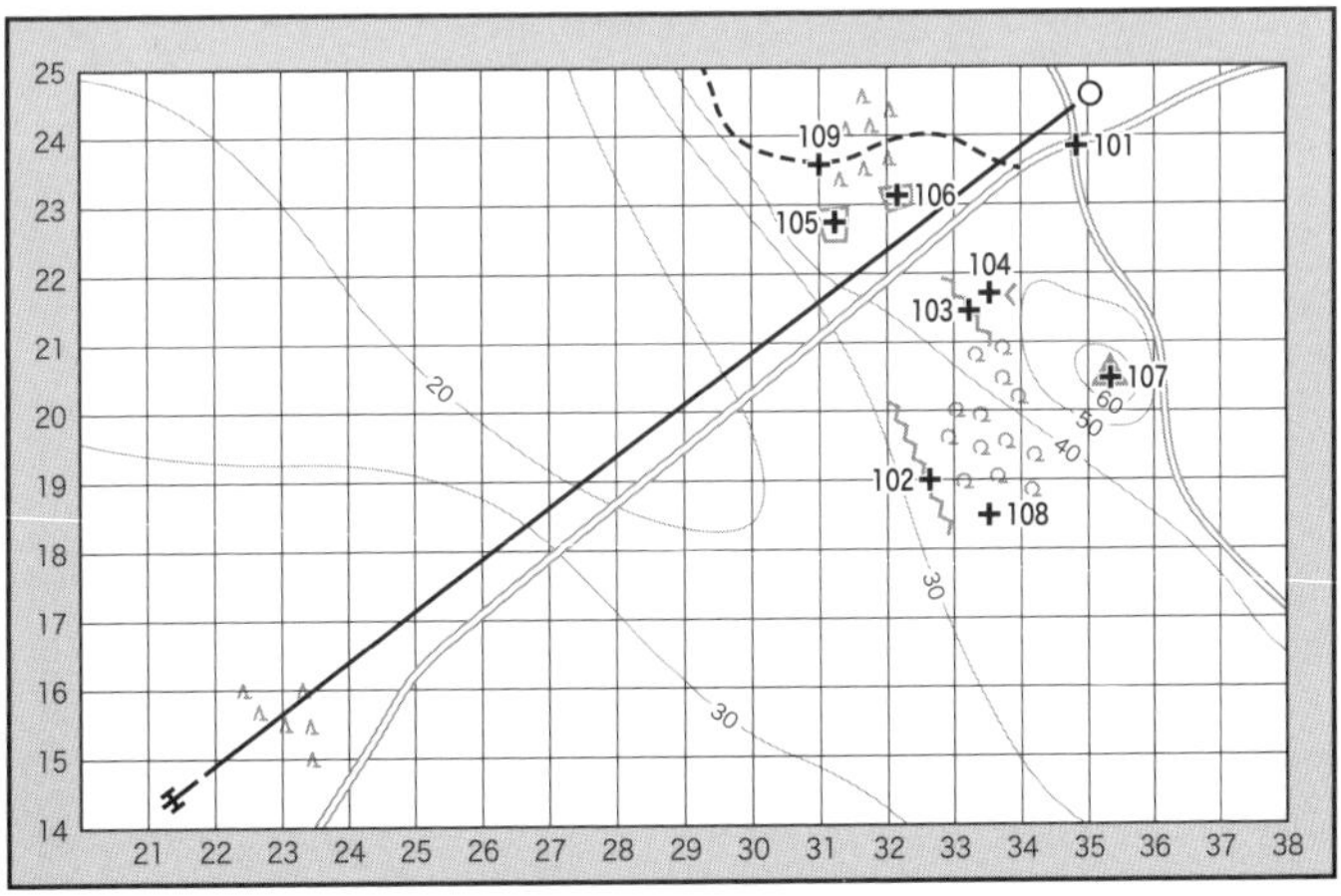

進展とうまくシンクロせず、弾幕だけが攻撃中の陣地線の後方に過ぎ去ってしまうこともあった。

対する防御側の砲兵部隊は、前進してくる敵の近接戦闘部隊を阻止する攻撃前進阻止射撃を行なう。前進中の歩兵部隊は、防御陣地に立てこもっている歩兵部隊に比べるとはるかに脆弱だ。暴露状態の人員を撃滅するのに必要な1ヘクタール（100m四方）当たりの砲弾数は、7・5㎝クラスの野砲ないし山砲なら100～150発、15㎝クラスの榴弾砲なら40～60発。制圧だけであれば7・5㎝クラスの野砲ないし山砲なら毎分15～16発、15㎝クラスの榴弾砲なら毎分5～6発の射撃を約3分間持続する必要があった。暴露人員でも、撃滅にはこれだけの砲弾が必要なのだから、土が分厚く盛られた掩蓋陣地に入っている歩兵部隊を撃滅するのは並大抵のことではないことがわかるだろう。

これらの射撃と平行して、攻撃側の砲兵部隊は防御側の増援部隊の移動を阻止するため、防御側の砲兵部隊は攻撃側の増援部隊の移動を阻止するため、阻止射撃を行なう。日本軍の参考資料では、ある地点の交通を完全に遮断するには、7・5㎝クラスの野砲または山砲では1時間に約200発、10㎝クラスの加農砲ではその8割程度の弾着が必要とされていた。

陣地攻撃が最終段階に入ると、攻撃側の砲兵部隊によって近接戦闘部隊による突撃を支援する突撃支援射撃が行なわれる。そして、最終弾の弾着と同時に攻撃側の近接戦闘部隊による突撃が発起される。これに対し防御側の砲兵部隊は、ありったけの弾薬を発射して突撃を破砕する突撃破砕射撃を行なう。ただし、攻撃部隊の突撃発起にタイミングをあわせて砲撃を開始するのは至難の技であった。

陣地攻撃時の砲兵戦闘の流れは、おおよそ以上のようなものになる。

射撃法

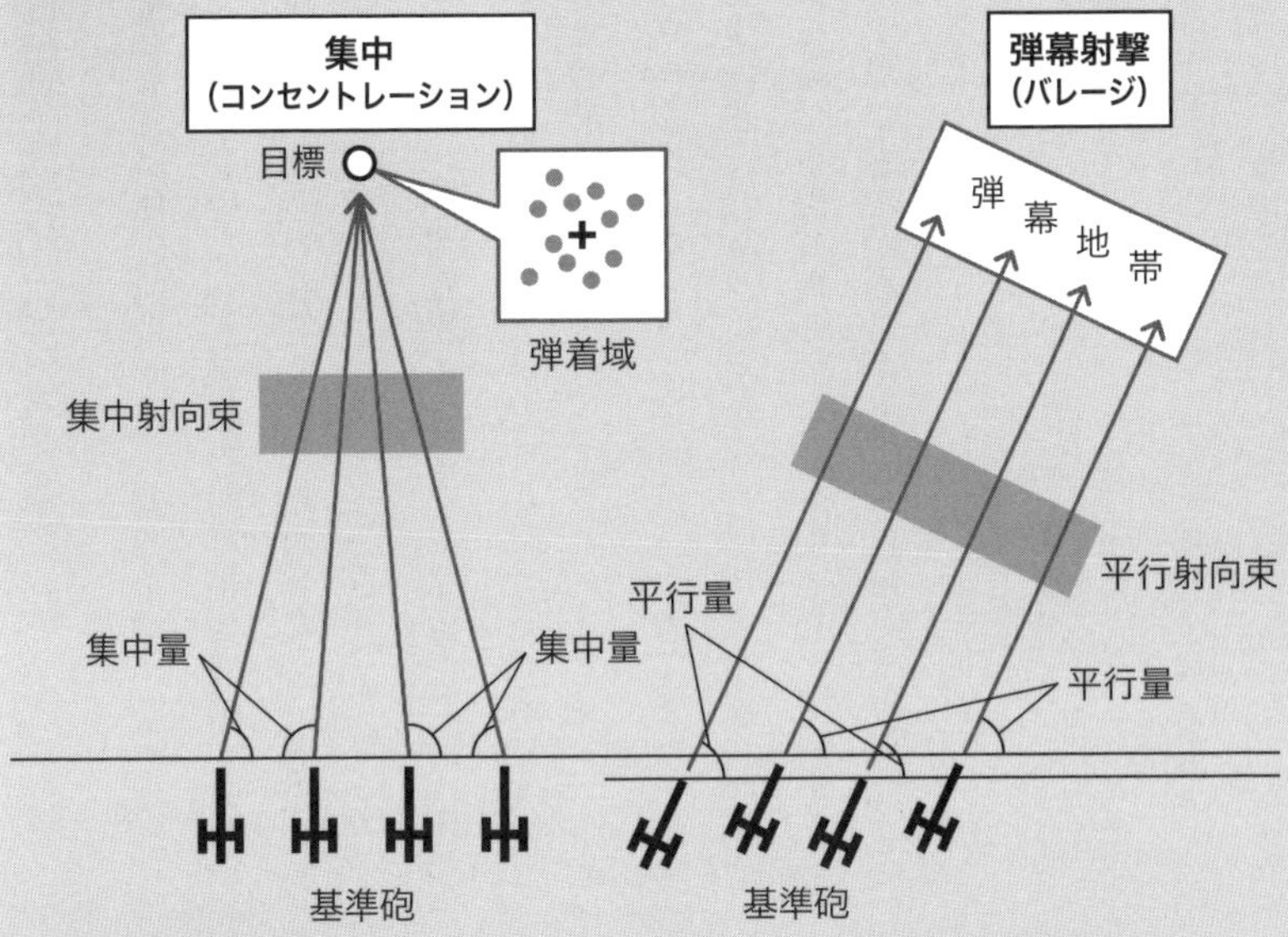

射撃方法は、集中射と弾幕射に大きく分けられる。図中の「基準砲」は測量や射撃諸元の基準となる砲で、他の砲の諸元はこれに合わせるが、位置は各々違うので、それを補正する必要がある。そのため集中射には集中量、弾幕射撃には平行量が必要とされる。また、射線の束を「射向束」という。

弾着の修正（夾叉《きょうさ》法）

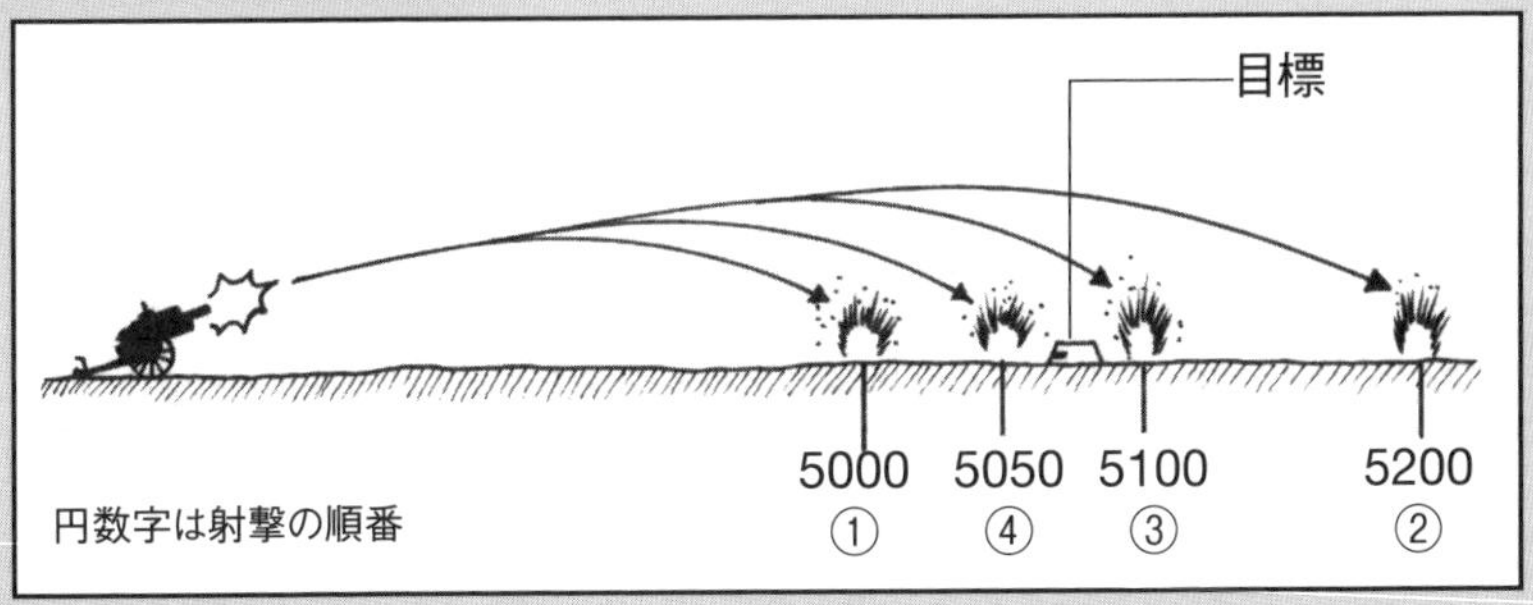

弾着は、図のように手前100mに落ちたら、次は200m遠くに撃ち込み、目標を挟むように修正する。距離は半分ずつ加減する。一門の砲で行う試射を「一距離試射」という。

砲兵部隊に求められるもの

攻撃側も防御側も無限の砲兵戦力を持っているわけではないので、前述したような砲撃をすべて実行できるとは限らない。砲兵部隊の射撃指揮官は、それぞれの射撃目標の重要性を勘案しつつ戦機に応じて適切に砲兵火力を割り振らなくてはならない。また、砲兵部隊は、射撃指揮官の命令にしたがって必要な火力を迅速に投入できなくてはならない。

「必要な場所に必要なタイミングで必要なだけの火力を」

これこそが砲兵部隊に求められることのすべてといっても過言ではないのだ。

筆者は、歩兵編の最後で「ファイア・アンド・ムーブメント」こそ戦術の本質だと述べたが、砲兵部隊は、この「ファイア・アンド・ムーブメント」の「ファイア」を担う部隊といえる。砲兵部隊が必要な場所に必要なタイミングで必要なだけの火力を提供して、はじめて近接戦闘部隊の機動が可能になる。やはり砲兵部隊は戦闘に欠かすことのできない部隊であり、だからこそ世界中の軍隊が維持管理に莫大なコストを要するにもかかわらず維持し続けてきた部隊なのだ。

第四部 実戦編

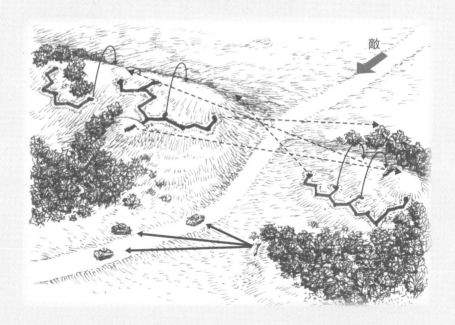

兵術用語の背後にあるもの

ミリタリー雑誌などに掲載されている戦史記事には、さまざまな兵術用語がなにげなく使われている。「突破」「包囲」「迂回」「追撃」「奇襲」「遭遇戦」「機動防御」などなど……。

それらの言葉にはそれぞれ深い意味があり、その背景には各国の軍人たちが当然のこととして受け止めている戦術上の原理原則がある。これを知っているのと知らないのとでは、記事の内容に対する理解に大きな差がでてくるはずだ。

そこで、このパートでは、これまでのように第二次世界大戦中の主要各国軍の装備や編制、各種の教範類に示された教義などに基づく具体的な戦術の解説ではなく、戦術上の原理原則や基礎的な兵術用語の意味など、どちらかというと概念的なものを中心に解説を加えてみようと思う。

ただし、これから述べるのはあくまでも原理原則であって、例外はいくらでも存在しうること、わかりやすさを優先して専門的な言い回しを一般的な表現に変えたり説明を端折ったりした部分があることをご了解いただきたい。

実のところ日本では、兵術用語が時代によって実質的な意味合いが変化したり、新たな用法が付け加えられたり、すでに廃語になっているものさえある。したがって、これから述べる解説は必ずしも絶対的なものではなく、筆者個人による解釈のひとつにすぎないことをお断りしておく。

このことを踏まえた上で、他の書籍や資料にある用法や概念の捉え方との違いを見つけた時に、その差異が生じた原因にまで考察を進めていただければ、と思う。

第1章　攻撃

戦場の選択権は防御側にある！
――地形の重要性――

では、まず戦場がどうやって決まるのか、から話を始めてみようと思う。

あたり前の話だが、攻撃側だけでは戦闘は発生しない。防御するものがいなければ攻撃側が無人の野を前進するだけだ。また、防御側が存在しても、攻撃部隊との接触を避けて先に後退すれば戦闘は起こらない。要するに、その場所で戦闘を行なうかどうかの選択権、さらにいえば、どこを戦場に選ぶか、の決定権は基本的に防御側にあるのだ。基本的に、と但し書きを付けたのは、攻防両者がお互いに予期しない場所でぶつかり合い戦闘が始まることもありうるからだ。こうした戦闘を遭遇戦ないし不期戦というが、これについては後述する。

話を戻すと、防御側の指揮官が戦場を選択する際に、最初に考えるのが戦場の地形だ。通常、戦力が劣る防御側は、攻撃部隊が戦力を発揮するのに不利で、防御部隊の戦力発揮に有利な地形のある地域を選び、これを利用して攻撃側を待ち受けることを考える。

たとえば、ただの平地に陣地を作るよりも、接近してくる敵の攻撃部隊を撃ちおろすことができる丘の麓《ふもと》に陣地を構える方が有利ということは、誰にでもわかるだろう。また、見晴らしの良い丘は砲兵観測にも適しており、味方の砲兵部隊の火力発揮に有利にはたらく。山地戦では、進撃路の両側を山が挟む隘路《あいろ》（ボトルネック状の地形）の出口に防御部隊を展開させれば、隘路のなかで広く展開できない敵部隊を集中的に叩くことができるので、敵の進撃を容易に食い止めることができる。端的に言えば、敵部隊の火力と機動力の発揮（すなわちファイア・アンド・ムーブメント）が困難で、味方部隊の火力と機動力の発揮が容易な地形を考えろ、ということだ。

　こうした丘や隘路口《あいろこう》といった戦闘に重大な影響を与える地形を、とくに「緊要地形」と呼ぶ。英語では「キー・テライン（key terrain）」というが、まさに戦場のカギとなる地形のことだ。当然のことだが、この緊要地形を、防御側はできるかぎり保持しようとするし、攻撃側は迅速な奪取を目指す。そのため、緊要地形をめぐって激しい戦闘が繰り広げられることになるわけだ。

　緊要地形の価値は、攻撃側と防御側のそれぞれの任務や装備編制などによっても変化してくる。第二次世界大戦では、大規模

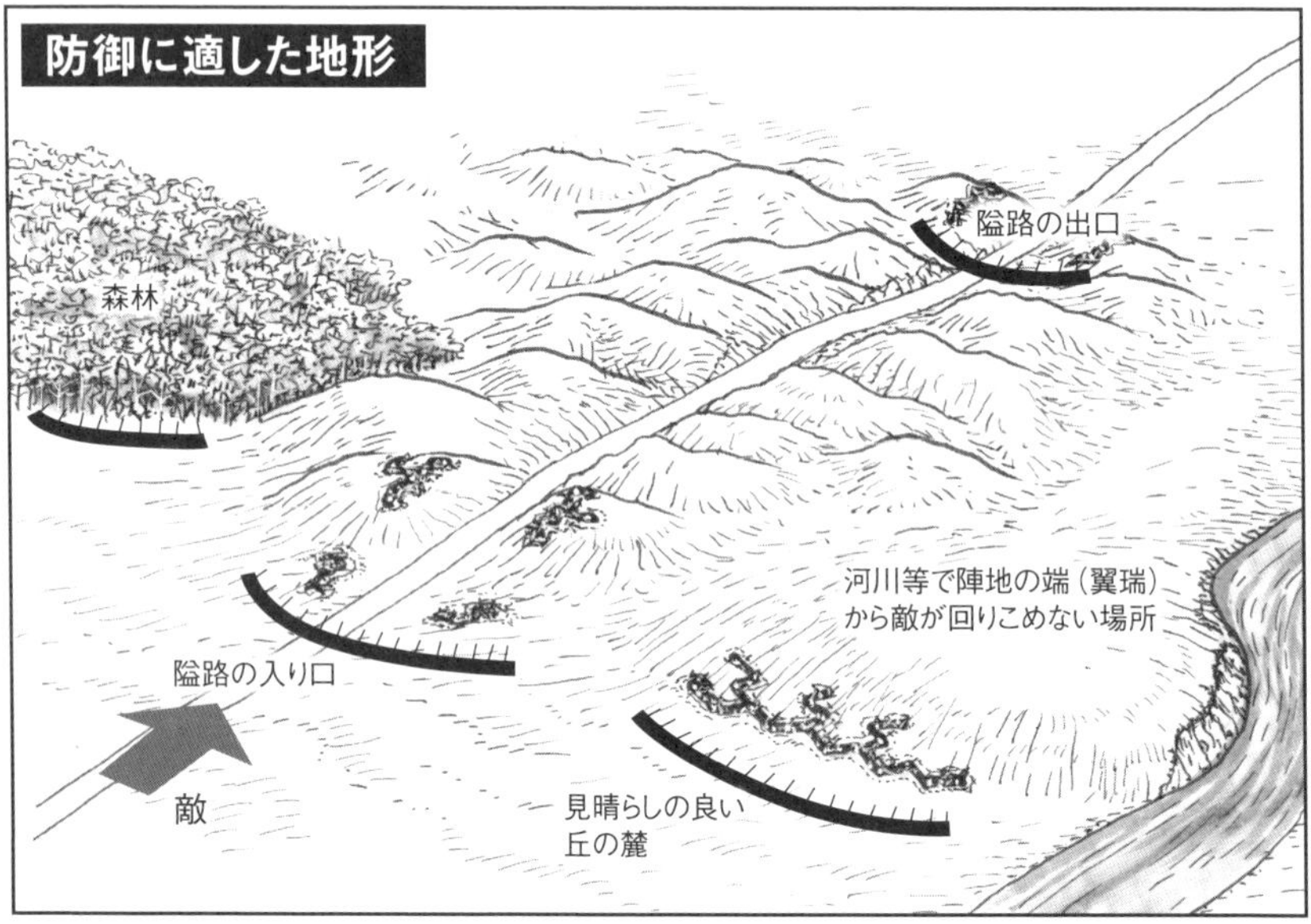

防御に適した地形とは敵戦力の優位を発揮させない地形である。例えば隘路は敵が兵力の優位を活かせないし、森林のような「錯雑地形」は敵の総合力を分断してしまう。だが、それぞれの地にも有利不利がある。森林は視界が悪く火力発揮に困難、逆に丘の麓は、敵の火力発揮も容易だ。要は、その時点においてどの地形が任務達成に相応しいのかを考えるのが重要なのである。

な攻勢作戦の多くが機甲部隊を主力とするものだったので、防御側は機甲部隊が戦力を発揮しにくい地形、もっと具体的に言うと、山地や荒地、深い森や河川などの地形を利用して防御陣地を築くことが多かった。

攻撃部隊は、戦車や装甲車の走行が困難な山地などの地形障害をさけて接近してくるので、防御側は攻撃方向をある程度特定できるし、攻撃目標への接近経路を制する緊要地形をおさえることで、対戦車砲などを活用して効果的に防御戦闘を展開することができた。加えて、対戦車地雷や対戦車壕などの人工的な障害を設置すれば、敵の接近経路を限定したり、攻撃方向を誘導したり、攻撃そのものを妨害することも可能だった。

このように戦闘が生起する戦場は、戦術的な要素からおのずから限定されてくるものなのだ。それに、まともな指揮官であれば、戦場の地形を見ただけで、どこが緊要地形なのかをおおよそ掴むことができるし、緊要地形への接近経路も推察することができる。

戦前や戦中の日本で地図の作成を担当していたのが陸軍参謀本部の陸地測量部（現在は国土地理院）だったり、現在も軍の関連組織が地図を作成している国が少なからずあったりするのは、精密な地図が戦術上の判断に欠かせないものだからだ。このことからも、地形が戦術上いかに重要なものかがわかる。

攻撃側は迂回を追及せよ！
―地形と準備の優位を打ち消せ―

一方、攻撃側にとっては、防御側に有利な場所にわざわざ飛び込んでいくのは明らかに不利だ。できれば自軍の戦力発揮に有利な地域、それが無理でもお互いに有利不利の差が無い地域、少なくとも防御側が準備していない地域で戦闘を行なうことが望ましい。そこで攻撃側は、防御側の正面を直接攻撃することを避けて、防御側が準備している地域のはるか後方に回り込むような機動を目指す。これが「迂回」だ。

ちなみに「包囲」も、一見すると迂回に似ているように思えるが、こちらはその場で防御側を包み込むような機動を指す。迂回では攻撃側の選択した場所が戦場になるのに対して、包囲では防御側の選択した場所が戦場になるので、「攻防どちらの側が戦場を選択するのか」という意味においては、包囲と迂回は本質的にまったく異なる戦術行動といえる。

攻撃側が迂回を行っても、防御側が戦闘を挑んでこなければ、みずからが選んだ場所で戦闘が起こらないことになる。したがって、迂回を行なう際には、防御側が準備した陣地を捨てて迎撃に向かわざるを得ないような場所を選ぶ必要があるのだ。たとえば、防御部隊の補給路が通過している後方の橋梁は、そこを取られてしまうと防御部隊の戦力発揮に重大な悪影響が出るので、攻撃部隊がそこに迂回して来たら何らかの対応をせざるを得ない。

反対に防御側は、攻撃部隊にうまく迂回されてしまうと、戦場を選択できるという優位、事前に準備できるという優位を失ってしまうから、防御地域には攻撃側が攻撃せざるを得ないような場所を選ぶことが求められる。たとえば、そこを抜かなければ攻撃目標に進撃できないような道路の交差点を制する丘などがあげられる。

攻撃側は、移動経路の道幅などの制限で主力部隊の機動がむずかしく、小規模な部隊しか機動できないような場合でも、迂回可能な部隊で迂回を目指す。防御側が主力部隊を転用せざるを得ないような重要な場所であれば、小部隊を迂回させるだけでも相当の効果を発揮するからだ。

迂回機動を防御側に阻止されないようにするには、まず迂回をさとられないようにすること、たとえ敵にさとられても、それを阻止できないように防御側の主力部隊を戦闘に巻き込んで釘付けにするなどして掩護すること、そして何よりも迂回を行なう部隊が防御側の対応に先んじて素早く機動することが重要だ。また、一部の部隊が主力部隊を遠く離れて迂回行動を行なう場合、主力の支援を受けることがむずかしくなるため、迂回部隊には少なくとも敵に簡単に各個撃破されないだけの戦力が求められる。

高い機動力と戦闘力を併せ持つ機甲部隊は、迂回任務に好適だ。路上機動による迂回が可能ならば、高い路上機動力を備えた自動車化部隊も適している。大規模な攻勢作戦では、迂回先が空挺降下可能な場所

迂回攻撃

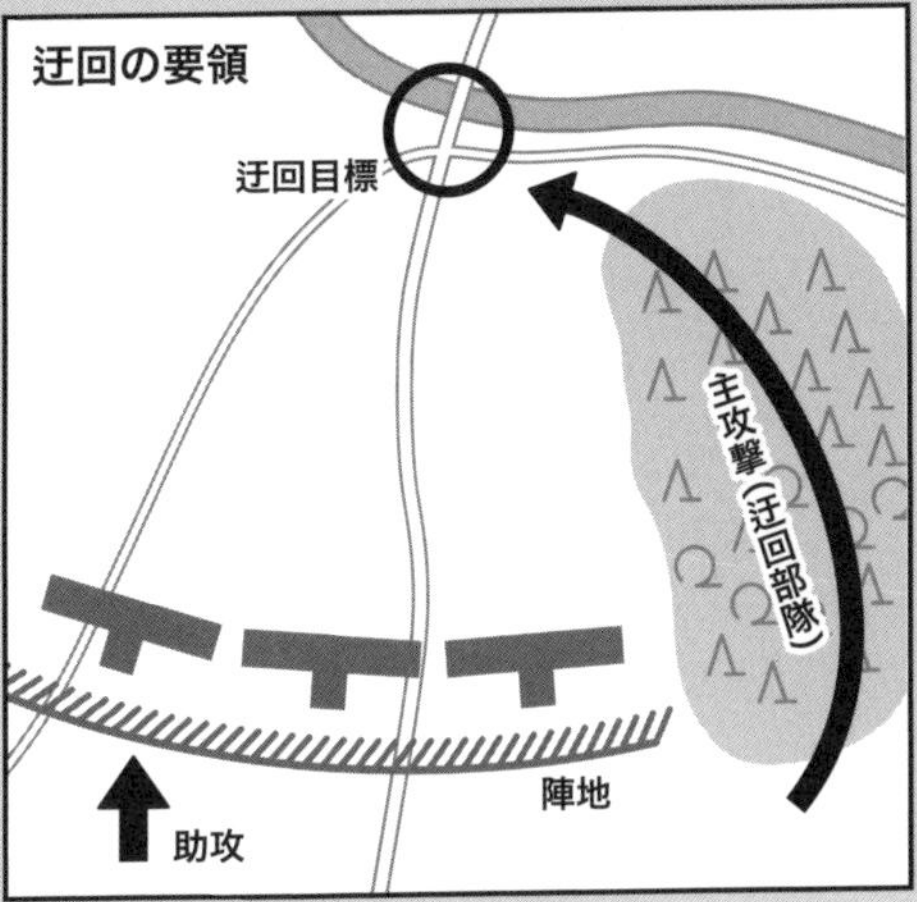

迂回攻撃の目標は、敵が準備した陣地を捨てざるを得ないほど苦痛とする場所とする。また主攻部隊の機動の可否は、助攻部隊が敵をどれだけ欺瞞し拘束できるかも大きな要因となる。

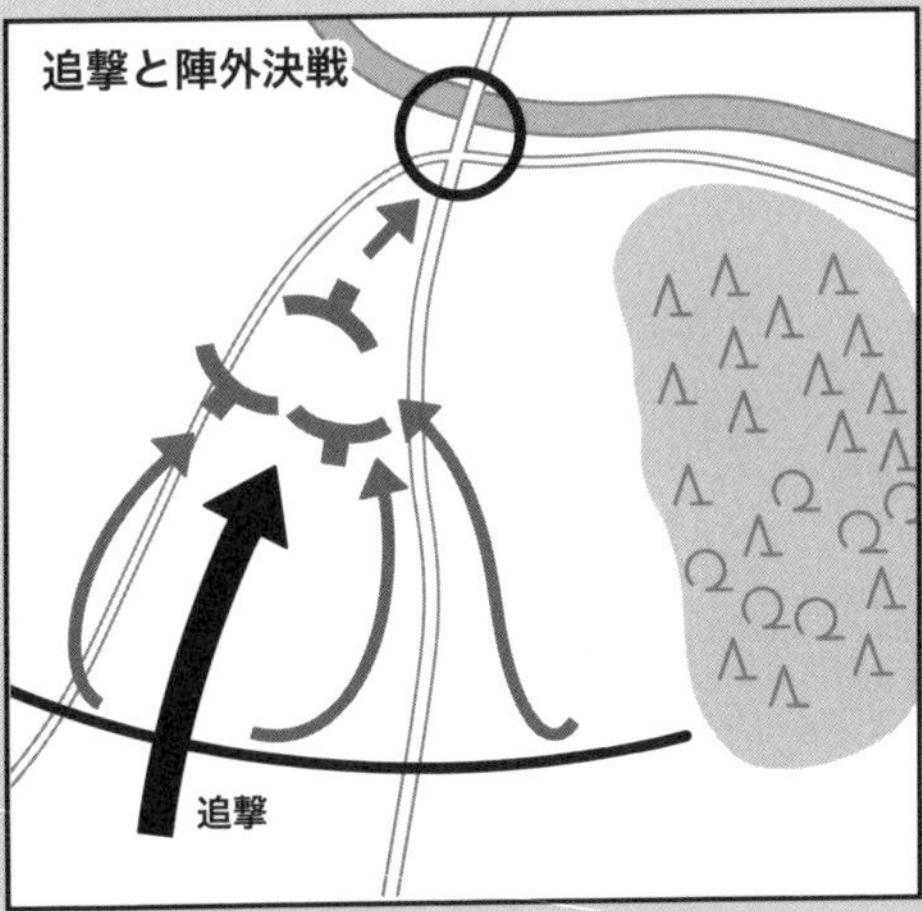

迂回が成功したら、助攻部隊がすかさず後退する敵を追撃する。敵の戦闘力を構成する大きな要素である「陣地」は今やない。兵力の優位を活かして敵を撃滅せよ。図のように小部隊で迂回を行った場合は、後退する敵の圧力に、自軍の迂回部隊が対抗できる間に撃滅する。

ならば、空挺部隊の投入も選択肢のひとつだ。現代ならばヘリコプターによる空中機動もごく一般的なものになっている。空中機動は、地上に大河川があっても湿地があっても無視して機動できるのが大きい。

攻撃部隊が迂回に成功したら、陣地の外に出た防御部隊に時間の余裕を与えることなく、すぐに攻撃を仕掛けなくてはいけない。防御部隊に準備の時間を与えてしまっては、せっかくの迂回の効果が半減してしまうからだ（それでも防御側の地形上の優位を打ち消すことはできるが）。そもそも何のために迂回を行ったのか、を忘れてはいけないのだ。

先手をとって緊要地形を確保せよ！
――戦場の選択権を握れ――

遭遇戦では、両軍がお互いに戦場を決めないまま戦闘が始まることになる。

この遭遇戦を、まったく予期していなかった場合と、戦闘をある程度予期していた場合のふたつに分けて、前者をとくに「不期遭遇戦」と呼んで区別する場合もある。ちなみに現代戦においては、偵察手段の発達などによって、とくに大兵団同士の戦いでは純然たる不期遭遇戦は起こりにくくなっている。

遭遇戦では、基本的に敵味方の両者が望まない場所で戦闘が始まるため、この時点では両者とも地形や準備による有利不利が無い状態、ということになる。ここから自軍の戦闘力の発揮に有利、もしくは敵軍の戦闘力の発揮に不利な地域を戦場に選んで、そこで戦闘を行なうことを目指すのだ。

もし、敵と遭遇する可能性がある地域を、あらかじめいくつか選んでおくことができれば、必要に応じて一部の部隊を派遣して事前に戦闘の準備に着手することもできるし、敵の行動をある程度掴めていれば、長距離砲撃や航空攻撃で敵部隊の移動を妨害したり、こちらの部隊が強行軍（無理を承知で移動を急ぐこと）を行ったりして、遭遇地点をある程度ずらすこともできる。

通常、部隊の移動時には、主力部隊の前方に主力の進出を掩護する掩護部隊（英語ではCovering Force略してCFとも呼ぶ）や敵に対する警戒を担当する前衛部隊を置く。そのため、戦闘は、お互いの掩護部隊や前衛部隊が敵を発見し接触して始まるのがふつうだ。

この時点で、とりあえずの戦場はおおむね決まったといえるので、掩護部隊は敵の兵力や展開状況などを解明すると同時に、敵の掩護部隊に先んじて付近の緊要地形を占領し確保する。さらに、必要ならば敵部隊を攻撃して拘束し、味方の主力部隊の行動の自由を確保するとともに、敵部隊をこちらの望む場所に誘導する。以後の戦闘を有利に進められる

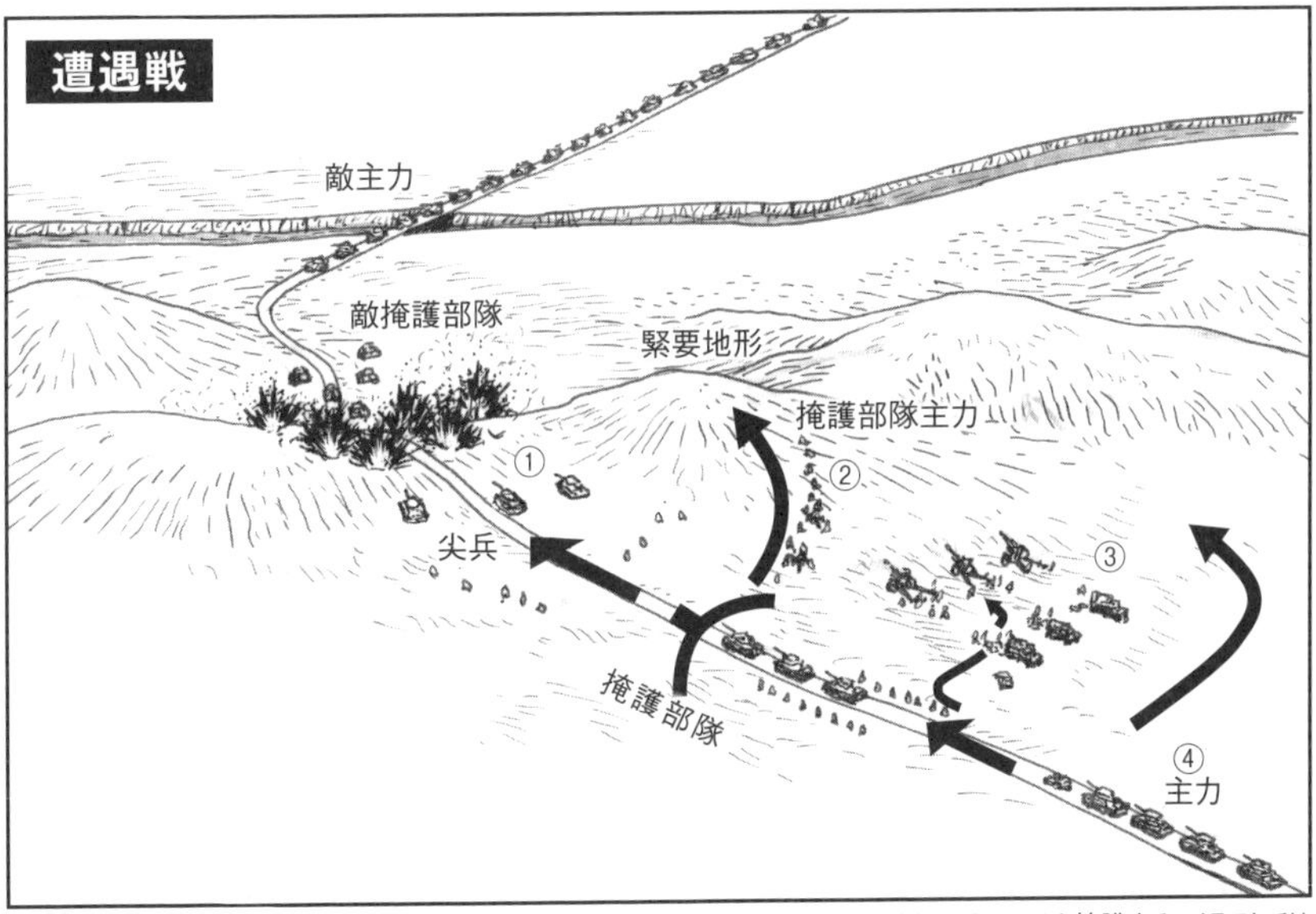

①尖兵が接触したら、掩護部隊の指揮官はすかさず状況を把握し、④主力が戦闘状態に入れるよう掩護する。イラストでは稜線の向こう、橋まで見渡せる「緊要地形」を、②掩護部隊主力が奪取する。③掩護部隊砲兵も素早く展開し、尖兵の戦闘および掩護部隊主力を支援する。これにより稜線を保持し、爾後の戦闘を有利に進める。

かどうかは、掩護部隊がこれらの行動を実現できるかどうかにかかっている。したがって、掩護部隊の指揮官には、敵部隊の先手をとれるだけの迅速な判断と実行力が求められるのだ。

一方、主力部隊の指揮官は、掩護部隊の戦闘の経過を見ながら、以後の展開を鋭く洞察して的確な判断を下さなくてはならない。状況が刻々と変化していく遭遇戦では、事前の周到な準備や綿密な計画よりも、その場その場での迅速な決断が要求される。こちらの主力部隊の展開にはどのくらいの時間が必要なのか、こちらの掩護部隊は主力部隊の展開まで緊要地形を確保できるのか、その時点での敵の主力部隊の展開状況はどうか、その時の敵味方の位置関係はどうなるのか、その場の地形はどのようなものなのか、などなど。

結局、遭遇戦でも予期戦でも、防御側は自軍に有利で敵軍に不利な場所で戦闘することを望み、攻撃側は防御側の準備していない戦場で戦闘することを望む。要するに攻防どちらの側も、いかにして自分に都合の良い戦場で戦闘を実現するか、が重要なのだ。そして、戦場の選択権を握ることは、戦いの主導権（*1）を握るための第一歩なのだ。

攻撃側は包囲撃滅を追及せよ！
―側背からの攻撃―

攻撃側は、迂回ができないときや迂回が必ずしも有利といえないような場合には「包囲」を狙う。包囲とは、防御側の主力部隊を正面に釘付けにしながら主力部隊で防御部隊の側面や背後から攻撃し、退路を遮断して撃滅することをいう。したがって、これを実現するための攻撃目標は、防御側の退路を断てる場

*1＝陸上自衛隊では、受け身に回って相手に対応する「受動」に、みずから動く「主動」を対置して、「主導権」ではなく「主動権」という言葉を使うことがある。

所になる。

防御側の陣地は、一般に正面は強固にしやすく側面や背後は弱点になりやすい。その理由は、平地に左翼、右翼、中央の陣地を並べた状況を仮定してみるとわかりやすいだろう。正面中央からの攻撃は、中央の陣地を左右両翼の陣地から支援できるのに対して、左右の翼側からの攻撃は、よくて隣接する中央の陣地から支援できるだけ。悪くすると、左右の陣地がそれぞれ独力で戦わなくてはならなくなる。さらに包囲されて背後からも攻撃されるとなると、守兵の心理的な動揺も大きくなるし、後方連絡線（背後連絡線ともいう）を切断されるため、後方からの補給や補充も来なくなるし、上級司令部との連絡にも問題が生じる。士気の低い部隊であれば、この時点で降伏する可能性が高い。

もし、包囲された敵部隊が降伏すれば、自決者を除いて全員を捕虜にできるし、装備も根こそぎ鹵獲《ろかく》することができる。たとえ大損害を受けて後退した部隊でも、第一線の将兵や装備さえ充足できれば比較的短期間で再建できるのに対して、敵に包囲撃滅された部隊は再建の基盤が失われてしまうので、ゼロから部隊を立ちあげる必要が出てくる。砲兵将校など専門教育を受けた士官の養成には多くの時間と費用を必要とするし、優秀な参謀将校や高級指揮官の育成にはさらにコストがかかる。そのため、包囲殲滅は敵に与える打撃が非常に大きいのだ。

この包囲のより具体的な中身は次のようなものになる。

まず攻撃側は、一部の部隊で正面から攻撃を行って、防御側の主力部隊を引き付けて釘づけにする。攻撃側の主力部隊は、機動力を発揮して防御側の解放された翼側や弱体な翼側を突いて側背に回り込む。攻撃側が左右両翼から回り込めば両翼包囲、左右どちらかの翼から回り込めば片翼包囲になる。こうして防御部隊を捕捉するわけだ。

ただし、状況によっては、敵の退路を完全に断ってしまうと死にものぐるいの抵抗を呼んでしまうことがあるので、わずかな脱出路を意図的に残しておく手もある。この場合、敵部隊の脱出が始まって組織的な抵抗が弱まったところで、本格的な攻撃をかけて撃破する。敵の兵力に打撃を与えるよりも、地域の占領が優先されるような場合にも、同じ手が使える。敵にわざと逃げ道を残してやることで退却を誘うのだ。

主力部隊によって決定的な効果を目指して行われる攻撃を「主攻撃」または「主攻」と呼び、主攻を助けるために一部の部隊をもって行われる攻撃を「助攻撃」または「助攻」と呼ぶが、包囲の場合は、防御側の主力部隊の拘束を目的とする助攻と、防御側の包囲を目的とする主攻が行われることになる。この時、主攻と助攻は、各個撃破を避けるために相互に支援できる距離で行動するのが基本だ。

対する防御側は、攻撃側の主力部隊が側背に回り込めないように、自軍の翼側の部隊を横方向に展開させる「延翼」運動を行なって、可能ならば逆包囲をかける。つまり、攻防がお互いの翼側を取り合うことになるわけだ。この際、機動力に優る側が有利であることはいうまでもない。したがって、包囲では機動力の高い予備部隊を確保することが重要になる。

第一次世界大戦までは機動力の高い部隊といえば騎兵部隊だったが、第二次世界大戦以降は機甲部隊がとって代わった。機甲部隊は、機動力だけでなく高い戦闘力も兼ね備えているので、予備部隊に最適といえる。攻撃側だけでなく防御側にとっても、機甲予備には大きな存在価値があるのだ。

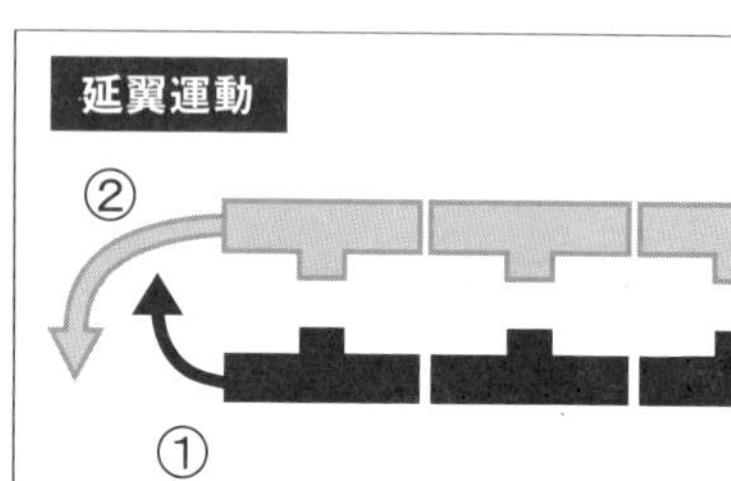

①敵を包囲しようと行動を起こすと、それに対し②敵も自軍の包囲翼を逆包囲しようとする。それを相互に繰り返し戦線が横方向に延びるのを延翼運動という。彼我の兵力、機動力が拮抗していると延翼運動が起こりやすい。

敵の戦線を突破せよ！
―包囲撃滅を目指して―

ところで、戦線とは第一線の戦闘部隊の連なりのことをいう。たとえば、歩兵師団の戦線は隷下の各歩兵連隊を軸として構成され、その連隊の戦線は隷下の各歩兵大隊で、その大隊の戦線は隷下の各歩兵中隊を軸として構成される。そして、前線の歩兵中隊や歩兵小隊は、分隊規模のパトロール部隊や数名の斥候を出して最前線の警戒に当たるわけだ。

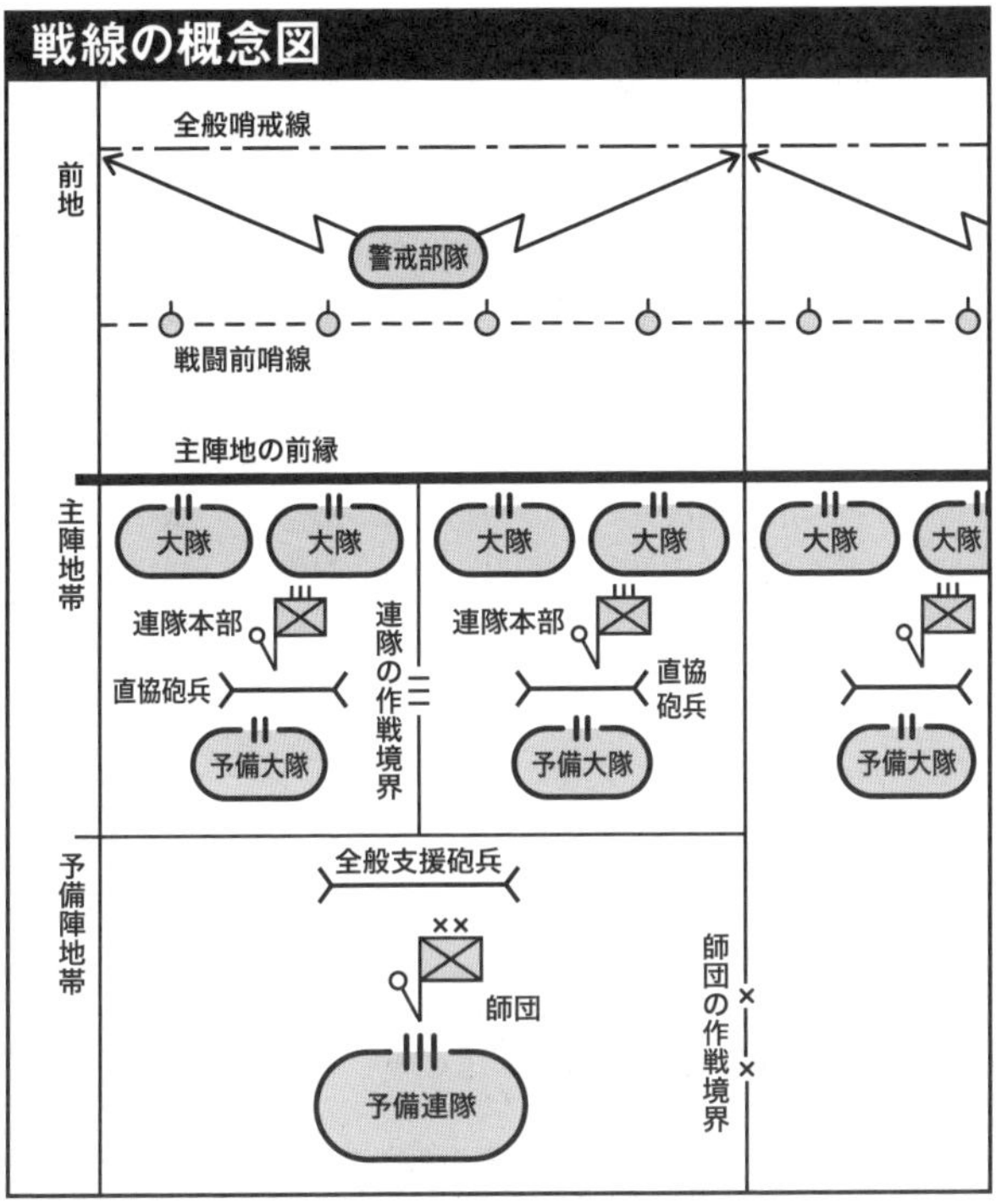

地図には一本の線で描かれる戦線も、実際は部隊を堅密に組み上げた帯である。図のような三単位編制部隊の場合、二個が前線に配され一個が予備となるから、戦線は底辺を敵に見せた三角形の連なりともいえる。

通常、各部隊の翼側には隣の部隊がいるので、解放された翼側や弱体な翼側は存在しない。包囲は、防御側の解放翼ないし弱体な翼側を突いて行われるが、ガッチリとした戦線が組まれている場合には、攻撃によって何とか解放翼を作り出して包囲に繋げていくしかない。

第一次世界大戦時の西部戦線では、開戦初頭のドイツ軍右翼の突進を連合軍が食い止めたあと、ドイツ軍と連合軍の双方が敵の包囲を阻止するために延翼運動を繰り返したため、ついには両軍がドーバー海峡からスイス国境にまで達する連続した戦線ができあがった。こうなると両軍ともに解放された翼側はもはや存在せず、お互いに敵戦線の「突破」を目指して陣地の正面から攻撃を繰り返すことになった。突破は、迂回や包囲に比べると上策とはいえないが、それでもあの状況下では最善の策だったのだ。

突破とは、攻撃部隊が防御部隊の戦線ないし防御地域を突き抜けることをいう。突破の目標は、防御側の組織的な抵抗を分断できる場所だ。通常の正面攻撃と突破の最大の違いは、正面攻撃が敵の正面に幅広く攻撃をかけて持続的に圧力をかけるのに対して、突破では狭い正面に戦力を集めてキリで孔を穿つように集中的に攻撃を行なう点にある。

その突破の具体的な内容は次のとおりだ。

まず助攻部隊が、防御側の主力部隊を引き付けて釘付けにし、突破を狙う正面に振り向けられないようにする。正面からの突破といってもできるかぎり弱い部分を狙うし、もし弱い部分を作ることができれば、それに越したことは無い。

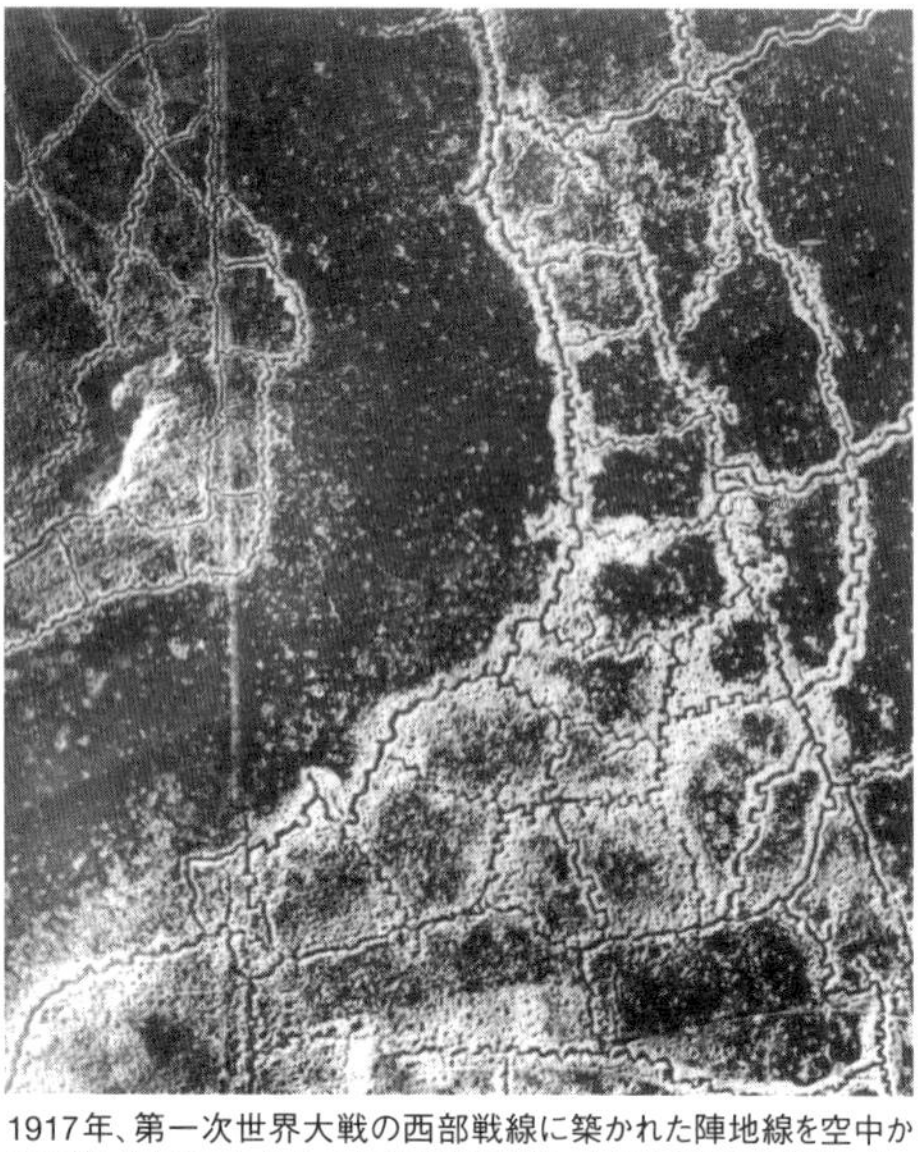

1917年、第一次世界大戦の西部戦線に築かれた陣地線を空中から撮影したもの。左上はイギリス軍の塹壕、右はドイツ軍の塹壕。ドーバー海峡からスイスまで陣地線が築かれ、英仏軍とドイツ軍の戦闘は膠着状態に陥った

一方、攻撃側の主力部隊は、狭い正面に攻撃力を十分に集中して突破口を作る。防御側は突破口が広ければ広いほど塞ぐのがむずかしくなるが、あまりに広げすぎると今度は攻撃側の兵力密度が薄くなって突破口を作ることがむずかしくなってしまう。かといって、逆に攻撃正面を狭めると兵力密度は高くなるが、あまりに狭めすぎると攻撃部隊の機動の妨げになってしまう。

第二次世界大戦では、突破作戦の主力部隊は、機甲部隊が務めることが多かった。機甲部隊は、攻撃時に衝撃的な効果を発揮できるので、突破任務に適している。この衝撃力を利用して、防御側の主陣地に突破口をひらくのだ。

突破口ができたら、次に突破口の拡大と保持、さらに突破目標への攻撃に移る。攻撃側が突破口の側面にある敵陣地を確保することができれば、防御側は予備部隊によって突破口を塞ぐことがむずかしくなる。突破口の保持や拡大には、予備部隊や突破口に近い助攻部隊が投入される。第二次世界大戦中には、歩兵部隊が対戦車砲部隊などと組み合わせて突破口の保持に投入されることが多かった。対戦車砲部隊を増強するのは、防御側が予備部隊として機甲部隊を投入してきた時に対処するためだ。

こうして突破口の拡大が進められている間にも、攻撃側の主力部隊は敵戦線後方の攻撃目標に向かって突進を続ける。主力部隊が息切れした時には、予備部隊を投入して攻撃目標の奪取を目指す。防御側も予備の機甲部隊を繰り出してくることが考えられるので十分な注意が必要だ。攻撃側の主力部隊が機甲部隊ならば、それ自体が高い対戦車戦闘能力を備えているので、敵の機甲部隊に対しても独力で対処できる。

攻撃側が攻撃目標を奪取して防御部隊の分断に成功したら、言葉をかえると防御部隊の解放翼を作り出すことに成功したら、さらに戦果を拡張して包囲撃滅を目指す。敵戦線を突破しただけでは敵部隊を撃滅したことにはならず、そこから包囲撃滅を実現して初めて最終的な目的を達成したことになるのだ。その

突破と包囲

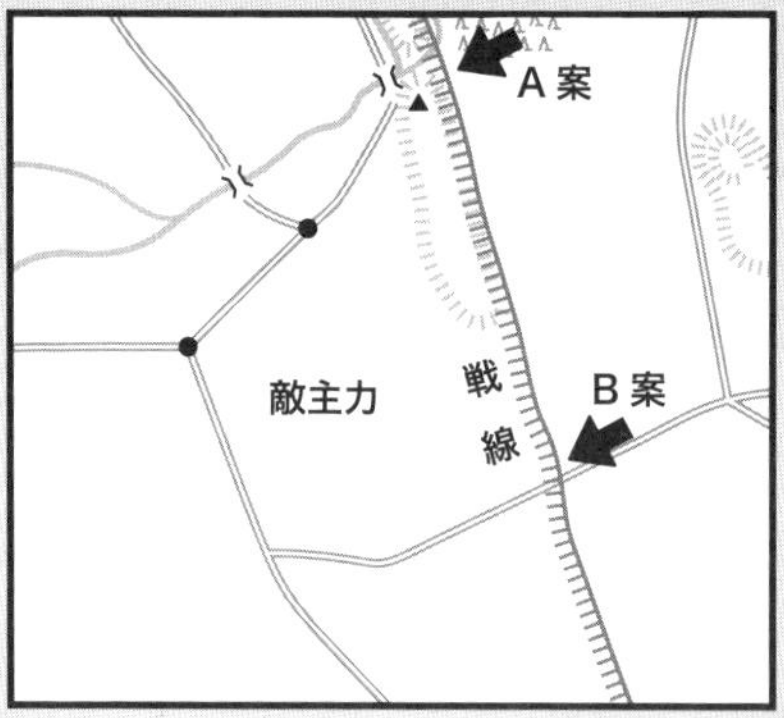

●突破地点の選定

突破地点は敵の戦線の弱点と爾後の包囲行動を勘案して策定する。B案は、防御に不利な地形で、攻撃方向に道路が走るので突破しやすそうだが、敵の領域内に戦線に平行して走る道路があるため、敵が予備隊を招致しやすい。一方A案は、地形的に攻めるに難しい隘路だが、攻撃部隊の集結を森で遮蔽できるうえ、川を障害にして右翼から来る敵を阻止しやすい。

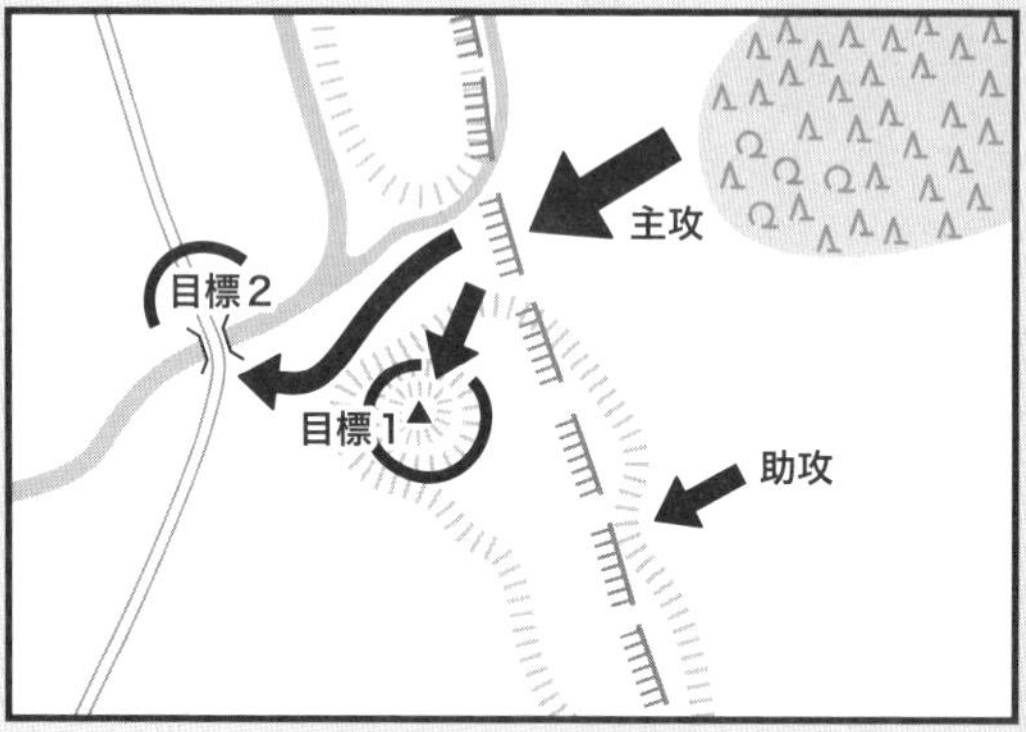

●突破要領
—どこを突破攻撃の目標とするか—

突破攻撃の目標は、突破地点の敵戦線を瓦解させる場所。目標1の高地を取ると敵の砲兵部隊の観測機能が奪え、防御の骨幹である砲兵戦力の発揮が困難になり、味方砲兵の観測所を出すことでこの付近一帯を火制下に置くことができる。また突破口を確保するための防御に、この高地の地形を利用できる。次いで、敵の増援阻止のため橋を奪取。助攻部隊をこの位置にしたのは助攻部隊が突破できれば、それを右に旋回させて、主攻部隊正面の敵を包囲することが可能なため。主攻と助攻の連携も考慮する。

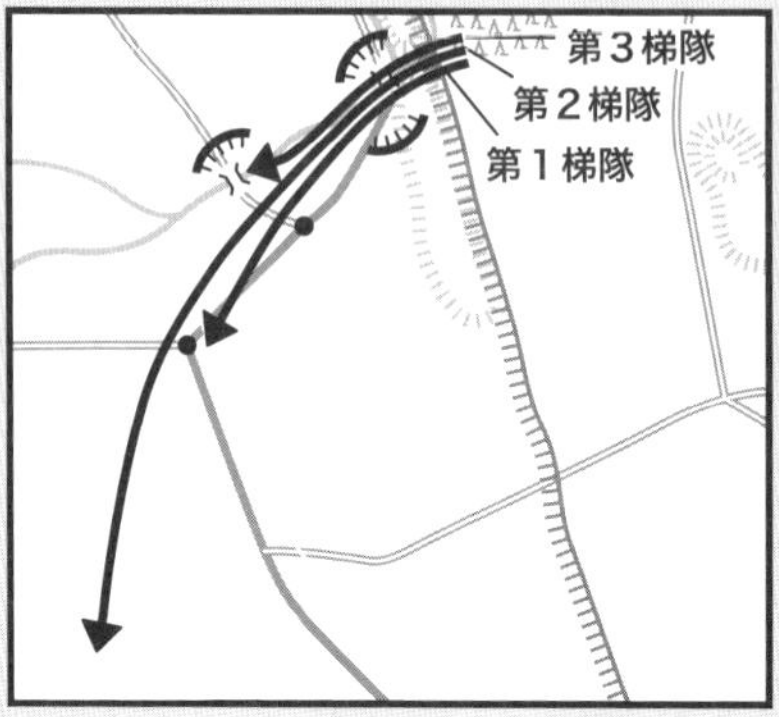

●敵主力を包囲せよ

突破が成功したら、ひたすら前進し敵を包囲せよ。戦力の減衰を防ぐため突破部隊は数個の梯隊に区分する。突破先鋒として戦力を消耗した第1梯隊が停止したら、すかさず第2梯隊が超越して前進を継続する。第3梯隊は敵の側面からの攻撃を防ぐため、旋回翼の外側を擁護するように前進する。

意味では、突破は包囲を実現するための前段階に過ぎないといえる。繰り返すが、突破も包囲も、最終的な目的は敵部隊の捕捉撃滅なのだ。

そのためには、防御側の組織的な抵抗を分断することができたら、敵の主力部隊の離脱を許さずに捕捉しなくてはならない。この時にも高い機動力を持つ機甲部隊が役に立つ。このように機動力は、攻撃のほとんどあらゆる場面で有用なのだ。

第二次世界大戦の緒戦でドイツ軍の機甲部隊が大きな活躍を見せ、それ以降も主要各国軍で機甲部隊が大規模な攻勢作戦に欠かせないものになった戦術上の理由を、これでご理解いただけたことだろう。

敵部隊の捕捉に成功したら、敵が全周防御などに移行する前に、弱体な側背を迅速に攻撃して撃滅する。これが実現できて初めて攻撃側は最終的な攻撃目的を達成したことになるのだ。

その他の攻撃方法
―正面、側面、背面攻撃と浸透―

これまで述べてきた以外の攻撃方法として「正面攻撃」「側面攻撃」「背面攻撃」「浸透」などがある。

正面攻撃は、前述したように敵の全正面に幅広く圧力をかける。突破のように狭い正面に戦力を集中することで局地的な優位を作り出すわけではないので、広い正面にわたって防御側より優位に立てるだけの膨大な戦力がないかぎり、あらゆる攻撃正面で拮抗に近い戦力での無理攻めとなるので、損害ばかり多くて得るものの少ない結果となることが多い。そのため、通常は広い戦場に点在している残敵の掃討や戦場からの離脱の妨害などに使われる。

ただし、もし攻撃側に圧倒的な戦力があれば、防御側は戦線のあらゆる場所で攻撃されることになるため、予備兵力がいくらあっても足りず、最後には予備部隊が払底して全戦線が一挙に崩壊することになる。一種の飽和攻撃と捉えることもできるだろう。

第二次世界大戦後半の連合軍最高司令官であるドワイト・D・アイゼンハワー将軍は、大戦後期のフランス北部からドイツ国境への進撃で、広い正面にわたって攻撃を継続して防御するドイツ軍を分散させる、いわゆる「広正面戦略」を考えていた。これも正面攻撃に分類できる。

側面攻撃や背面攻撃は、防御側の側面や背面から攻撃を仕掛けることだ。包囲のように助攻部隊が防御側の主力部隊の拘束を行なうわけではないので、防御部隊の側背に隠密に接近できるような都合のよい接近経路を防御側がガラ空きにしていなければ、なかなか成立しない。せいぜい油断している敵の先鋒部隊の攻撃に使える程度だ。

アイゼンハワーの広正面攻撃

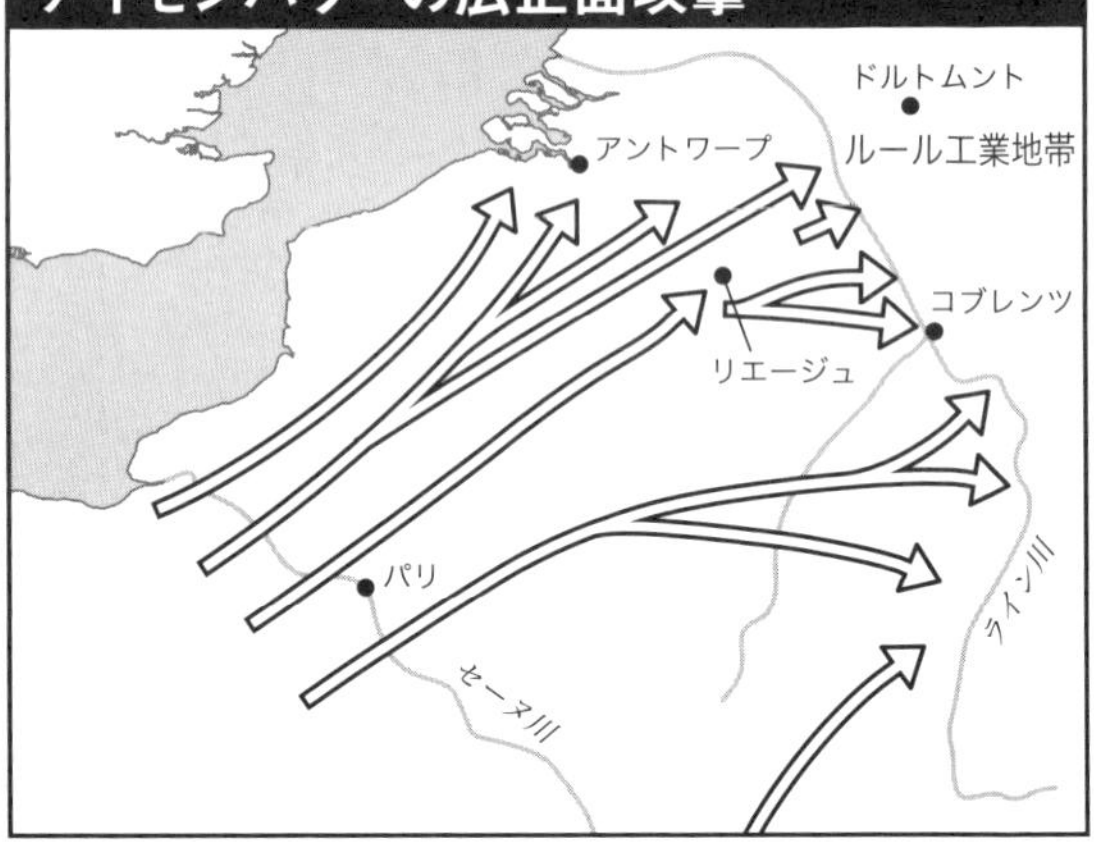

図は1944年秋に連合軍総司令官アイゼンハワーが立案したドイツへの進撃。アイゼンハワーは、連合軍の圧倒的な戦力を利用して広正面を攻撃、ドイツ軍を対応不能に陥らせようと考えた。

浸透（滲透とも書く）は、小規模な部隊に分散して、防御側の陣地の隙間から後方に沁み出すように前進していく機動のことだ。後方に浸透した部隊は、集結して緊要地形を奪取するなどして防御部隊の後方を遮断し、包囲撃滅する。こうして敵の戦線に小さな穴をあけ、さらに大きな部隊による浸透を可能する。そして、最終的には敵戦線の大規模な崩壊につなげていくのだ。防御側の陣地に隙間があり、攻撃部隊の浸透を発見されにくい錯綜した地形でおもに使われる。

第一次世界大戦では、ドイツ軍が世界で初めて浸透戦術を組織的に使い、第二次世界大戦では日本軍が南方のジャングルで浸透戦術を多用した。

これらの攻撃方法は、既述した「迂回」や「包囲」、「突破」と組み合わされて使われることもある。

以上で、攻撃に関する説明を終わる。最後にもう一度重要な事柄をまとめておこう。

・地形が戦闘に与える影響は非常に大きく、戦場をどこに選ぶかは戦闘を有利に運ぶ第一歩となる。
・攻撃時には、まず「迂回」や「包囲」によって敵部隊を撃破することを考える。
・それがどうしても不可能な場合や有利でない場合には、「突破」から包囲に繋げることを考える。
・もっとも重要なことは、敵部隊を捕捉撃滅することである。

以上だ。

第一次世界大戦でドイツ軍は突撃部隊（シュトーストルッペン）による浸透戦術を駆使して敵戦線の崩壊を狙った。写真はイタリア戦線でのオーストリア＝ハンガリー軍の突撃部隊。近接戦闘で有効な手榴弾や短機関銃を主兵装とし、鉄条網を切るワイヤーカッターなども持っていた

第2章　防御

敵の攻撃を破砕せよ！
―地形を選び陣地を構築し主導権を奪え―

この章では、前章の「攻撃」に続いて、それに対応する「防御」について述べようと思う。

そもそも「防御」とは、ひと言でいえば敵の攻撃を破砕する行動を指す。敵の攻撃を破砕することができれば、続いて攻勢に移転して敵を捕捉撃滅することが可能になるのだ。

ちなみに、敵の攻撃の粉砕を目的としない、単なる時間稼ぎは「遅滞」と呼ばれる。遅滞は、広い意味では「防御行動」の一部だが、ここでいう狭い意味での「防御」とは明確に区別される。稼ぐべき時間が決まっているのが「遅滞」、決まっていないのが「防御」、と言い換えてもよいだろう。もちろん状況によっては、重要な拠点の保持、主力部隊の集結や進出の掩護などで、時間を区切った防御もありえるが、原理的には防御は敵の攻撃を粉砕するまで永久に続く。この遅滞については、項を改めて詳述しよう。

さて、前章でも書いたように「どこを戦場に選ぶか」の選択権は、基本的に防御側が握っている。つまり、この時点での主導権は防御側にあるわけだ。

そして戦場を選ぶ時には、まず攻撃側が火力や機動力（ファイア・アンド・ムーブメント）を発揮するのに不利で、防御側は火力や機動力を発揮するのに有利な地形を考える。ふつうは、防御側が攻撃側よりも戦力的に劣勢なので、自己に有利な地形を利用することによってその戦力差を埋めるのだ。

これに対して攻撃側は、地形や準備の面での不利を打ち消すため、防御側の選んだ地域を迂回して別の戦場で戦うことを狙うから、防御側は敵が攻撃せざるを得ない場所を選ぶ必要がある。

　次に防御側は、崖や川などの天然の地形を利用して部隊を配備し陣地を編成する。それぞれの陣地は、敵に各個撃破されないよう相互に支援し合えるように配置する。

　敵の攻撃方向がまったくわからない場合には、陣地の全周を固める「円陣」を組むことになるが、大抵の場合は敵のおおまかな攻撃方向がわかっているので、その方向に対してもっとも堅固になるように陣地を編成する。この方向が陣地の正面になり、その左右が翼側、正面の反対側は背後になるわけだ。

　ただし、第二次世界大戦では落下傘部隊による空挺降下が行なわれるようになり、現代戦ではヘリコプターによる空中機動が一般化するなど、時代が進むとともにあらゆる方向から立体的に攻撃される可能性が高くなってきている。そのため、現代では全周の防御を準備しておく必要性が出てきている。

　話を第二次世界大戦中に戻すと、攻撃側に防御陣地を簡単に突破されないようにするためには、陣地全体に一定の奥行き、すなわち縦深を与える必要がある。そのためには、陣地を配置する地形にも十分な縦深がなければならない。たとえば狭小な島嶼《とうしょ》には、地形に十分な縦深がない。

雪原を浅く掘った急造陣地に5cm対戦車砲PaK38を構えるドイツ武装親衛隊の対戦車砲チーム

ここでは、地形上の縦深と陣地の縦深を混同しないように注意されたい。陣地の縦深は地形上の縦深を越えることはできないが、地形上の縦深がいくらあっても陣地の縦深は兵力の上限によって限定されてしまうからだ。

個々の防御陣地は、敵に各個撃破されないよう相互に支援し合えるように配置しなくてはならない。また、各陣地の火力が最大限の威力を発揮できるように、地雷原や鉄条網などの障害と連携して配置しなくてはならない。

また、後方に機動力の高い予備部隊を確保し、主力部隊の一部の転用を考慮に入れておくなど、状況の変化に素早く対応できる柔軟性を常に保持しておく。そして、状況の変化に対応して、あるいはそれに先んじて、一部の部隊を派遣して敵の迂回を阻止したり、延翼運動を行って包囲を阻止したり、予備部隊を投入して逆襲に転じたりするのだ。

防御側が主導権を握って行動できるのは、せいぜいこの辺りまでだろう。防御側が戦場を選択した後、攻撃側は自らの意志で、攻撃の開始時刻や攻撃方向、最適の攻撃方法を選び、戦力を集中することができる。「いつ」「どの方向から」「どうやって攻撃するか」の選択権は攻撃側にある。つまり、戦いの主導権が、ここで防御側から攻撃側に移るのだ。

攻撃側が、防御側の意表を突く時間、方向、方法で攻撃をかければ、それは「奇襲」になる。奇襲を避けるためには、正面だけでなく翼側や背後に対しても警戒を怠らないようにしなくてはならない。また、上空からの航空攻撃や空挺降下、永久要塞ならば時間のかかる地下からの坑道攻撃にも警戒を要する。

事前の情報活動や偵察などによって、攻撃部隊の戦力が集中する場所と時間を把握できれば、防御側も特定の正面に戦力を集中する重点配備が可能になる。また、防御部隊や障害の位置などの陣地の編成を欺《ぎ》瞞《まん》できれば、攻撃側も適切な方向や方法で攻撃をかけることがむずかしくなる。

攻撃が始まった後でも、それが主攻撃（主攻）であるとは限らない。防御側の主力部隊を引きつけるための助攻撃（助攻）の可能性もあるからだ。したがって防御側は、早期に攻撃側の企図を見破って、戦力を的確に集中しなければならない。攻撃開始後も防御側が柔軟性を保持できれば、予備部隊を投入したり主力部隊の一部を転用したりして、敵の攻撃が集中している部分を補強することができる。

防御側はこうした手段をとることによって、自分の望む時間、方向に、戦力を集中して攻撃をかけられるという攻撃側の利点を減殺《げんさい》していくのだ。さらに防御側は、攻撃部隊を火力の集中点に誘い込んで奇襲的に大火力を投射するなどして攻撃衝力を奪う。さらに予備を投入して逆襲を行うなどして、攻撃側の行動を防御側への対応だけに追い込んで、攻撃側の持っていた主導権を奪取する。そして最終的には敵の攻撃を破砕し、攻勢に移転するのだ。

これを見てもわかるように、防御とは、防御側が戦場を決めた後に攻撃側に移った主導権をさまざまな手段を使って奪回する過程、ともいえる。

1944年2月、ビルマ戦線でのアドミン・ボックスの戦い（日本側呼称：第二次アキャブ作戦）において、監視所で防御配置に就く英連邦軍のシーク教徒の兵士。日本軍が英連邦軍を包囲した同作戦で、英連邦軍はアドミン・ボックスと呼ばれる防御陣地を築いて日本軍の猛攻を凌いだ

状況に適した防御方法を選択せよ！
──陣地防御か機動防御か──

次に、防御方法の選択について、第二次大戦中の実例を紐解きながら、その条件を考えてみよう。

防御は、大きく二つの方法に分けることができる。一つは、陣地による火力を主体として防御を行う「陣地防御」、もう一つは機動打撃を主体として防御を行う「機動防御」だ。

ただし、陣地防御でも機動打撃による逆襲を行ったり、機動防御でも陣地を足がかりにして機動打撃を行ったりする。陣地防御では機動打撃をまったく行わず、機動打撃では陣地をまったく利用しない、というわけではない。この区別は、火力と機動力のどちらを防御の基礎として考えているか、火力と機動力のどちらにより重点を置いているか、の相対的な区別に過ぎない。したがって、防御全体では両方の要素を含んだものになる。

一般に陣地防御は、特定の地域をなんとしても確保する必要がある場合や、味方部隊の機動力がもともと低いか、地形の制約や制空権の喪失などによって味方部隊が機動力を発揮しにくい場合に選択される。逆にいえば、味方部隊にある程度機動力があり、地形や制空権が味方部隊の機動を許す状況になければ、機動防御は成立しえない。

第二次大戦後半、劣勢に立ったドイツ軍は、東部戦線のソ連軍に対して見事な機動防御を展開することができたが、西部戦線の連合軍に対しては思うようにできなかった。こうした差が生じた理由としては、連合国空軍の制空権が圧倒的なものだったこと、それによってドイツ軍の装甲部隊が十分な機動力を発揮できなかったこと、生垣や灌木《かんぼく》の多いノルマンディー地方の地形が、連合軍の歩兵部隊や対戦車砲部隊に絶好の隠れ蓑を提供し、ドイツ軍の装甲部隊の縦横な機動を妨げたことなどがあげられる（＊1）。とくに航空攻撃による移動妨害によって、大規模な装甲部隊の昼間移動をほとんど封じられた影響が大きかった。

反対に東部戦線では、ソ連空軍による移動妨害の影響が比較的小さく、ロシアの広大な平原でドイツ軍の装甲部隊が存分に機動力を発揮することができた。さらに、ソ連軍では半装軌式の装甲兵員輸送車が不足していたため、戦車部隊を除く各部隊の機動力が全般的に低く、ドイツ軍の装甲部隊が機動力の面で相対的に優位に立てたことも影響した。

加えて機動防御は、陣地防御に比べると機動打撃によって攻撃部隊を奇襲できる可能性が大きく、兵力面で大幅な劣勢にあったドイツ軍にも大戦果をあげるチャンスがあったこと。また、機動防御は展開が流動的で部隊運用上の融通の余地が大きいため、部隊指揮や部隊編成の面で柔軟なドイツ軍が、硬直的なソ連軍に対して優位を発揮しやすかったことも、機動防御を成功に導く要因となった。

このように防御の成否に影響を与える要因は非常に多岐にわたるため、これらの要素を考慮に入れながら、その場の状況に合致した防御を総合的に実施することが肝要だ。

火力で敵の攻撃を破砕せよ！

―陣地防御―

では、ここで「陣地防御」と「機動防御」のそれぞれの具体的な中身を見てみよう。まずは陣地防御からだ。

陣地防御では、防御を行う地域は大きく次の三つの地域に分けられる。警戒部隊などを展開させて警戒

＊1＝連合軍の機甲部隊もノルマンディー地方独特のボカージュ地帯での機動には苦労したが、アメリカ軍のある兵士が生垣の根っこを引き抜いて押し倒す装置（ヘッジロウ・カッター）を発明し、これを戦車の車体前部に取り付けることで改善した。

を行う「前方地域」（「前地」とも呼ばれる）、主力部隊を配置して敵の攻撃を破砕する「主戦闘地域」（主陣地）、予備部隊や後方支援部隊等を後置する「後方地域」の三つだ。

前方地域には、状況に応じて掩護部隊、警戒部隊、全般前哨、戦闘前哨を組み合わせて配置する。

掩護部隊は、主陣地から離れて主力部隊とは独立的に行動し、積極的に主力部隊の行動を掩護する比較的強力な部隊だ。具体的には、限定的な攻撃をしかけることによって敵部隊に戦闘隊形への展開を強要したり、味方の主力部隊の集結や陣地占領、築城などの準備を行うための時間を稼いだりする。また、主戦闘地域の近隣にある緊要地形を敵に早期に占領されるのを阻止するために前進陣地を置くこともある。前進陣地はふつう死守することはなく、事前に決めておいた経路を通って後退する。その際には、後方の警戒部隊が、掩護部隊の後退を掩護する。

任務の特性上、掩護部隊にはある程度の戦闘力と機動力が求められる。そのため、第二次世界大戦中の歩兵師団であれば、部分的に機械化された偵察大隊（規模や名称などは国によって若干異なる）や師団内でも精鋭の歩兵連隊を基幹として、砲兵大隊や工兵中隊などの支援部隊を増強することが多かった。

偵察警戒部隊のおもな任務は、その名の通り敵部隊を警戒して接近を警報すること、敵部隊との接触を維持し偵察を続けて敵情を解明すること、敵部隊による主陣地の偵察を阻止することなどだ。場合によっては、ごく小規模な偵察部隊を敵中に残置して潜伏偵察を続けさせることもありうる。ただし、偵察警戒部隊は、基本的には掩護部隊のような積極的な行動は求められない。

偵察警戒部隊には、当然のことながら戦闘力よりも機動力や偵察能力に重点が置かれる。大戦中の歩兵師団であれば、偵察大隊所属のジープやオートバイに乗った偵察隊員がパトロールに回ったり、装輪式の偵察車両が敵部隊につかず離れず監視に付いたりした。第二次世界大戦以前であれば軽騎兵による警戒線、すなわち騎兵幕（英語でキャヴァルリー・スクリーン）がこれに相当する。

掩護部隊や偵察警戒部隊の後方には、これらの部隊よりも固定的な全般前哨（アメリカ軍ではGeneral Outpost略してGOPと呼ぶ）を置く。主陣地の前方、味方の砲兵部隊の射程内でなるべく前に配置

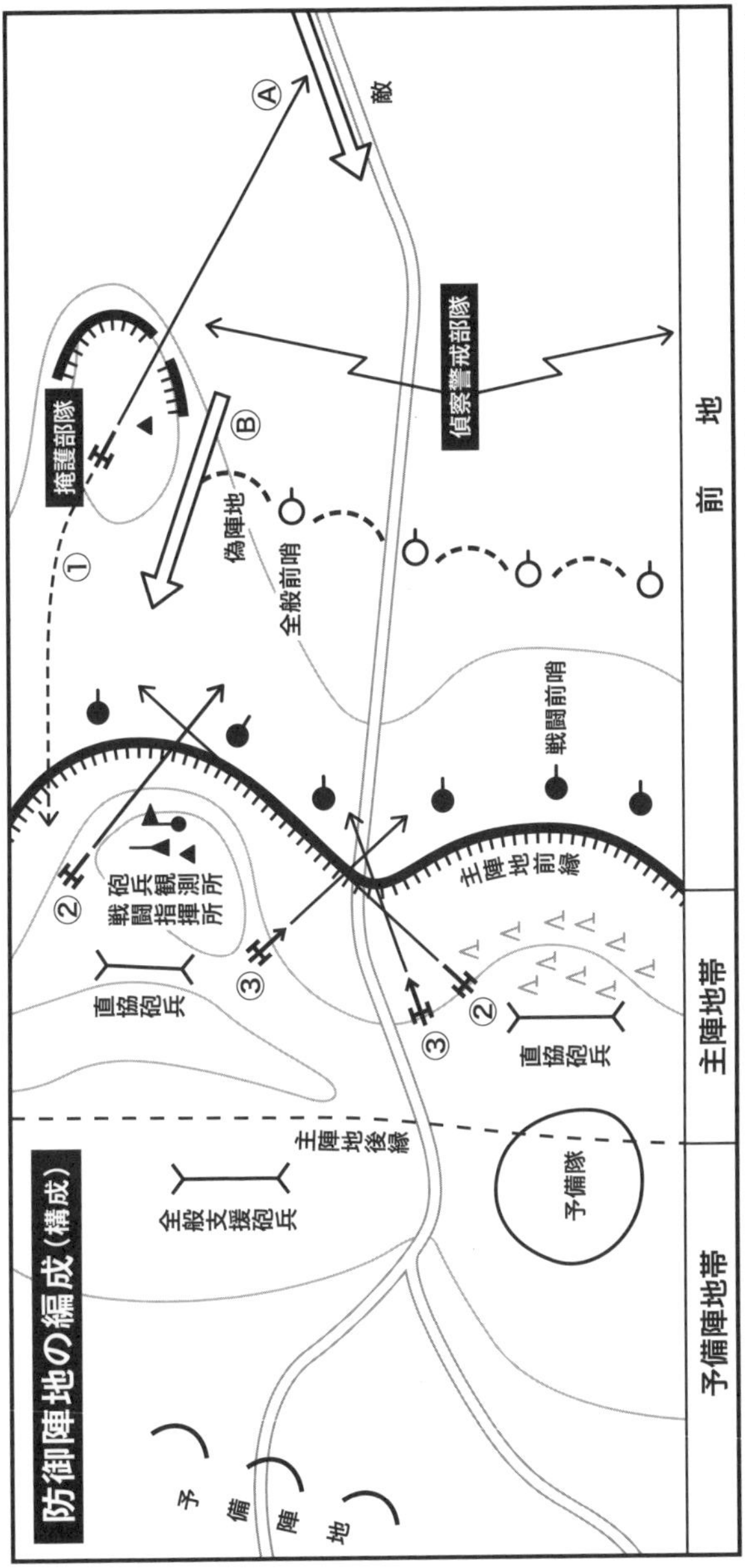

図は師団規模部隊の陣地編成の一例である。掩護部隊は、敵の前進路を瞰制できる高地に位置し、砲撃により敵に展開を強要し（Ⓐ）、後退の際は、敵の攻撃から遮蔽された①の経路を使用する。敵の主攻（Ⓑ）は、標高が高く、陣地の深奥部まで眺望できる（このため砲兵観測所と指揮所がある）左翼高地に指向される。左翼高地は、突角陣地となっているので左右から回り込まれないように②側防砲兵を配置。また陣地中央を地形に合わせて凹ませているのは、火力を集中しやすくするためである。隘路入り口など、平面が漏斗状になった地形の両脇に布陣するのを通称「逆八陣地」という。また、道路沿いには戦車の突破を防ぐために③対戦車砲を配置する。

するのが一般的だ。

全般前哨のおもな任務は、敵部隊の接近を警報すること、敵部隊による主陣地の偵察の阻止、遅滞などで、掩護部隊を主陣地に収容する際の掩護も担当する。最終的には、後述する戦闘前哨に戦闘を引き継いで後退し、予備部隊となることが多い。

全般前哨を偽陣地と組み合わせて配置し、敵部隊の指揮官にあたかもそこが主戦闘陣地であるかのように欺瞞することも行われる。偽陣地を敵に攻撃させることができれば、時間を稼ぐことができるし、弾薬や兵員を無駄に消耗させて、敵の攻撃要領を観察することができるなどの利点があるからだ。

主戦闘地域の直前には、全般前哨よりも小規模な戦闘前哨（同じくCombat Outpost略してCOP）を置く。

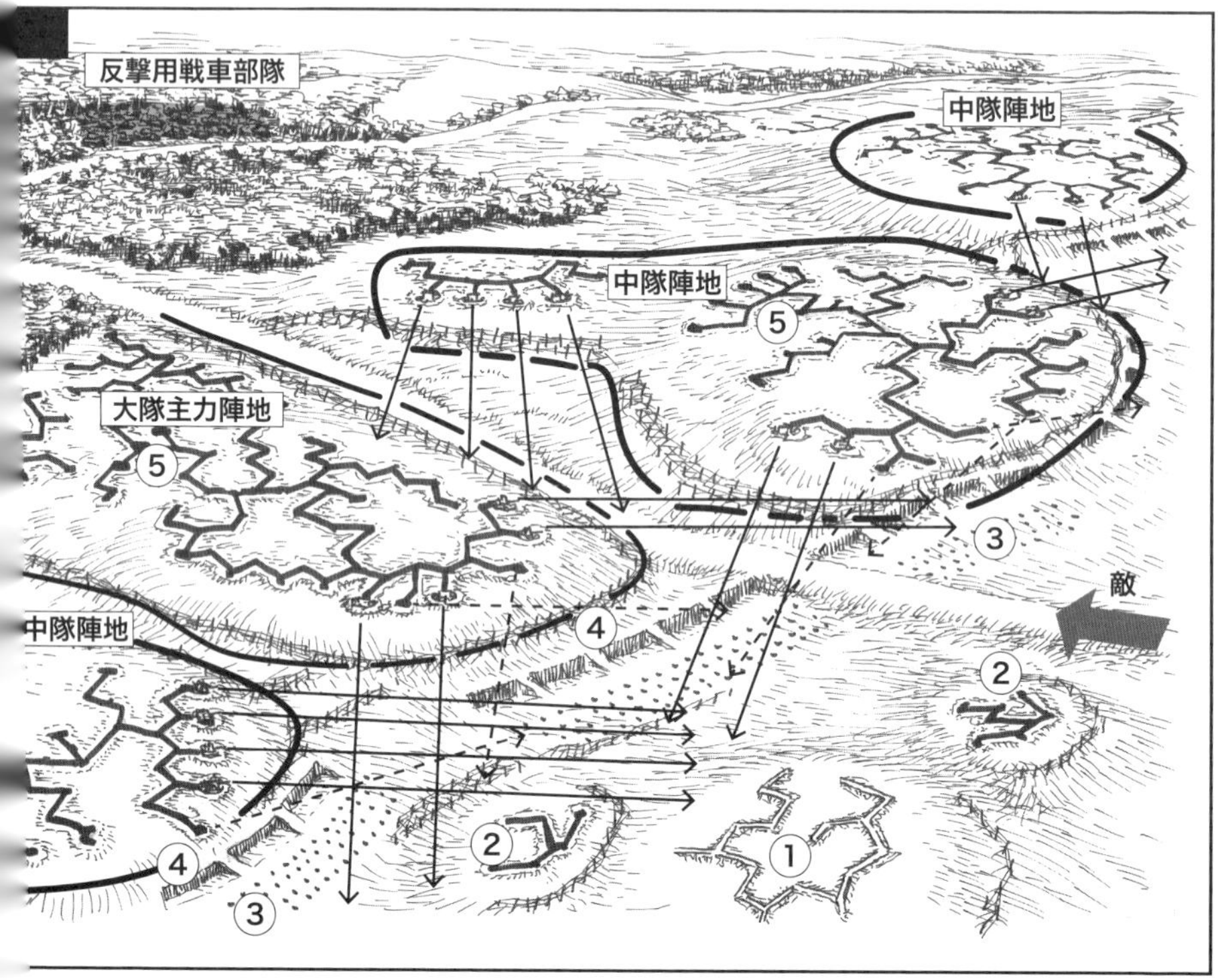

こちらのおもな任務は、敵の攻撃の警告、敵の観測射撃や直接照準射撃からの主陣地の掩護などで、主陣地の火器で支援できる距離内に配置されるのがふつうだ。主陣地前方の警報装置的な役割と捉えておけばいいだろう。

なお、ここでの説明はアメリカ軍の区分を基本としているが、各部隊の区分や任務は国によってやや異なる。たとえば、アメリカ軍では現在でも掩護部隊（カヴァリング・フォース）と偵察警戒部隊（リコナザンス・アンド・セキュリティー・フォース）は明確に区別されているが、大戦中の日本軍は前方地域に配備する部隊全般を「前置支隊」と呼んでいた。

一方、ドイツ軍では、前置支隊、警戒部隊、全般前哨をまとめて単に「前哨（フェアポステン、Ver-posten）」と呼び、戦闘前哨のみを「観測哨（ベオーバハトゥングポステン、Beobachtungspos-ten）」と呼んでいたようだ。たとえば主陣地の前方地帯で騎兵小隊がパトロールを行っていても前進陣地に歩兵大隊が配備されていても、前哨は前哨でしかない。観測哨には重機関銃を持つ歩兵小隊を配備する程度で、最大の武器は自ら誘導する砲兵部隊の砲撃だった。

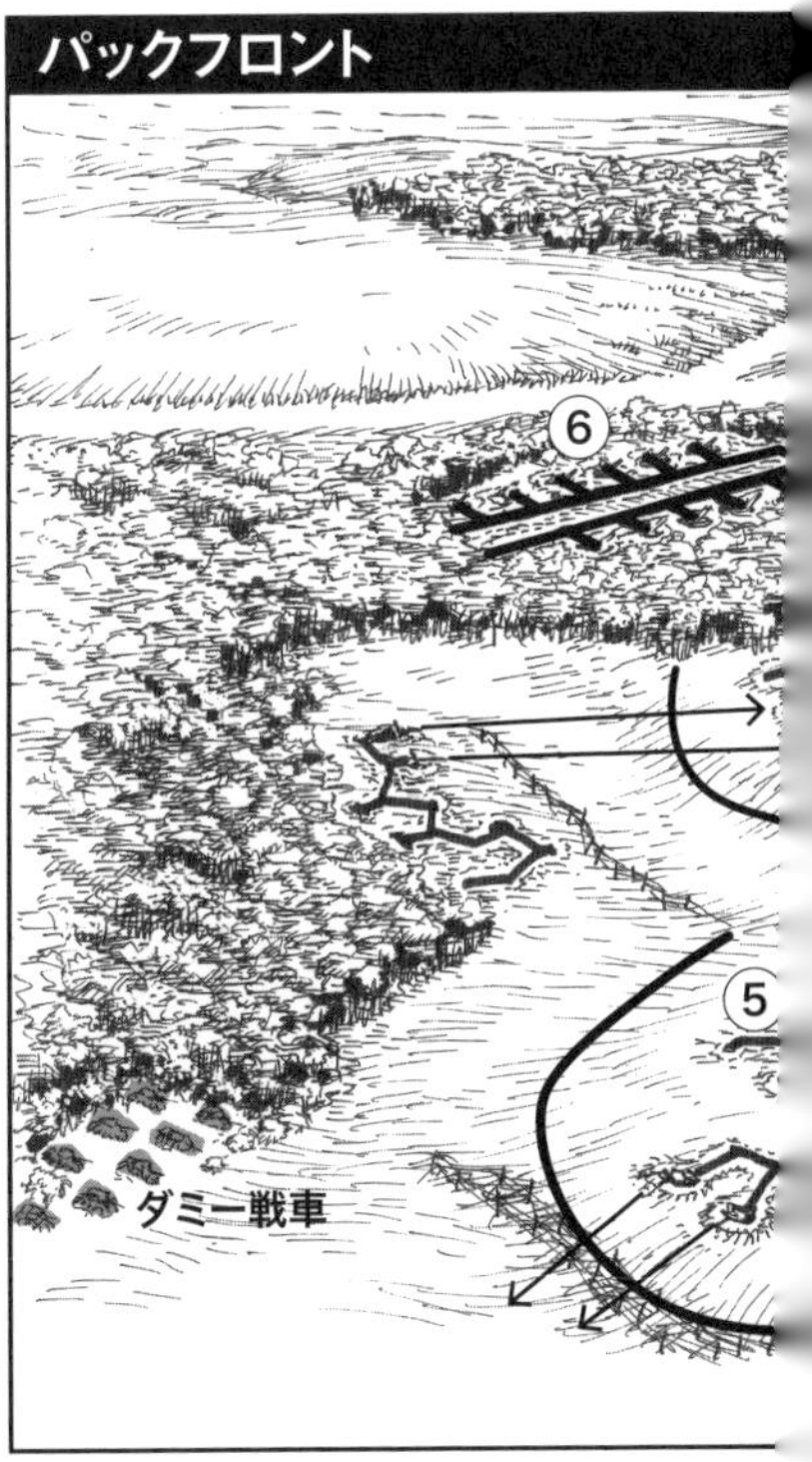

イラストは、ソ連軍の縦深防御陣地“パックフロント”である。攻撃兵力の骨幹である戦車の撃破を主眼とした陣地であり、増強された大隊を一つの戦闘単位とし、陣地そのものは中隊毎に拠点式に編成し、陣地の間隙を対戦車砲の火線（実線で表示）で覆い、撃破地点を形成した。陣地周辺にはダミー戦車や①偽陣地が配置され、後方には局所逆襲用の戦車隊が控置される。②戦闘前哨③対戦車地雷原④対戦車崖。③④は敵戦車を撃破地点に誘導するように造られ、敵工兵が、これらの障害を処理できないように機関銃（破線で表示）の火網で覆われている。また陣地前面は⑤迫撃砲と⑥直協砲兵の火制地帯となっている。

こうした名称や任務の違いも各国軍の防御に対する考え方の違いを示しており、興味深い。

次に、敵の攻撃を破砕する主戦闘地域には、地形を利用して歩兵部隊などの守備部隊を、相互に連携して支援できるように並列または重畳して配置する。第二次世界大戦中の歩兵師団であれば、支援の工兵中隊などを増強された歩兵連隊を2～3個配備することになる。

この時、弱点となる突角をなるべく作らないように注意しながら十分な縦深を確保する。主陣地の後方には予備陣地を準備し、主陣地の一部を失っても陣地を再編成できるようにしておく。第二次世界大戦以降は、大規模な攻撃作戦

最終防護射撃（突破破砕射撃）

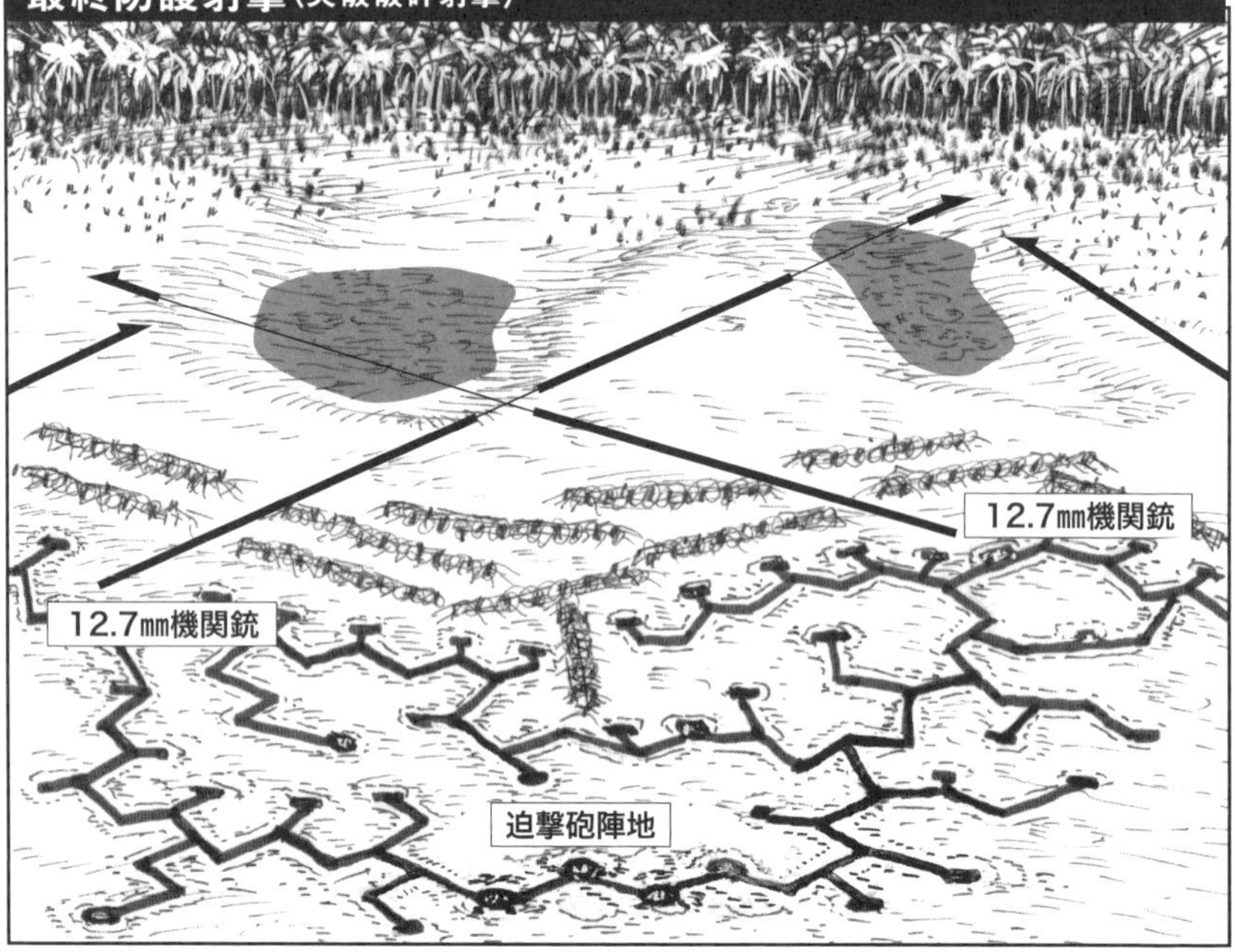

敵の攻撃を遠距離から砲兵で破砕することが困難だったジャングル地帯で、威力を発揮したのが、米軍の「最終防護射撃」である。重機関銃の弾道低伸性と迫撃砲の発射速度を組み合わせたもので、重機関銃は地面すれすれの空間を、最初の2分間は毎分250発の発射速度で射撃する（実線のうち太線で示した部分）。また窪地など、機関銃火線の死角になる場所は、迫撃砲を平行射向束（177ページ参照）を使用した弾幕射撃で覆う（アミ掛け部分）。この最終防護射撃で、米軍は日本軍の銃剣突撃を何度も破砕した。

は機甲部隊を主力とすることが多いが、機甲部隊が攻撃に発揮する攻撃衝力を吸収するには、とくに大きな縦深が必要だ。

主陣地の翼側は、敵部隊に回り込まれて包囲されないように、通過不可能な湿地や山地等の堅固な地形に委託するのが望ましい。それができない場合には、主陣地の一部を後退させて翼側の掩護部隊を配備する等の対策を打っておく。

陣地防御の場合、その中心となるのは火力だ。

この火力を、地形や障害、陣地などと連携させて、効果的に威力を発揮できるように組織することがもっとも重要だ。なかでも敵の攻撃部隊の主力となる機甲部隊の接近経路を制すように、対戦車火力を縦深にわたって編成するように努める。大戦中にソ連軍が多用するようになった「パックフロント（Pak-front）」は、縦深にわたる対戦車陣地の典型例といえる。

敵の攻撃部隊の火力や機甲戦力がとくに大きい場合には、稜線の手前に主戦闘地域の前縁を置く反斜面陣地が有効だ。敵部隊は稜線を越えるまでこちらの配置がわからないし、稜線を越えてきた敵の突撃部隊は後方からの支援射撃と切り離されるので、逆襲のチャンスが生まれる。大戦後半の日本軍は、アメリカ軍の圧倒的な火力に対抗するため、この反斜面陣地を有効に活用している。

築城作業は、敵の攻撃開始時期を適切に予測し、限られた時間の中で行われる工事の優先順位を的確に計画しなくてはならない。たとえば、右正面は堅固な塹壕が完成したが左正面はまったくの手付かずという状態よりも、簡易ながらも左右均等に塹壕が完成している方が望ましい。どうせ敵はこちらの弱点を集中攻撃してくるのだ。地雷原や鉄条網などの障害は、敵部隊の接近や機動を妨害したり、こちらの望む方向に誘導したり、火力と連携して敵部隊の側面等を打撃できるようにしておく。

後方地域には、予備部隊、予備陣地、砲兵部隊、各種の後方支援部隊などを配置する。大戦中の歩兵師団であれば、歩兵連隊1個程度が予備部隊の主力となる。予備部隊は、後方地域への敵の空挺作戦に対する警戒や防御なども担当する。

戦闘時の防御部隊の火力運用だが、これには二通りの考え方がある。遠距離から射撃を開始して早期に敵部隊を漸減するか、近距離から不意急襲的に集中射撃を行って敵部隊を一挙に撃破するか、だ。

遠距離から射撃を開始すると射撃機会は多くなるが、それだけ敵に発見される可能性が高くなり、こちらも早期に損害を出す恐れが出てくる。反対に、近距離からの集中射撃は奇襲効果を発揮して敵に大きな損害を与えられる可能性がある反面、射撃機会が限られてしまう恐れがある。こうした長所と短所を念頭

反斜面陣地

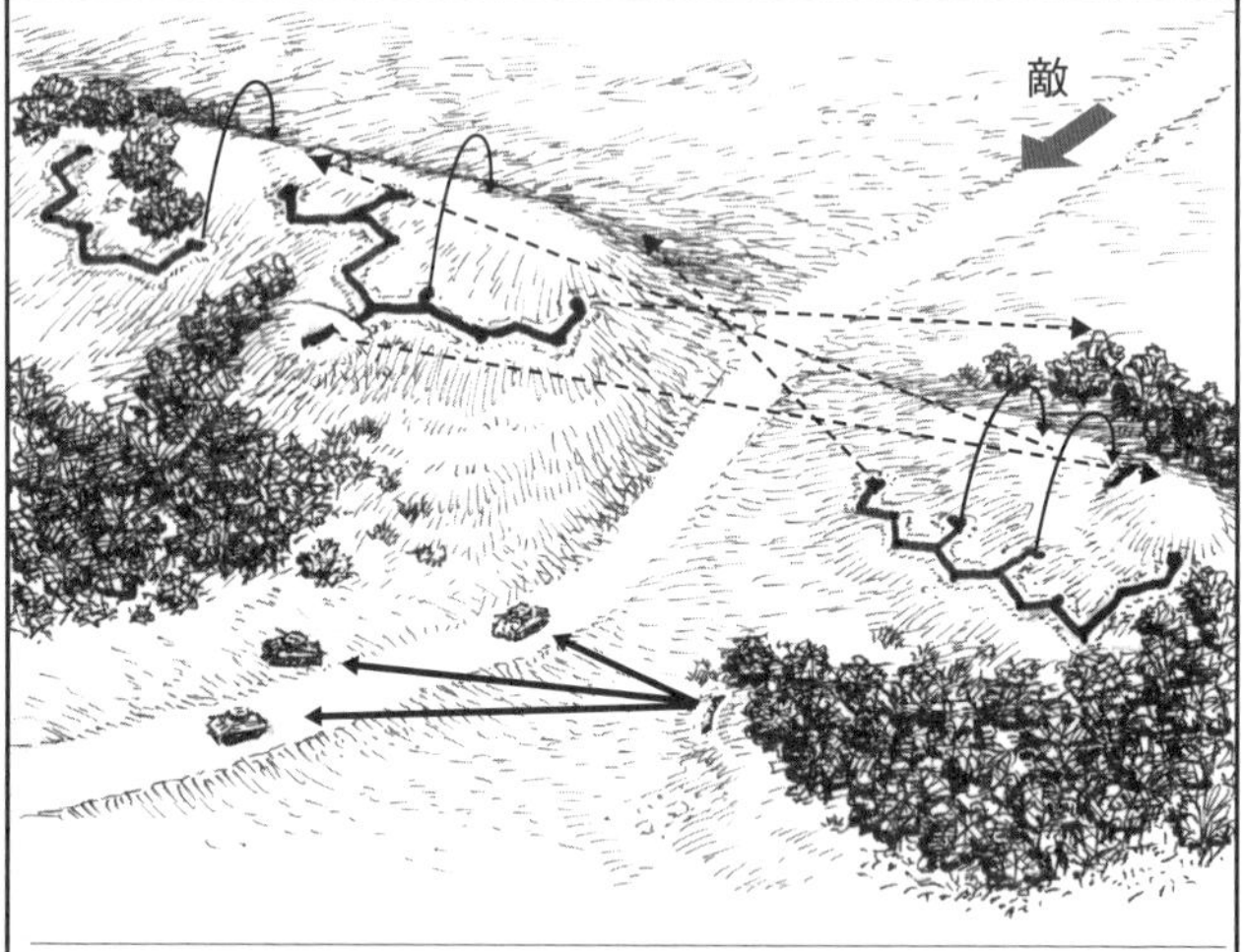

●敵から見た光景

敵側に向かった施設は監視哨（砲兵観測所を兼ねる場合もある）のみ。
この施設も実際は、発見しにくい場所に造り厳重に偽装する。

圧倒的な火力の米軍に対し、日本軍が編み出したのが、反斜面陣地である。火力は陣地頭上の稜線に指向される（点線は機関銃、曲線は擲弾筒）、また、敵戦車が突破し易い場所は機関銃で閉塞して歩戦の分離を図り、敵戦車は陣地内で、速射砲（対戦車砲）によって装甲の薄い後側面を至近距離で射撃（実線）するか、歩兵の肉薄攻撃で破壊する。

に置いた上で、互いの火器の性能、装備や編制の特色、地形や天候などに応じて適切な火力運用を選択する必要がある。

ただ、どちらにしても攻撃開始時点での主導権は、既述のように攻撃側にあるので、防御側は少なくとも当初は受身の立場で敵の攻撃に対処せざるを得ない。その中でも、防御側は各陣地を相互に連携させて統一的な防御組織を維持し、火力を効率的に運用していかなくてはならない。可能な限り敵部隊の各個撃破を図り、とくに戦車部隊と歩兵部隊を分離して敵戦車の撃破を狙うのだ。戦闘中の戦車はハッチを閉鎖しているために視界が限られており、歩兵の掩護が無い戦車は肉迫攻撃にも弱いので比較的容易に撃破可能だ。また、戦闘中も敵情の監視をおこたらず、わずかな兆候も見逃さないようにし、敵の攻撃の合間も陣地を強化しつづけるのだ。

敵の攻撃部隊は、可能ならば主要戦闘地域の前面で撃破することが望ましい。もし、敵の攻撃部隊に主陣地の一部を奪取されたら、逆襲に出て陣地を奪回するか、その後方の予備陣地を占領して陣地を補強し、防御を継続する。

逆襲は、守備部隊が単独で行う「局地逆襲」と、予備部隊を投入して行う「主逆襲」に分けられる。敵部隊が混乱したり、攻撃衝力が減衰したり、その兆候を捉えたりしたら、機を逃さず逆襲を発動する。後続部隊を火力で遮断して敵の攻撃部隊を孤立させ、火力で十分に制圧した上で機動打撃を加えるのだ。敵部隊の制圧が不十分だと、陣地から出て防御力が一時的に低下する逆襲部隊の損害が大きくなるので注意する必要がある。

そして、敵の攻撃部隊をこちらの防御行動に対する対応に追い込むことで主導権を奪回する。こうして敵の攻撃を粉砕するのだ。

機動打撃で敵部隊を撃破せよ！

―機動防御―

続いて、機動防御について、陣地防御との相違点を中心に見てみよう。

防御を行う地域は、陣地防御と同じく「前方地域」「主戦闘地域」「後方地域」の三つに分けることができる。

このうち、敵の攻撃を破砕する主戦闘地域には、味方の機動打撃部隊の行動に適した地域で、なおかつ機動打撃を行う際に足がかりになる地形がある地域を選ぶ必要がある。このように攻撃の足がかりになる地点を兵術用語で「支撐点《とう》」と呼ぶ。この「支撐点」の実例をあげると、第二次世界大戦中に北アフリカのエル・アラメインでイギリス第8軍が行った「スーパーチャージ」作戦（この作戦自体は攻勢）では、キドニー高地が第1機甲師団や第10機甲師団などによる攻撃の「支撐点」になっている。

機動打撃を行う場合には、主戦闘地域で敵部隊よりも優位に立つ必要があるため、たとえば隘路口のように侵入してきた敵部隊を後続部隊と遮断できる地形で、さらに味方の機動打撃部隊の行動を敵側が掴みにくい地形であればなお良い。また、一般に機動打撃には大きな縦深が必要なので、主戦闘地域の縦深は陣地防御の場合よりも大きくなることが多い。

防御側の近接戦闘部隊は、「警戒部隊」、主戦闘地域の「守備部隊」、そして「機動打撃部隊」の三つに分けられる。このうち、主戦闘地域の守備部隊は必要最小限とし、防御の主力となる機動打撃部隊を最大限に強化する。

前方地域には、偵察警戒部隊および全般前哨が置かれる。充当される部隊は、陣地防御の場合とほぼ同

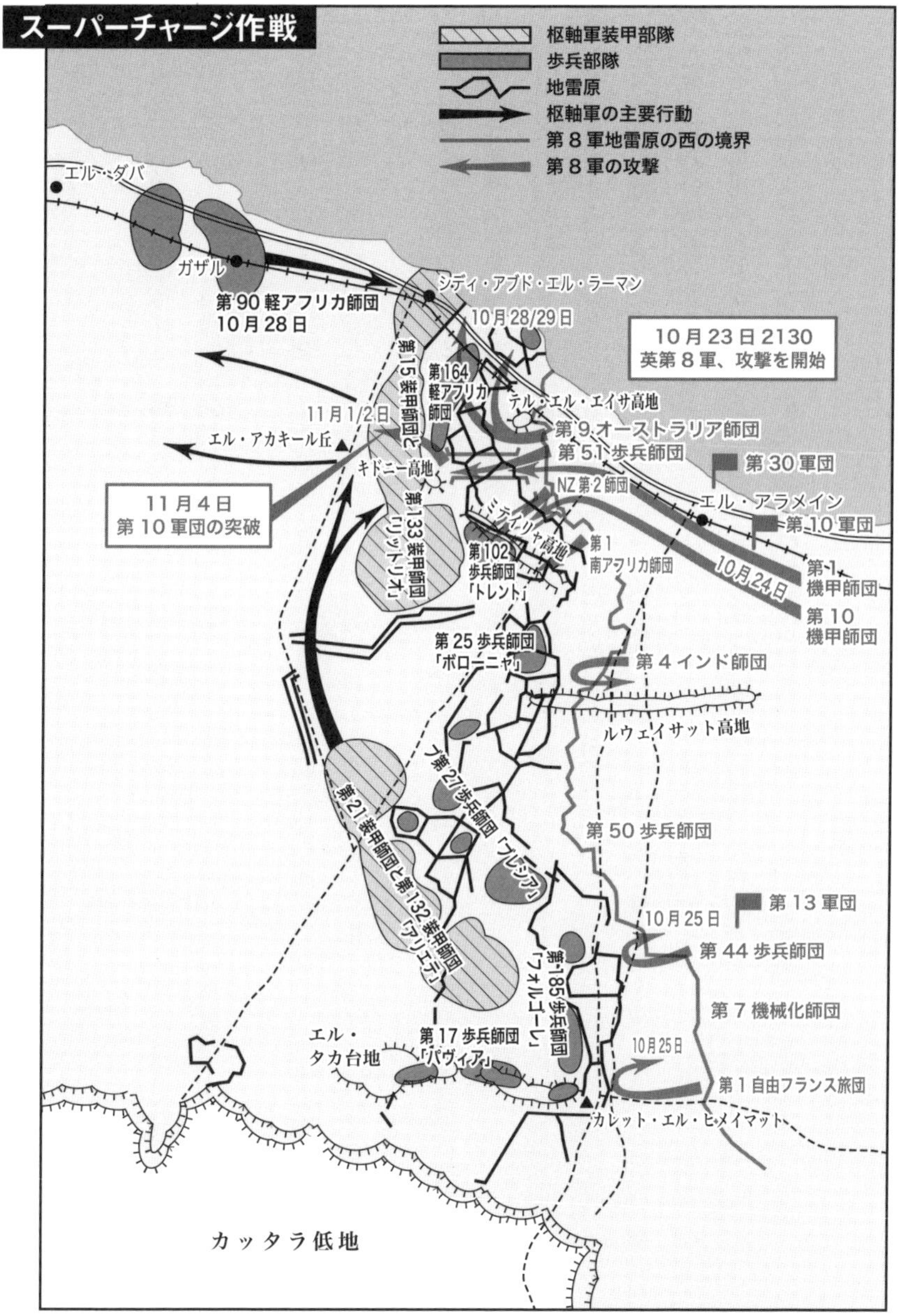

1942年10月23日、エジプトではモントゴメリー将軍率いるイギリス第8軍が「ライトフット」作戦を発動し、第二次エル・アラメインの戦いが始まった。戦線北翼で英第10軍団と第30軍団が、南翼では第13軍団が前進を開始。独伊枢軸軍の地雷原に苦しみながらもキドニー高地とミテイリャ高地を攻略した。そして11月1日から始まった「スーパーチャージ」作戦では、第10軍団の第1および第10機甲師団が中心となって進撃、3日〜5日に枢軸軍戦線を突破した。

じだ。大戦中の機甲師団であれば、機械化偵察大隊があてられることが多い。おもな任務もほとんど変わらないが、敵部隊をできる限りこちらの機動打撃に都合のよい方向に誘い込むことを念頭に行動する。

主要戦闘地域の守備部隊は、拠点に配備される拠点守備部隊と、拠点の前方や拠点間の監視警戒に当たる監視警戒部隊に分けられる。拠点とは、相互支援を前提とせず独立的な戦闘が可能な陣地で、敵部隊の突破の拡大を阻止できる場所、機動打撃の足がかりになる場所、機動打撃部隊を支援できる場所、敵部隊に侵入されると機動打撃が行いにくくなる場所などに置く。

拠点に配備される守備部隊の任務は、機動打撃の足がかりになる場所を確保して機動打撃部隊を支援すること。警戒監視部隊のおもな任務は、拠点間のパトロールなどを行って敵部隊による陣地の偵察を阻止し、機動打撃のチャンスを作ることだ。

守備部隊には機動力があまり要求されないので、ふつうは歩兵部隊が充てられる。大戦中の機甲師団であれば、自動車化歩兵連隊をトラックなどから下車させて充てる。

師団規模の部隊が行う機動防御では、各拠点には増強中隊以上の部隊が配備される。ある程度独立して戦闘を遂行するには、少なくとも中隊程度の規模が必要だからだ。

機動打撃部隊のおもな任務は、いうまでもなく機動打撃によって敵攻撃部隊を撃破することだ。機動打撃部隊には高い機動力と攻撃力が求められるので、ふつうは機甲部隊が充てられる。大戦中の機甲師団であれば、戦車連隊および機械化歩兵連隊を基幹とする師団主力がその任に当たる。

第二次世界大戦後半のドイツ軍では、機動打撃用の装甲部隊として、戦車大隊や装甲擲弾兵大隊を基幹とする装甲旅団を新編した。しかし、自前の砲兵部隊を持たない装甲旅団は、通常の攻撃作戦にはどうにも使いにくく、間もなく通常の装甲師団などに吸収されてしまった。

話を機動打撃部隊の運用に戻すと、機動打撃を実施する地域への移動経路を考慮して配備する。この際、敵部隊に対して奇襲的な機動打撃を行うため、機動打撃部隊の配備位置を敵に対して秘匿することに注意する。

また、機動打撃部隊は、陣地防御でいう予備部隊の役割も兼ねることになるので、主戦闘地域の後方や翼側、集結地などに予備陣地を準備しておく。ただし、機動打撃部隊を他の任務に投入するのは、真にやむをえない場合のみとし、投入する戦力も最小限に止める。

築城作業は、機動打撃の支撑点となる拠点の防御や機動打撃部隊の移動のための交通路の整備に重点を置いて進める。地雷原や鉄条網などの障害は、敵の攻撃部隊の突進を阻止し、こちらの望む方向に誘引することを重視して設置する。

攻撃が始まったら、防御側は偵察警戒部隊や全般前哨の攻撃などによって敵の攻撃部隊を漸減《ぜんげん》し、前進を混乱させてこちらの望む方向に誘引する一方で、機動打撃部隊には逆襲の準備を行わせる。

主戦闘地域では、拠点の守備部隊に要地を頑強に保持させて、こちらの望む地域に誘引する。次いで侵入した敵部隊を阻止して拘束し、さらに後続部隊を遮断して敵の攻撃部隊を分断し孤立させて、機動打撃のチャンスを作る。

そして敵の攻撃部隊が、混乱したり、無防備な側面を晒したり、戦車部隊が歩兵部隊と分離して孤立する、といった戦機を捉えて機動打撃を開始する。これ以前でも、状況が有利ならば攻撃発起点に着いた敵部隊を攻撃したり、突出した敵の攻撃部隊の側面を突いたりすることもありえる。この時、主要戦闘地域の守備部隊からも可能な限りの戦力を抽出して、機動打撃部隊に増強する。

機動防御でもっともむずかしいのは、この逆襲のタイミングだ。

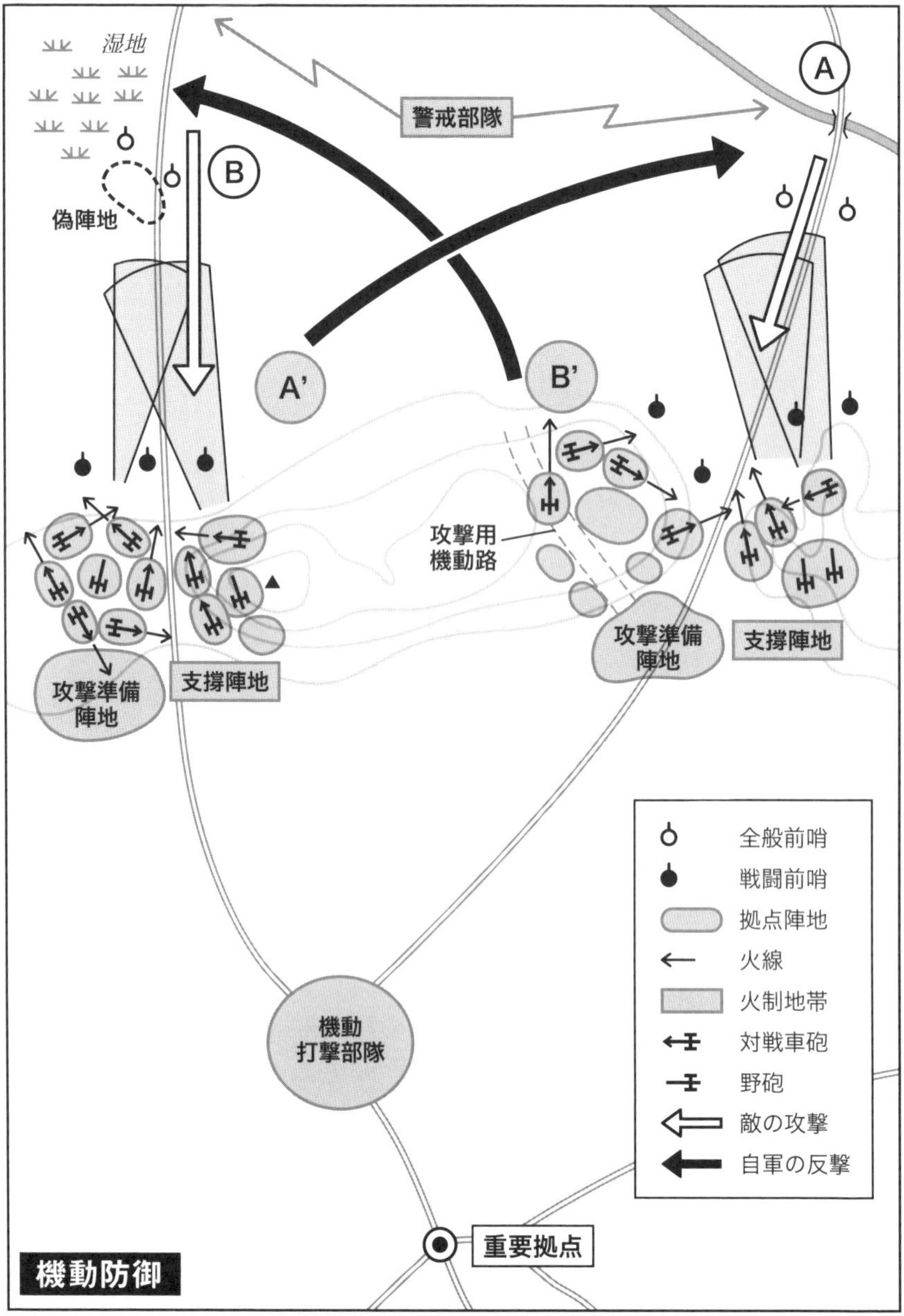

機動防御では、敵がAB、どちらから来ても対応可能なように、機動打撃部隊を戦線後方に控置する。主戦闘地域の陣地の任務は、機動打撃部隊の反撃実施までの固守である。また陣地配備の砲兵は、敵の後続部隊や補給路を狙い、敵がなるべく早く攻勢限界に達するようにする。機動打撃部隊の反撃発起は、奇襲性が高いことが望ましく、このため攻撃用機動路などを予め準備する。反撃方向が重要なのはいうまでもないが、Aの攻撃に対するA'は橋梁へ、Bに対するB'は湿地に向かって、それぞれ敵後方へ包囲殲滅を狙った反撃を行う。

大戦中のドイツ軍最高の名将といわれるエーリヒ・フォン・マンシュタイン将軍は、１９４３年2月に始まった第三次ハリコフ戦で、ソ連軍の攻撃部隊の主力であるポポフ機動集団の息切れを的確に見抜いて逆襲を開始し、この戦いを見事な勝利に導いている。

機動打撃の攻撃目標は、侵入した敵部隊の主力、ないし敵部隊に致命的な打撃を与えて撃破できるような緊要地形を選ぶ。攻撃方向は、なるべく敵部隊の弱点である側面や背面、それが不可能でも肩部を目指すようにする。

機動打撃に成功したら、侵入した残敵を掃討して、再び当初の防御態勢を整える。機動打撃に失敗した場合は、早急に体勢を立て直し、予備陣地を占領するなどして防御を継続する。

機動打撃によって敵部隊が大混乱し動揺を見せるなど、攻勢移転のチャンスがあれば、敵に体勢を立て直す余裕を与えずに攻勢に移転する。ここから先は、防御ではなく攻撃の話になる。

これで、防御に関する説明を終わる。最後に防御に関する重要な事柄をまとめておこう。

・防御とは、敵の攻撃を破砕することである。
・防御では、戦場を選べる利点、地形や準備によって敵を待ち受けられる利点を活用して劣勢を相殺し、主導権の奪取に努める。
・防御には、火力を主体とする「陣地防御」と、機動打撃を主体とする「機動防御」があり、その場の状況に合致した防御を実施することが重要。

以上だ。

第3章　追撃や離脱、遅滞行動など

追撃開始！
――離脱する敵部隊を捕捉せよ――

この章では、前章までの「攻撃」や「防御」に続いて、応用編ともいえる「追撃」や「離脱」、「遅滞行動」などについて述べようと思う。

まず、前々章の内容を簡単におさらいしておこう。

攻撃側は、まず「迂回」、それが無理なら「包囲」、それも無理なら「突破」を目指して攻撃を行なう。迂回の場合、攻撃部隊は防御側の選んだ戦場を迂回し、防御陣地外で防御部隊を捕捉して撃滅する。包囲の場合、攻撃部隊は防御側の選んだ戦場で防御部隊を包囲して捕捉し撃滅する。突破の場合、攻撃部隊は同じく防御側が選んだ戦場で防御陣地を突破し、そこから戦果を拡張する過程で防御部隊を捕捉し撃滅する。いずれにしても、いちばん重要なのは敵部隊を捕捉して撃滅することだ。

どの場合でも、それぞれの攻撃目標を奪取した後は「戦果拡張」の段階に入る。迂回や包囲では、迂回目標や包囲目標を奪取することが同時に防御部隊を捕捉することを意味しているから、その後の戦果拡張では捕捉した防御部隊の撃滅ないし掃討を行なうことになる。これに対して突破では、敵の防御地域を突破し突破目標を奪取した後に、戦果拡張の段階で防御部隊を捕捉しなければならない。

ここで防御側が捕捉されることを避けて自らの選んだ戦場から後退を始めたら、攻撃側は即座に「追撃」に移行して防御部隊を捕捉する必要が出てくるというわけだ。このため、攻撃側は攻撃前にあらかじめ追撃の準備まで計画しておき、攻撃中に防御部隊の離脱の兆候を掴んだら間髪を入れずに追撃を発動できるように、追撃の準備を完了しておかなければならない。

追撃は、それを発動するタイミングがもっとも重要だ。

通常、防御部隊の「離脱」は、見通しの利かない夜間や濃霧などの悪天候を利用して始められる。離脱の掩護を目的とする限定的な攻撃や煙幕の展開が行なわれることもある。その中で離脱の兆候を確実に掴むには、偵察部隊や航空部隊などによる情報収集活動と司令部の情報参謀による的確な分析が重要だ。場合によっては、小規模な偵察部隊を防御部隊の後方に潜入させておく手もある。追撃中も接触を維持し続けて敵情を逐一報告できれば非常に有利だ（現代戦であればドローンも利用できる）。

追撃の第一の目的は、離脱しようとする敵部隊を捕捉することにある。単に敵部隊の後を追いかけるのは「追尾」と呼ばれ、捕捉撃滅を目的とする「追撃」とは区別される。

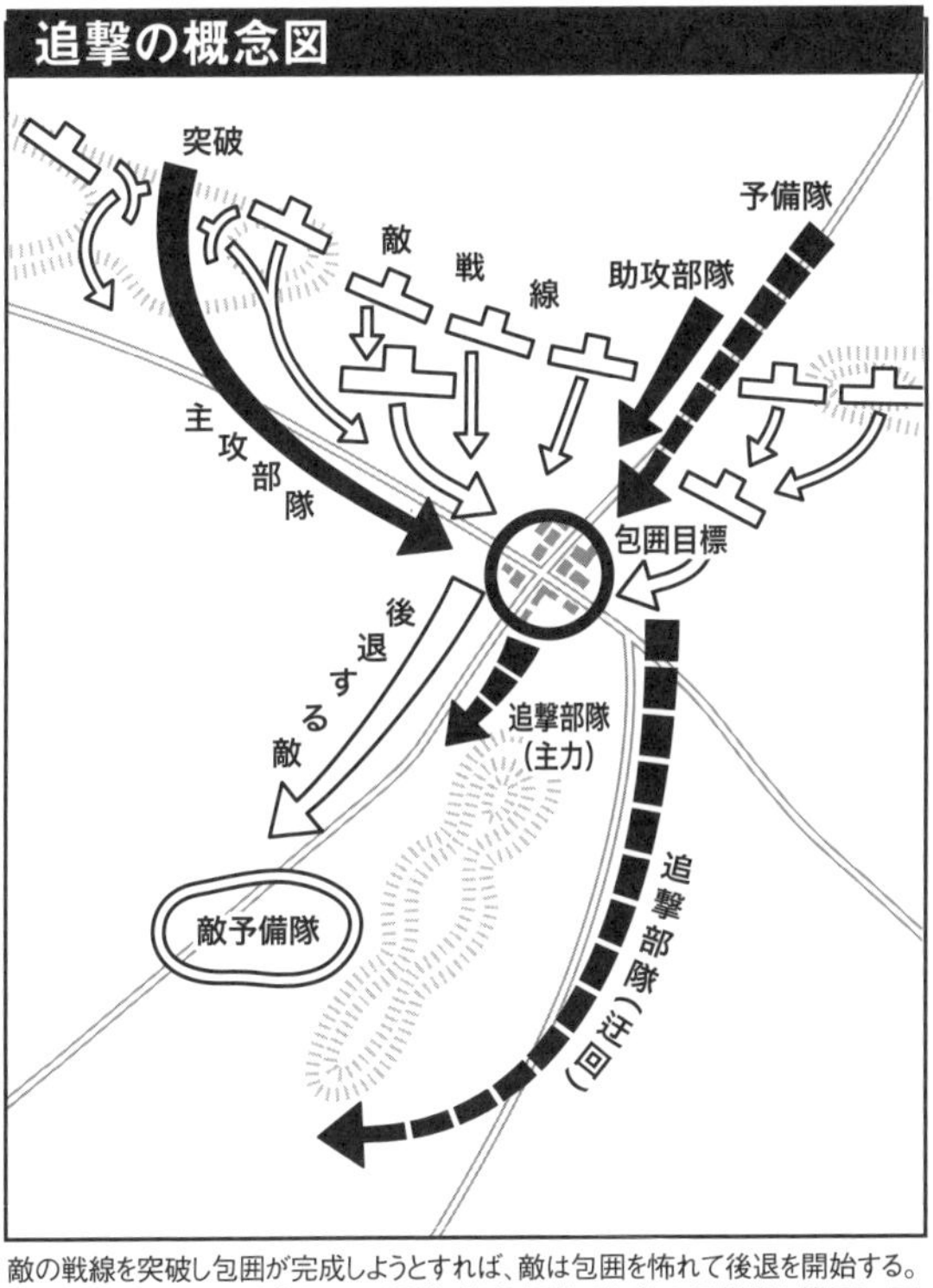

敵の戦線を突破し包囲が完成しようとすれば、敵は包囲を怖れて後退を開始する。この段階から追撃は開始される。通常、追撃部隊は無傷の予備隊を使用し、可能ならば一挙に敵の深奥部まで突進して敵の予備部隊をも捕捉する。そのためには、迅速な突破とそれに続く速やかな追撃により、敵の予備隊が浮動状態（戦闘態勢が整っていない状態）にあるうちに捕捉することが重要だ。

追撃を続ける間、攻撃側は味方部隊の追撃速度を最大限に維持しつつ、敵部隊の後退速度をあらゆる手段を使って低下させなくてはならない。当たり前の話だが、味方部隊の追撃速度が敵部隊の後退速度を上回らなければ、敵部隊に離脱されてしまうからだ。

具体的にいうと、追撃部隊に追撃速度を維持するのに十分な補給を与えられるように補給部隊を増強し、燃料や弾薬、糧食などの補給物資の集積所を前線近くに推進する準備を整えておく。また、敵部隊が後退時に設置するであろう地雷や道路障害物などを迅速に処理できるように工兵部隊を増強し、退路上に橋梁があれば敵部隊の通過後に爆破される可能性が高いので、架橋器材や渡河器材なども準備をしておく。敵の対地攻撃機部隊による妨害が予想される場合には、さらに対空部隊も増強する必要がある。事前に敵陣後方の道路網や橋梁などの地形障害、丘や森など防御に利用できる地形の有無などの情報を収集しておくことも必要だ。

追撃部隊には、とくに高い機動力を持つ機甲部隊や機械化部隊、道路沿いの追撃であれば自動車化部隊が適している。大規模な追撃戦では敵部隊の後方に降下できる空挺部隊も役に立つ。ちなみに世界で最初に編成されたソ連軍の空挺部隊は、もともと攻撃時に敵部隊の退路を完全に遮断することを主眼において編成が始められた。

現代戦の話をすると、地上部隊の空輸能力

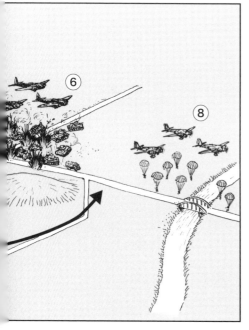

を持つ輸送ヘリや多用途ヘリが手元にあれば、追撃部隊の柔軟な空中機動が可能になるのでさらに有利だ。たとえば、300機近い

多数のヘリコプターを装備し非常に高い機動力を誇る、現代のアメリカ陸軍第101空挺師団（空中強襲）

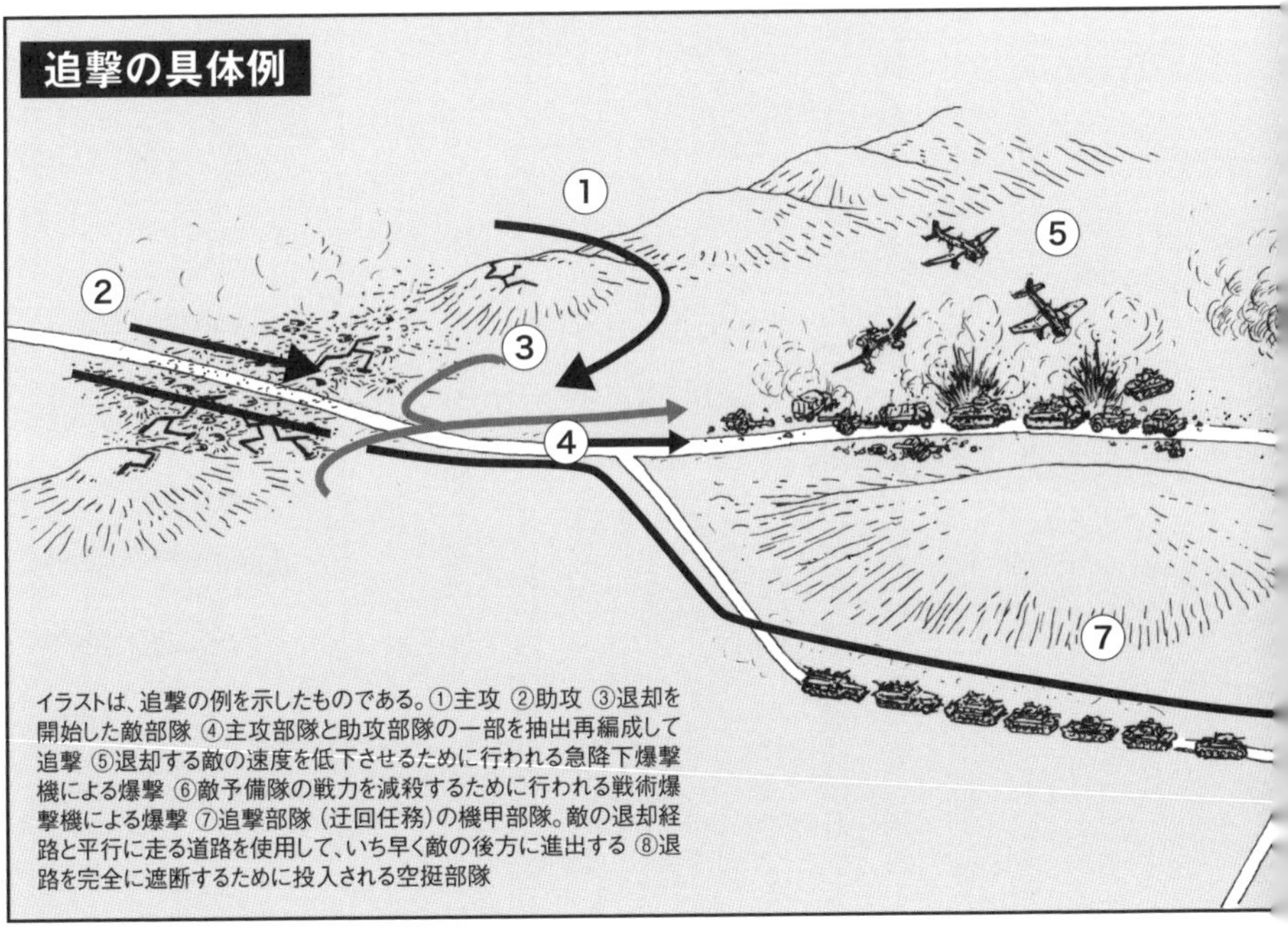

追撃の具体例

イラストは、追撃の例を示したものである。①主攻 ②助攻 ③退却を開始した敵部隊 ④主攻部隊と助攻部隊の一部を抽出再編成して追撃 ⑤退却する敵の速度を低下させるために行われる急降下爆撃機による爆撃 ⑥敵予備隊の戦力を減殺するために行われる戦術爆撃機による爆撃 ⑦追撃部隊（迂回任務）の機甲部隊。敵の退却経路と平行に走る道路を使用して、いち早く敵の後方に進出する ⑧退路を完全に遮断するために投入される空挺部隊

ヘリを保有し巨大な空中機動能力を持つアメリカ陸軍の第101空挺師団（空中強襲）などは、追撃部隊にうってつけといえる。

追撃部隊は、敵部隊を直接追撃する主力部隊と、敵部隊の後方に進出する迂回部隊に大きく分けられる。

主力部隊は、敵部隊に態勢を立てなおす隙を与えないように、常に圧力を加え続けなくてはならない。こうすることによって、敵部隊の組織的な後退を妨害して離脱を阻止し、後退中も損害を強要して壊乱状態に追い込むのだ。後退する敵部隊は、全部隊の崩壊を避けるために、一部の部隊を残置して追撃を食い止めようとするだろうが、これに対しては一部の兵力をあてる程度にとどめて、主力部隊は可能なかぎり敵の主力部隊を圧迫し続ける。

迂回部隊は、敵部隊の退路に平行する道路を通ったり、空挺降下を行ったり、（現代戦であれば）空中機動を実施したり、自らの持つ機動力を十分に発揮して敵部隊のさらに後方に進出し、退路上の橋梁やトンネル、隘路などを確保して敵部隊の退路を遮断する。後方に迂回することができない場合でも、側面からの襲撃によって敵部隊の行進縦隊を混乱させるなどして後退速度を低下させる。同時に、長射程の砲兵部隊によって敵の退路や退路上の交差点などに攪乱《じょうらん》射撃を行ない、さらに対地攻撃機などによる航空攻撃を行って敵部隊の後退を妨害する。

そして、最終的には敵部隊を捕捉して撃滅するのだ。

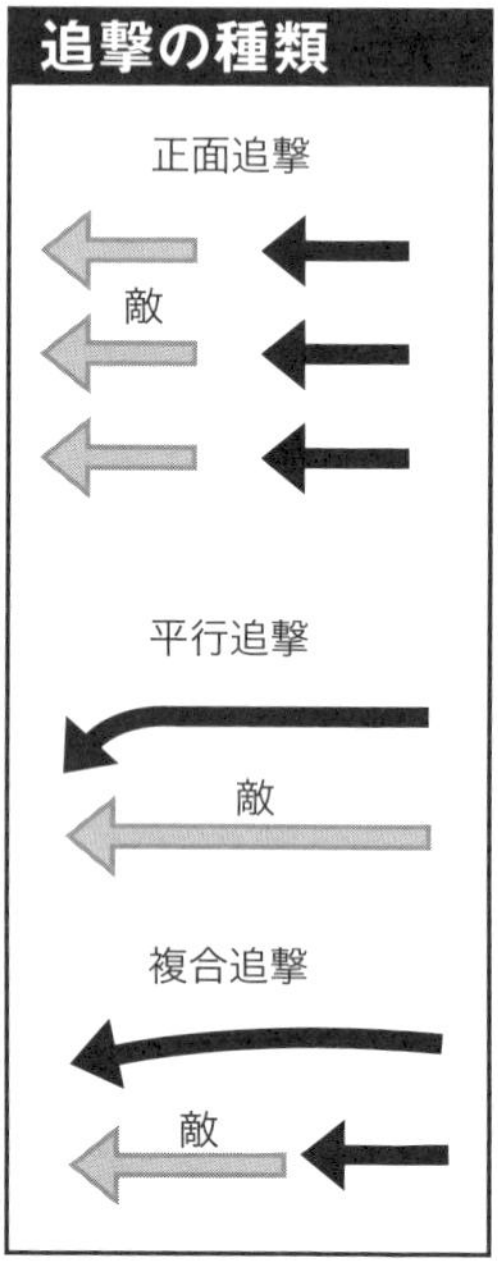

追撃には、大きく分けて上の三つがある。追撃をどの形態で行うか、またはどの形態になるかは、彼我の戦力以外にも、地形、道路状況、追撃発動のタイミング等が関わってくる。最も有効なのは「複合追撃」であるが、実際には正面追撃が多い。

第二次世界大戦中のアメリカ軍の機甲師団であれば、追撃路が3本ある場合、各追撃路にそれぞれ、戦車大隊、機甲歩兵大隊、機甲野戦砲兵大隊各1個を主力とする3個のコンバット・コマンド（第二部第3章中の「アメリカ軍の機甲師団の編制と戦術」の項を参照。略してCC）すなわちCCA、CCB、CCRを並進させて敵部隊を圧迫するとともに、高い機動力を持つ機械化騎兵大隊を迂回させて敵の退路を遮断することができる。

また、後退する敵部隊に対して、軍団直轄の砲兵部隊に所属する長射程の155㎜加農M2（日本でも「ロング・トム」として知られている）が擾乱射撃を行ない、陸軍航空隊のP‐47サンダーボルトが航空用高速ロケット弾の対地射撃などによって移動妨害を行なう、といった具合だ。

これが現代のアメリカ機甲師団になると、コンバット・コマンドA、B、Rが第1～3旅団に、機械化騎兵大隊が航空旅団に、軍団直轄の「ロング・トム」が多連装ロケット・システムMLRS（Multiple Launch Rocket System の略）に、P‐47サンダーボルトがA‐10サンダーボルトⅡに、それぞれ入れ替わるわけだ。

話を追撃そのものに戻すと、ひとつ注意しなくてはならないのは、追撃中に敵が望む場所、すなわち敵部隊に有利で味方部隊に不利な場所に誘い込まれて機動打撃を仕掛けられるなど、敵の術中にはまらないようにすることだ。もっとも、過去の戦史では、逆に補給不足や敵の術中にはまることを警戒しすぎて追撃を徹底できずに大戦果を逸してしまったという例も

ロケット弾や爆弾を搭載して地上攻撃を行ったP-47Dサンダーボルト戦闘爆撃機

散見される。

第二次世界大戦中の例をあげると、北アフリカ戦線のイギリス第8軍は、エル・アラメイン前面で発動した「スーパーチャージ」作戦でドイツ・アフリカ装甲軍の主力部隊を撃破し、全面的な後退に追い込んだにもかかわらず、燃料の不足や豪雨などを理由に追撃を中止し、なかば潰走状態に陥ったアフリカ装甲軍を捕捉撃滅できずに終わっている。

この追撃中止の背景には、補給不足や悪天候といった合理的な理由だけでなく、過去にイギリス軍が何度となく痛い目にあってきたアフリカ装甲軍の司令官エルウィン・ロンメル将軍の罠にはまることを警戒した面もあったのではないだろうか。

後退開始！

——戦場を離脱し次の作戦に備えよ——

次に、追撃とは反対に、戦場から後退する側の「後退行動」を見てみよう。後退行動の目的は、戦線の整理縮小、兵力の他方面への転用、敵部隊の誘引などがある。

戦線の突出部から部隊を後退させて戦線を直線化すれば、前線が短くなった分だけ前線に張り付けておく守備兵力を節約することができる。こうして浮いた兵力で、防御配備を厚くしたり、他方面での攻勢に投入したりできるわけだ。

また、意図的な後退によって敵部隊をこちらの望む場所に誘い出すこともできる。もっとも、計画的な後退がなし崩し的に無秩序な潰走につながってしまうこともあり、防御部隊が後退途中に有効な反撃を実施することは意外にむずかしい。

この後退行動の原則は、前述した追撃の原則を裏返したものと考えるとわかりやすい。ただし、追撃を発動するかどうかの選択権は常に攻撃側が握っているのに対して、後退行動では自らの意思で後退するだけでなく、敵の攻撃によって否応無く後退を強要されることもある点が大きく異なっている。

後退行動は、交戦中の敵部隊との接触を断って行動の自由を獲得する「離脱」と、離脱を完了した部隊がさらに敵部隊から遠ざかる「離隔」の2段階に分けられる。離脱も離隔も後退行動の一種だが、離脱が敵部隊との接触を断って行動の自由を確保すること自体を目的としているのに対して、離隔は離脱を完了し行動の自由を獲得した後の行動を指している点が明確に異なっている。

離脱は、追撃と同じく、それを発動するタイミングが重要だ。追撃の項でも述べたが、離脱は企図を秘匿するために、できるだけ見通しの利かない夜間や悪天候などを利用して始める。暗視装置や戦場監視レーダーなど各種センサーの発達した現代戦においても暗闇のもたらす秘匿効果はいまだに大きい。

敵に後退を強制される場合には、限定的な反撃などによって敵部隊を阻止しつつ離脱せざるを得ないが、自発的に後退を行なう場合でも企図の欺瞞や離脱の掩護を目的とする限定的な攻撃を行なうことがある。

後退行動では、味方部隊の後退速度を最大限に維持しつつ、敵部隊の追撃速度をあらゆる手段を使って低下させなくてはならない。それを実現するためには、事前の準備が必要だ。

まず、補給部隊などの後方支援部隊から順次後退させて、前線の戦闘部隊が一挙に離脱できるように準備を整える。そして、補給部隊は、必要に応じて退路上に燃料や弾薬、糧食などの補給物資を点々と集積して、後退する戦闘部隊に補給物資を逐次交付できるようにしておく。また、衛生部隊も退路沿いに包帯所や救護所等を設置して、後退中の負傷者を収容できるようにしておく。この時、敵に後退の準備を進め

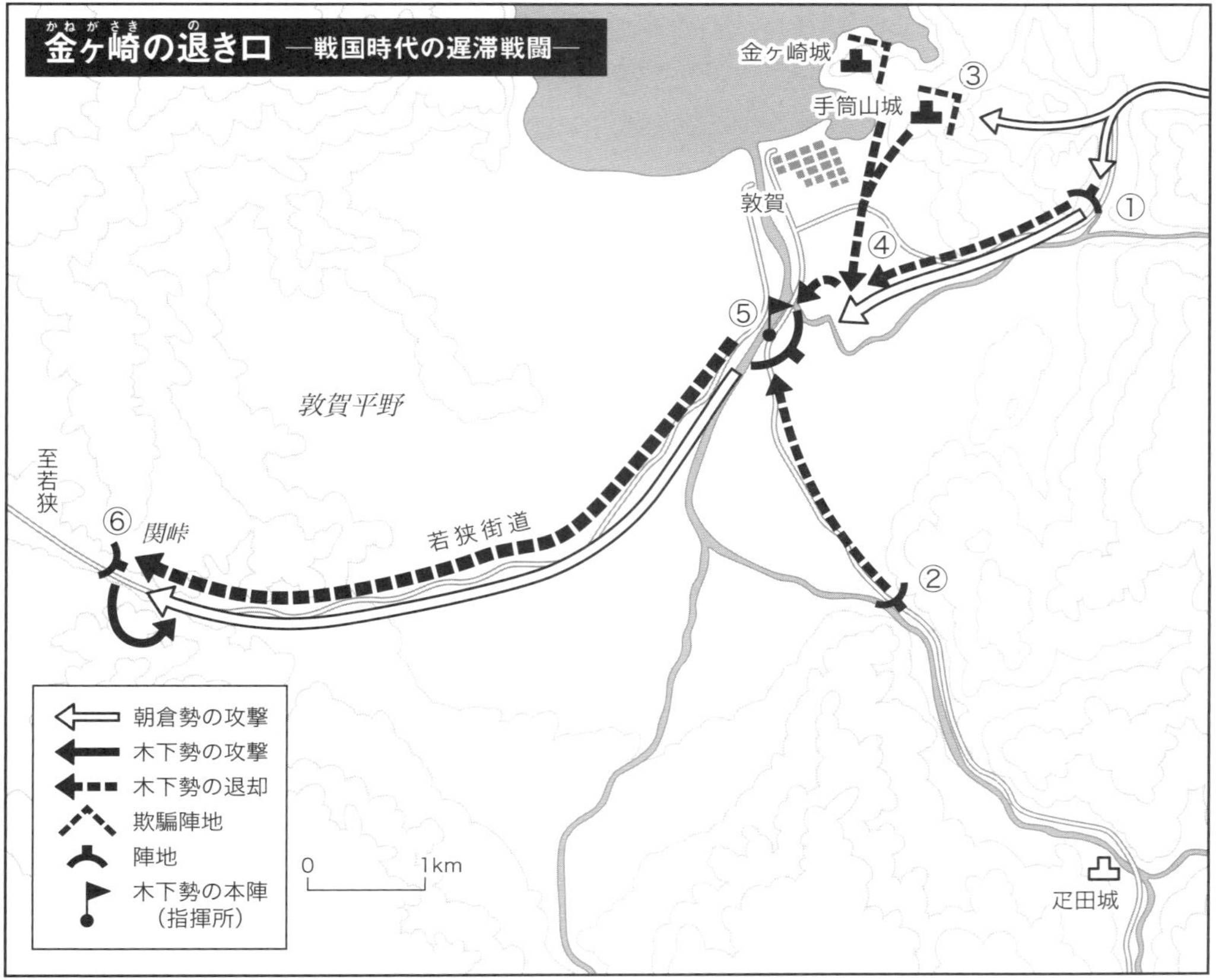

戦国戦史で最も著名な遅滞戦闘が、木下藤吉郎秀吉によって行われた「金ヶ崎の退き口」である。木下勢に与えられた任務は、朝倉・浅井勢によって包囲されかけた織田勢主力が離隔するまで1日程度の遅滞をおこなうことだった。木下藤吉郎は、残置部隊として①朝倉勢に備えた陣地②浅井勢に備えた陣地を、隘路口に設けるとともに③金ヶ崎、天筒山両城を欺騙陣地とし、⑤自らは渡河点を押さえた。早朝、敦賀平野の入り口まで進出した朝倉勢前衛は欺騙陣地にだまされ半日ほど行動を停止、その後、①の陣地を突破する。後退する木下勢残置部隊を追撃する朝倉勢は、④欺騙陣地から後退してきた部隊に側面を叩かれる。この間、木下勢主力は残置部隊を収容し、集積した柴藁などに火を点け煙幕を展開し離脱する。後退する木下勢主力は、関峠手前で捕捉されそうになるが、⑥収容部隊の朝倉勢前衛に対する果敢な側面打撃により離脱に成功し、日没を迎え、遅滞に成功する。〈『歴史群像シリーズ 驀進 豊臣秀吉』所収「金ヶ崎退き口」樋口隆晴より〉

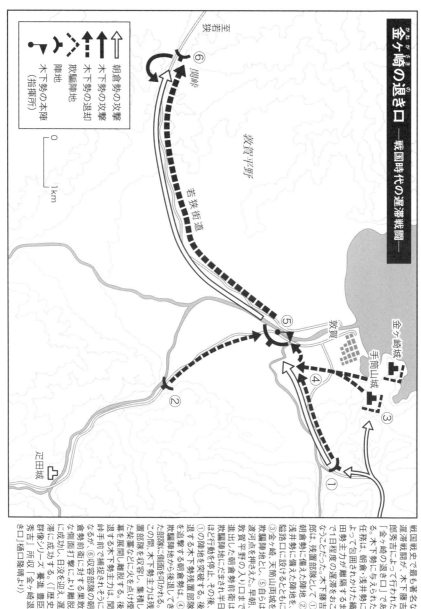

ているることを気取られないように注意する。

前線の戦闘部隊は、主力部隊と後衛部隊（主力部隊の一部としての「後衛」と明確に区別して「残置部隊」と呼ぶこともある）に分けられる。

後衛部隊は、いわゆる殿軍だ。敵の目から主力部隊の後退行動を秘匿し後退を掩護する。主力部隊がまだ陣地にがんばって防御を継続しているように見せかけて、最後に敵部隊から離脱するのだ。

敵部隊の圧迫が大きい場合には、さらに主力部隊や後衛部隊の収容を掩護する収容部隊が必要になる。収容部隊は、退路の側面に陣取って退路への敵部隊の圧迫を排除するなどして主力部隊や後衛部隊の離脱を掩護する。敵はこちらの主力部隊の離脱を阻止するために、空挺部隊を投入したり、空中機動を実施したり、一部の部隊を迂回させて退路を遮断しようとするかもしれないが、こうした妨害もおもに収容部隊が排除する。そして、主力部隊や後衛部隊が離脱した後、基本的には自力で遅滞行動を継続しながら後退するのだ。なお、この遅滞行動については次項で詳述する。

部隊の後退時は、前進時に比べて兵士の士気が落ちやすい。敵部隊の圧力が大きいために負傷者や戦死者の後送がむずかしく、一部を戦場に置き去りにせざるを得ないような場合にはとくにそうだ。したがって指揮官は、後退する部隊の士気や規律の維持に注意しなくてはならない。

こうした士気面での理由もあって、一般に後退作戦はむずかしいものとされている。その中でも、さらにむずかしいのが後衛部隊の離脱だ。とくに敵に後退を強制される場合、敵部隊に圧迫され続ける中で離脱を図らなくてはならないので、たいへんな困難をともなう。このため、後衛部隊の指揮官にはもっとも優秀な者を充てるのが常識となっている。「殿《しんがり》はあいつに任せておけば大丈夫」という評価は、指揮官として最高の評価を意味しているのだ。

一般に防御部隊の損害が大きくなるのは、完全に包囲された場合を除くと、後退時に壊乱状態に陥ったときだ。士気の影響がとくに大きい中世以前の戦いでは、この傾向がさらに強い。戦国時代に織田信長が大量の鉄砲を投入して武田勝頼の軍勢に大打撃を与えた「長篠の戦い」でも、武田側の損害の多くは敵陣前面ではなく後退過程で発生したとされている。

離脱に成功した部隊は、事前に定められた集結地で一旦集結した後、敵部隊からさらに遠ざかる離隔に移る。次の作戦に備えて、その後の行動に適した位置へと向かうのだ。

離隔の準備は離脱とほぼ共通している。後方支援部隊から後退させて、退路上に点々と補給物資を集積して後退する戦闘部隊に逐次交付できるようにするのだ。あらかじめ道路網や他の味方部隊の配備、展開などを確認しておくのはいうまでもない。

通常、主力部隊の離隔は、離脱時の収容部隊がそのまま継続して掩護する。長距離の離隔では、必要に応じて主力部隊が自前の後衛部隊や前衛部隊、側衛部隊を置いて警戒する。離脱後のおもな警戒対象は、敵の空挺降下や空中機動、特殊部隊による妨害、航空部隊による対地攻撃などになる。

そして離隔を完了した部隊は、次の作戦に向けての準備を始める。

遅滞および遅滞行動
―戦力を温存し時間を稼げ―

最後に、遅滞と遅滞行動について見てみよう。

遅滞とは、前章でも述べたように、攻撃の粉砕を目的としない単なる時間稼ぎを指す。広い意味での防御行動には含まれるのだが、要は時間さえ稼げれば何をやってもよい。極端な話をすれば、攻撃をしかけてもよいのだ。

ちなみに陸上自衛隊では、決定的な戦闘を避けて戦力を温存するとともに一定地域を敵に明け渡して時間を稼ぐことを「遅滞行動」と呼び、単なる時間稼ぎを目的とした「遅滞」とは区別している。遅滞行動では、時間を稼ぐことに加えて、戦力を温存するという要素も存在しているわけだ。

もし、戦力を犠牲にしてもかまわないというのであれば、重要拠点に死守命令を与えた防御部隊を置いておけば、少なくとも部隊が全滅するまでの時間は稼げる。この程度であれば、どんな指揮官でもできるだろう。問題は戦力の温存で、これを時間稼ぎと両立させるのはなかなかむずかしい。ここが指揮官の腕の見せ所というわけだ。

遅滞行動では、数線の陣地を構築して時間を稼ぐことが多い。防御でいえば陣地防御に相当するやり方だ。もう一つは、機動力を活かした限定的な機動打撃などによって時間を稼ぐやり方で、防御でいえば機動防御に相当する。

数線の陣地による遅滞行動では、各陣地を、敵の近接戦闘部隊を支援する砲兵部隊が展開し直さなければならないだけの間隔をあけて構築するのが原則だ。これによって、陣地攻撃のたびに敵の砲兵部隊に展開と撤収を強要することで時間を稼ぐのだ。

逐次後退と交互後退

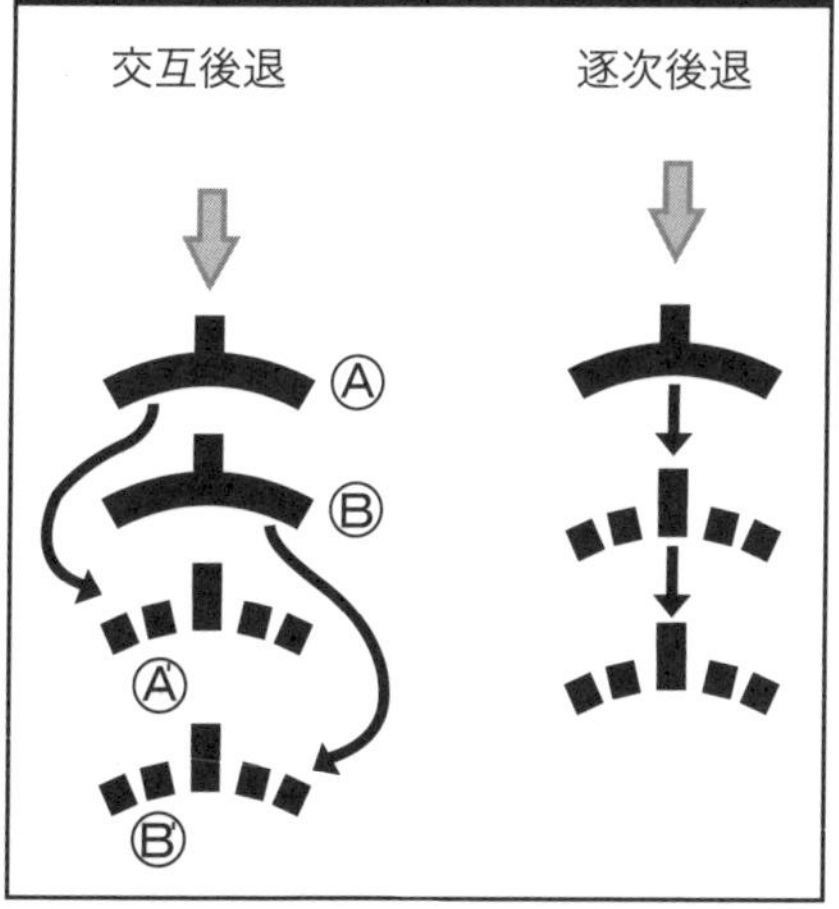

遅滞戦闘の実施要領は、一つの部隊が一つずつ陣地を下げる「逐次後退」と、二つの部隊が一つおきに陣地を占領してゆく「交互後退」がある。一つの部隊が連続して戦闘をおこなう逐次後退は難しく、実戦では交互後退を行うのが望ましい。

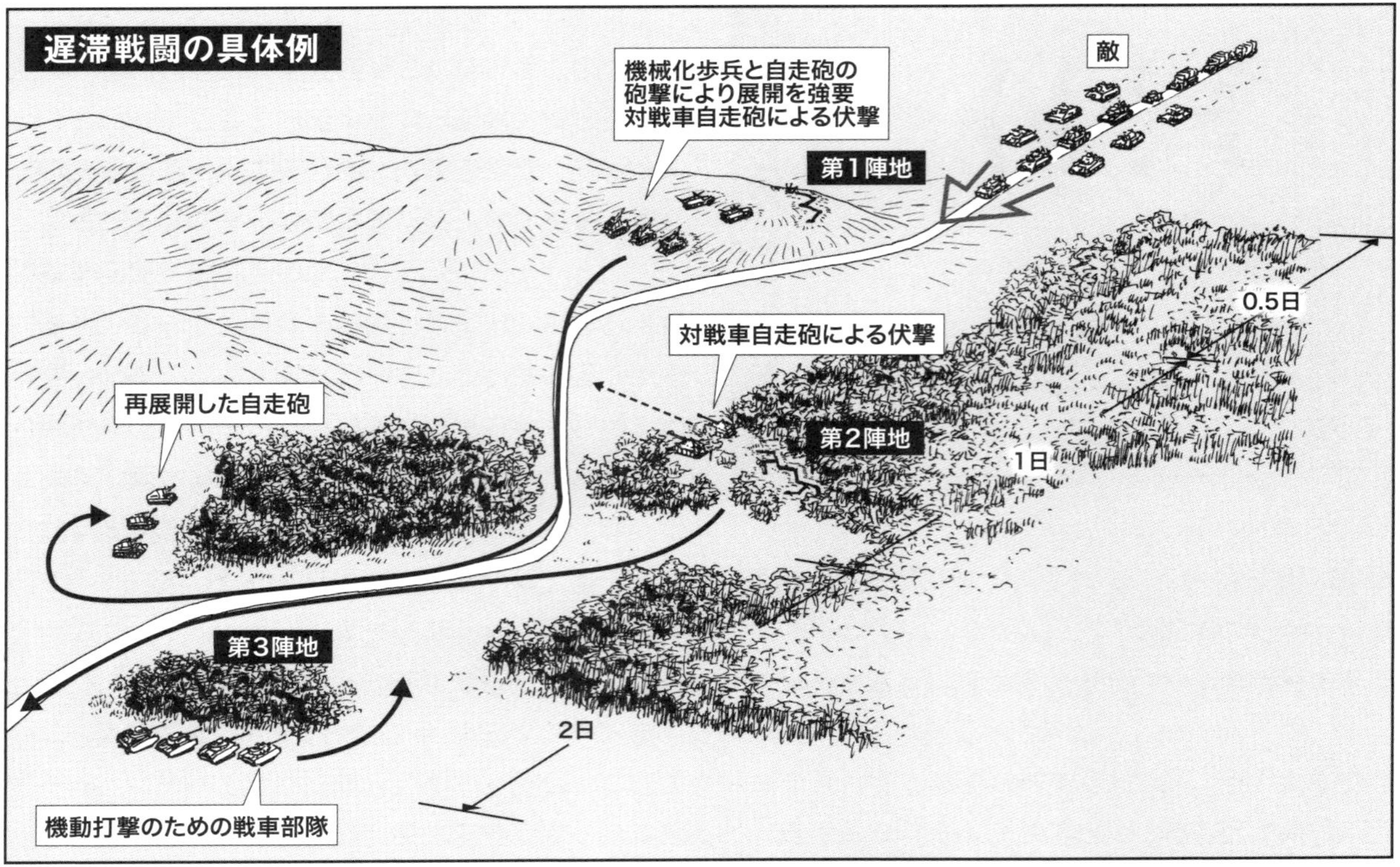

イラストは、3日半の遅滞戦闘を交互後退で行う様子を描いたものである。各陣地の地形と退路は、敵に展開を強要でき、かつ少数の兵力で守れ、後退路が遮蔽されている場所を選んでいる。右側の数字は各陣地の持久期間を表している。持久期間は、部隊の戦闘力、地形などで決める。

砲兵部隊は、再展開のたびに射撃陣地を占領して観測所を開設し、目標地域までの距離や方位角などを測量して、それに基づく射撃諸元を算出する必要がある。射撃諸元の算出には複雑な計算が必要であり、とくにコンピューターの無かった時代には、計算尺などを使った手作業での算出に相当の時間がかかった。（繰り返しになるが）一例をあげると、第二次世界大戦中の日本軍では、砲兵連隊が行なう射撃諸元の算出時間を現地作業開始から約11時間後としていた。つまり、これだけで半日近く時間を稼ぐことができる計算だ。仮に陣地を突破して砲兵部隊を移動させたら、また半日近く時間をかけて計算をやり直すことになる。

しかし、陣地の間隔が大きければ大きいほど良いか、というとそうでもない。なぜなら、味方の防御部隊がある陣地から次の陣地まで一晩のうちに離脱を完了できるのが望ましいからだ。もちろん、この距離は防御部隊の機動力や陣地間の地形などによって変動する。加えて、敵の攻撃部隊に戦闘隊形への展開を強要するには、遠距離から射撃を行える見通しの良い地形に陣地を置くことが望ましく、離脱時に敵の妨害を避けるためには退路が敵から隠蔽されている地形が望ましい。

また、敵部隊との兵力差が大きい場合には、隘路のように敵の全部隊が展開できない地形が望ましい。具体的にいうと、道路が山の尾根を何本も横切っているような峠の連続する地形や、谷あいを曲がりくねった道が通っているような隘路が連続する地形は遅滞行動にもってこいだ。

冷戦時代に陸上自衛隊が、稚内に上陸して来るであろうソ連軍の機甲部隊に対して遅滞行動を予定していた音威子府《おといねっぷ》前面の地形は、谷あいを曲がりくねって流れる天塩川沿いに国道40号線が通っているという遅滞行動にうってつけの地形だった。

陣地を設定する位置は、こうしたさまざまな要素を総合的に考えて決定する。

敵の攻撃部隊が接近してきたら、まず陣地の前方に配置した偵察警戒部隊に前進を妨害させる。次に陣地の主力部隊が遠距離から射撃を開始し、敵部隊に過早な展開を強要する。そして、地雷原などの障害と火力によって敵部隊をなるべく陣地に近づけないようにする。こうして本格的な近接戦闘に巻き込まれることを避けて、戦力の温存を図るのだ。

ただし、すべての陣地が射撃を行なうと攻撃側に陣地の全容を容易に把握されてしまうので、敵に短時間で攻撃準備を整えられてしまう。防御側は陣地の全容をできるかぎり秘匿して敵に情報収集の時間をかけさせ、攻撃準備を遅らせて時間を稼がなくてはならない。つまり、陣地の守備部隊には、火力を発揮して敵部隊に展開を強要しつつ陣地の秘匿を図る、という困難な行動が要求されるのだ。

敵の攻撃部隊が展開を完了して本格的な攻撃を開始し、主力部隊が近接戦闘に巻き込まれそうになったら、予備隊を投入するなどして近接戦闘を可能な限り回避する。

それでも主力部隊が近接戦闘に巻き込まれざるを得なくなったら、前線の陣地を離れて後方の新しい陣

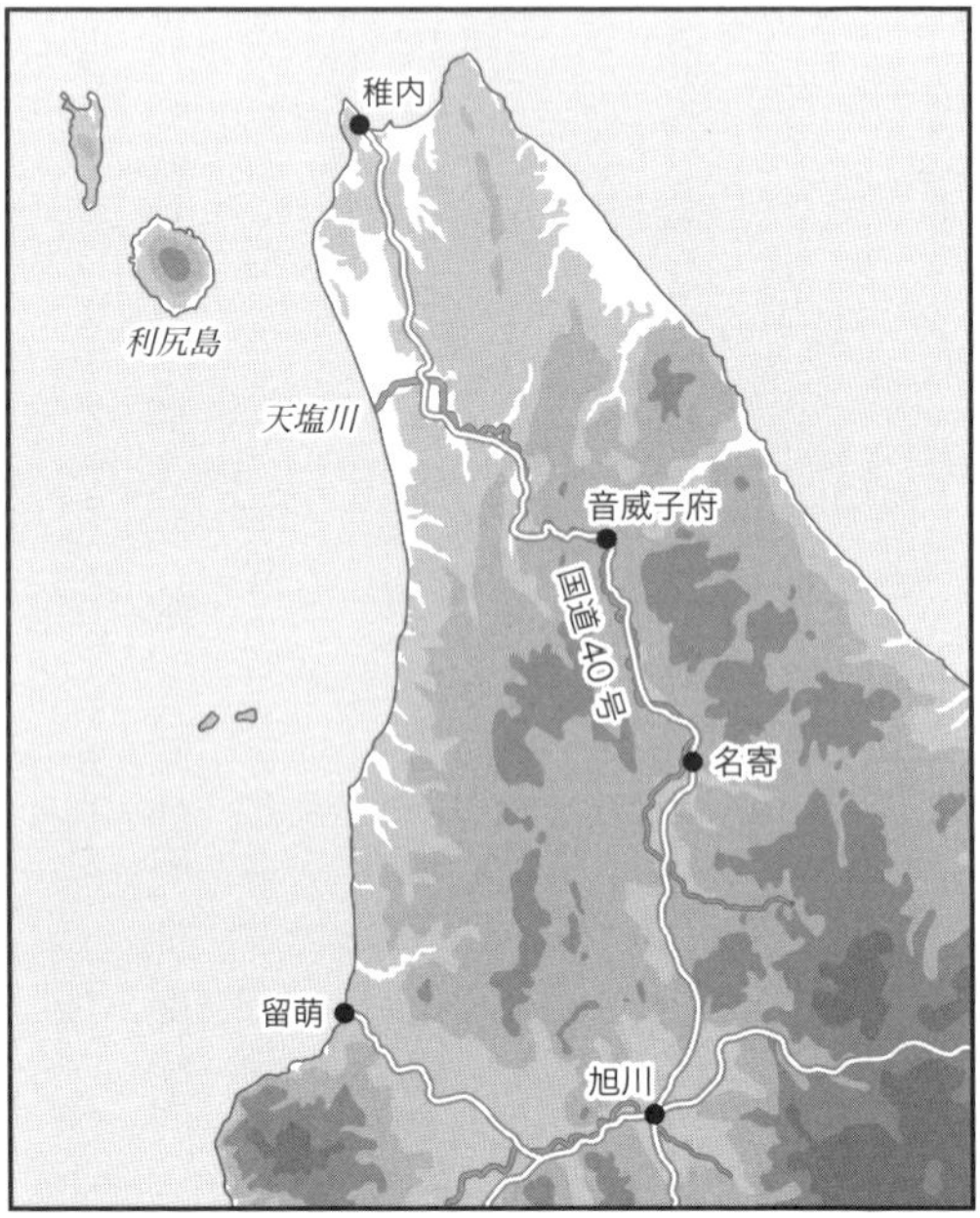

冷戦時代、ソ連軍が稚内に上陸した場合、陸上自衛隊は国道40号線沿いに音威子府付近などで遅滞行動を実施。その後は、おそらく名寄盆地以南で機甲師団である第7師団などによる反撃が行われたであろう、といわれている

ムツェンスクにおけるソ連軍第4戦車旅団の遅滞行動―1941年10月6日―

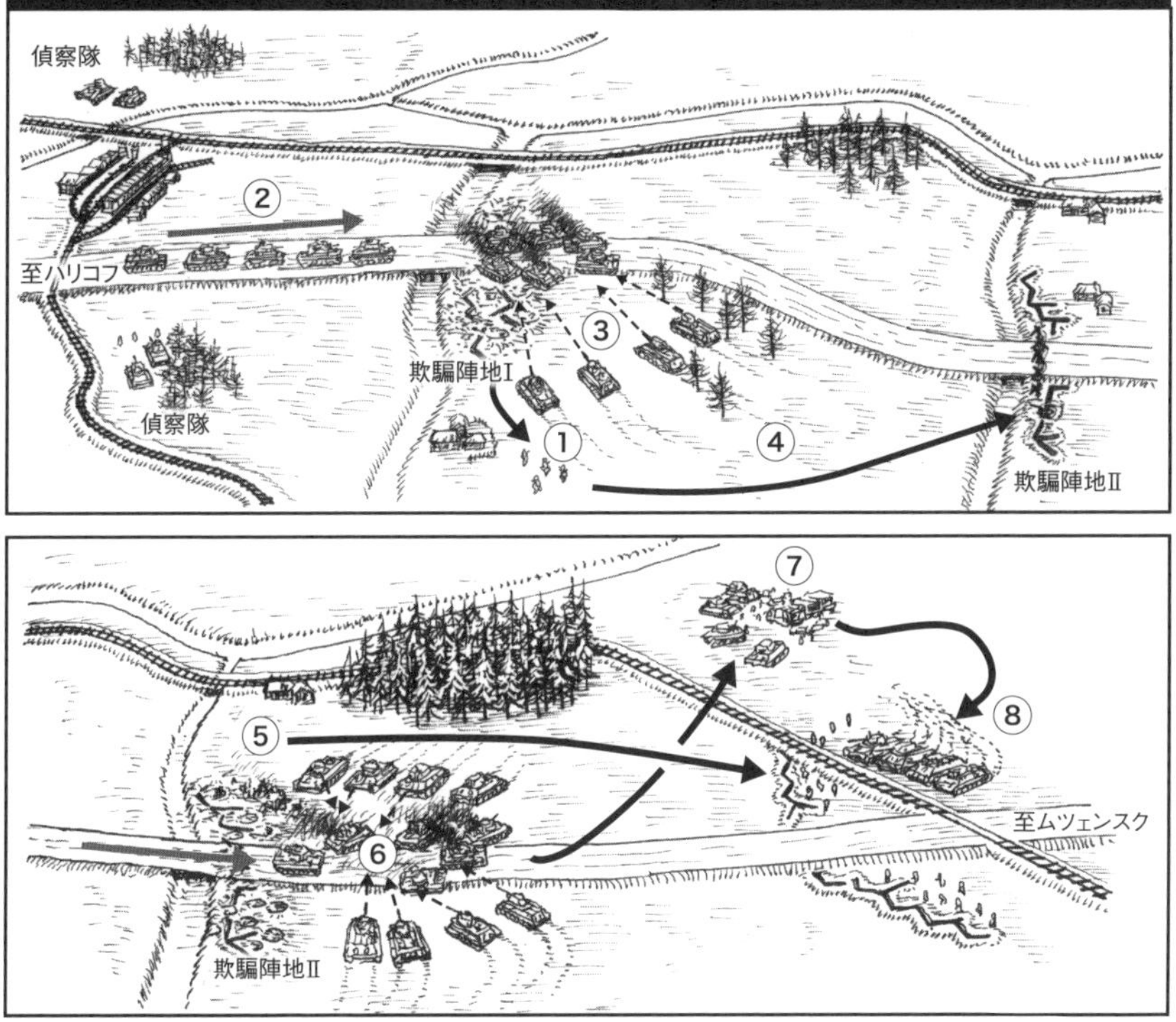

ソ連第4戦車旅団長カトゥコフ大佐の遅滞行動は、欺騙と伏撃を組み合わせた巧みなものだった。まず欺騙陣地Ⅰに歩兵を展開させ砲爆撃を吸収させる。攻撃開始前に ①歩兵部隊は後退、②ドイツ戦車部隊が前進を開始。③欺騙陣地にさしかかったところで戦車部隊が伏撃。敵に損害を与えたらただちに後退。④歩兵部隊は欺騙陣地Ⅱに入り、再び砲爆撃を吸収。⑤砲爆撃が終了したら歩兵部隊は後退。⑥ドイツ戦車隊が欺騙陣地Ⅱに達したら、再度戦車部隊による伏撃。⑦伏撃終了後、後方の整備補給処で整備と補給を行い、⑧再度展開する。

地へと向かう。こうして逐次撤退を繰り返しつつ遅滞行動を継続するのだ。

あるいは、次の陣地を守備する部隊を飛び越して、もうひとつ後ろの陣地へと後退することもある。そして、新たに前線となる陣地の守備部隊が後退する時には、その次の陣地を飛び越して後退する。こうして、ふたつの部隊が互い違いに後退しつつ遅滞行動を継続するのだ。

一方、機動力を活かした遅滞行動では、限定的な機動打撃などによって敵の攻撃部隊に展開を強要して時間を稼ぐ。戦闘部隊が行軍隊形から戦闘隊形へ移行したり、逆に戦闘隊形から行軍隊形へ移行したりするにはかなりの時間がかかるからだ。

たとえば、トラックに乗って移動する自動車化歩兵部隊は戦闘前にトラックから下車して展開する必要があるし、装甲兵員輸送車（Armored Personnel Carrier略してAPC）に乗車する機械化歩兵部隊は、近接戦闘時には歩兵を下車させる必要がある。下車して展開した歩兵部隊を集結させて再び乗車させ進撃を再開するには相当の時間がかかるのだ。

ちなみに第二次世界大戦後に主要各国で開発された歩兵戦闘車（Infantry Fighting Vehicle略してIFV）には、歩兵が乗車したままで戦闘を行なう能力が求められた。この乗車戦闘能力の利点のひとつとして、こうした時間を節約して作戦をテンポアップできることがあげられる（ただし歩兵戦闘車を最初に大量配備したソ連軍では、放射性物質や有毒の化学物質に汚染された地域での歩兵部隊の戦闘能力の確保が重視されていた）。

機動力を活かす遅滞行動に話を戻すと、こちらの方法では、機甲部隊による一撃離脱（いわゆる「ヒット・エンド・ラン」戦法）や限定的な機動打撃を活用することになる。機甲部隊は高い機動力を持っており、一撃を受けて混乱して敵部隊が体勢を整えて反撃してくる前に比較的容易に離脱できる。

機動打撃を行なう際には、敵の攻撃部隊をこちらの望む地域に誘い込み、後続部隊を遮断して敵の攻撃部隊を分断し孤立させてから行なう。この場合でも、おもな目的は敵部隊による攻撃の破砕ではなく、時間を稼ぐことと戦力の温存であることを忘れてはならない。こちらの戦例としては、大戦中のモスクワ南方のムツェンスク付近でソ連軍のミハイル・カトゥコフ大佐率いる第4戦車旅団が、ドイツ軍の第24装甲軍団に対して戦車の機動力を活用した巧みな遅滞行動を行った例が有名だ。

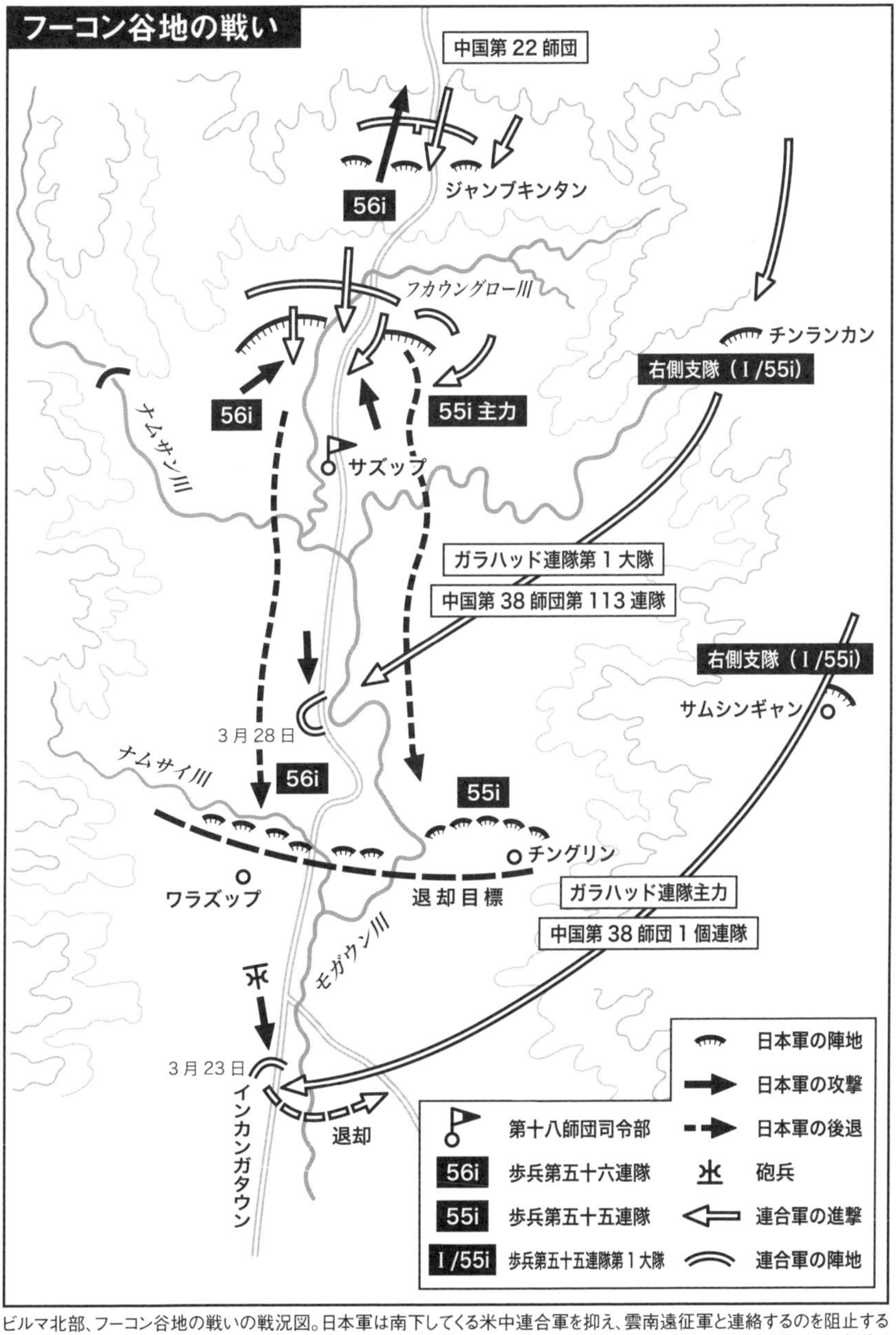

ビルマ北部、フーコン谷地の戦いの戦況図。日本軍は南下してくる米中連合軍を抑え、雲南遠征軍と連絡するのを阻止する目的があった。日本陸軍第18師団の第55連隊および第56連隊は、1943年12月から2カ月にわたってジャングルの一本道で逐次撤退を行った。対する連合軍もガラハッド部隊の迂回浸透作戦により、日本軍の後方を襲撃した。

数線の陣地を利用するにしても、限定的な機動打撃を行なうにしても、おもな狙いは敵の攻撃部隊に過早に展開を強要することになる。そして、主力部隊が本格的な近接戦闘に巻き込まれそうになったら離脱して後退する。言葉にすると簡単だが、近接戦闘に巻き込まれる前とはいえ、ただでさえむずかしいとされている離脱を繰り返さなければならないのだから、遅滞行動は非常にむずかしい。大戦中の戦例でも戦力をすり減らして遅滞に成功した例はあるが、戦力を温存しながら遅滞行動に成功した例はあまり多くない。

原理原則を知ることの意味

最後に戦術を学ぶことの意味について一言述べておこうと思う。

本来、戦術の原理原則というのは理にかなったものだ。当たり前のこと、と言い換えてもよい。当たり前のことだから、読み進めてみても、別に驚くようなことも無ければ大きな疑問を抱くことも無い。指揮官は当たり前の決断をして、指揮下の部隊はそれを実行するだけ。そう感じられても無理はないかもしれない。

ところが、戦史を紐解いてみると、両軍が原則通りに行動した戦例だけでなく、それに逆らうような行動をとった例をいくらでも見つけることができる。

だが、そもそも原理原則を知らなければ、それに逆らうような行動があったこと自体を認識できないし、なぜ逆らうような行動をとったのか、その事情や背景を考えることもできないだろう。また、原理原則を知らなければ、新しい兵器やその運用法が登場した時に、それが戦術的にどのような意味を持つものなのか、従来の戦術をどのように変えるものなのか、将来を見通すこともできないだろう。過去の戦史を理解するためにも、未来の戦場を推察するためにも、戦術の原理原則に対する理解が欠かせないのだ。

そして、本書で述べたものは、そうした原理原則をすべて網羅したものではないし、そもそも原則とは状況に応じて活用していく必要があるものだ。戦場における状況は千変万化であるし、状況の変化は急激であり、その変化を予測することはむずかしい。有史以来、戦闘の様相は常に変化を続けてきた。その変化に付いていくためにも、研鑽が欠かせないのだ。

あとがき

本書は、雑誌『歴史群像』（学習研究社／現：ワン・パブリッシング社）２００２年８月号から２００４年２月号まで連載された「戦術入門」を再編集したものだ。つまり、筆者が最初の原稿を書いてから、およそ20年が経過している。

当時、その雑誌に掲載されていた記事は、歴史寄りの戦史記事と、軍艦や航空機、戦車など兵器の解説記事が多く、それらのハードウェアの運用面に関する記事さえあまり無いといった状況で、軍隊の戦術や編制、用兵思想などのソフトウェアを正面から取り上げた記事はほとんどなかった。

筆者は、そうした状況に一石を投じられれば、と考えて、当初は短期連載のつもりで執筆を始めたところ、アンケートハガキなどを通じて思わぬ反響を得て、想定外の長期にわたる連載となった。

そして、この連載記事に、同誌掲載の他の筆者の方々による比較的近いテーマの記事４本とコラムなどを加えて１冊にまとめたものが、２００８年に『歴史群像アーカイブＶＯＬＵＭＥ２　戦術入門ＷＷⅡ　―ミリタリー基礎講座―』（学習研究社）として出版されて、こちらも好評を得た。それから10年以上経って絶版となっている現在も、たとえば世界的に有名なインターネット書店では、状態が比較的悪い古書にさえ最低でも定価の１・５倍近い値段がつけられているのを見かけて、なにより筆者自身が驚いている。

なにしろ、筆者が連載記事の準備を始めた当初は、直接参考になるような日本語の一般書籍がほとんど見当たらず、とくに諸外国の軍隊の戦術の詳細に関しては日本語の情報そのものが少なかった。

また、洋書に関しても、前述の世界的なネット書店も日本語サイトを立ち上げてから1年余りで、まだ一般的なものにはなっておらず、日本国内で軍事関係の洋書を取り扱っている書店もわずかだった。そのため、内容はもちろん、どのようなタイトルの洋書が出版されているのかさえ、容易に知ることができなかった。

そうした状況の中、入手できたわずかな資料をつぎはぎして、毎号の記事をなんとかまとめていったのだが、執筆当時も隙の多い記事であることは自覚していた。それでも、そうした隙を補完するかたちで同様のテーマの本が続いてくれれば、筆者としても「以て瞑すべし」だろう、との想いで執筆を続けていった。

しかし、それからおよそ20年を経た今でも、同一テーマの書籍が見当たらないためか、前述のように古書に法外なプレミアが付けられているのが現状だ。

現在では、ネット書店で軍事関係の洋書を容易に検索して発注できるようになり、各種の史料がインターネット上で公開されるようになるなど、当時に比べると精確な情報をはるかに容易に入手できるようになった。そのため、当時の記事を見ると、筆者自身の目から見ても、古い資料に基づく事実関係の誤りなど、さすがに内容が古くなってきており、訂正を要する箇所も少なくない。

また、筆者自身の用兵思想に対する理解が以前よりは深まり、戦術に関する考え方が変わってきたこともあって、いま同じテーマで文章を書いても、こういう構成にはしないだろう。具体的にいうと、少なくとも国ごとのドクトリンの違いや委任戦術などの指揮手法にも十分に目配りした構成にしたいところだ。

もっといえば、そもそも戦術を深く理解するためには、用兵思想のより基礎的な部分に対する理解が欠かせず、そのための書籍を書いていきたい、というのが現時点での筆者の立場だ。

それでも、同一テーマの新しい書籍が見当たらず、古書に法外なプレミアが付けられている現状をかんがみると、可能な限りの修正を加えた上で絶版状態を解消することにも多少なりとも意味があると考えて、恥を忍んで改訂・新装版の発行に踏み切った次第だ。

繰り返しになるが、本書には批判されるべき点が多々あることは、筆者自身が重々承知している。とくに、事実関係の誤り以上に重大な問題点として、国ごとのドクトリンの違いへの目配りが欠けていることなどがあげられる。

願わくは、そうした批判をSNS上での放言などではなく、まとまった書籍のかたちでしていただけるなら、（繰り返しになるが）「以て瞑すべし」というのが、筆者の想いである。

2021年8月
田村尚也

ミリタリー選書38
各国陸軍の教範を読む
田村尚也
イカロス出版

著者紹介
田村尚也（たむら なおや）
法政大学経営学部出身。マツダ株式会社、日産コンピュータテクノロジー株式会社(現　日本アイ・ビー・エムサービス株式会社)を経てライターとして独立。2016年より2018年まで陸上自衛隊幹部学校(2017年度末に陸上自衛隊教育訓練研究本部に改編)講師(指揮幕僚課程、技術高級課程)。

WWⅡ 戦術入門

2021年9月25日 発行
2022年7月25日 第3刷発行

著　者――――――田村尚也
装丁・本文デザイン――村上千津子（イカロス出版）
編　集――――――浅井太輔
発行人――――――山手章弘
発行所――――――イカロス出版株式会社
〒101-0051 東京都千代田区神田神保町1-105
［電話］出版営業部 03-6837-4661
編集部 03-6837-4666
［URL］https://www.ikaros.jp/
印刷所――――――図書印刷株式会社
Printed in Japan